动　漫　游　戏　系　列　丛　书

动画和原画

贾传玉　张　凡　等编著
设计软件教师协会　审

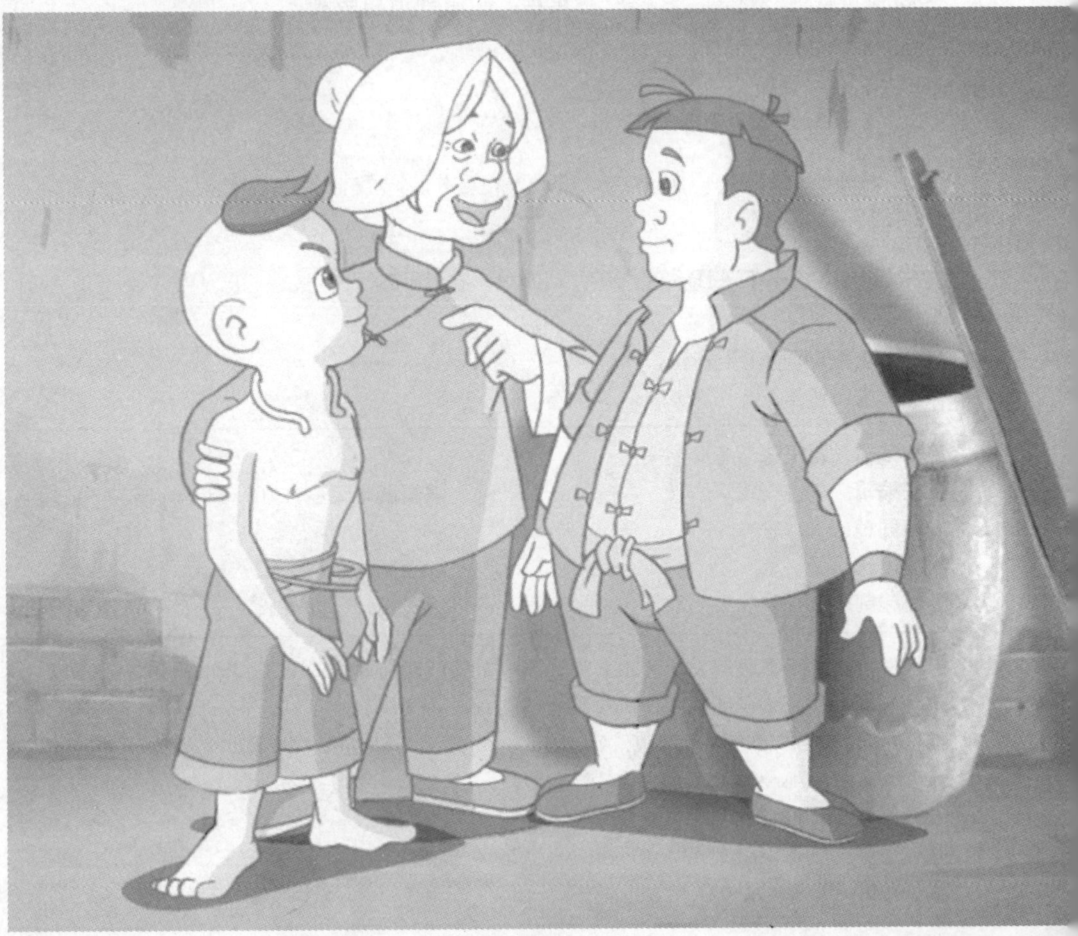

中国铁道出版社
CHINA RAILWAY PUBLISHING HOUSE

内 容 简 介

本书由设计软件教师协会组织专业人士编写，是针对美术专业的学生学习动画创作的教材。全书共分 6 章：第 1 章讲解了原画和动画制作者的作用、职责和任务；第 2 章讲解了绘制动画的流程和要求、动画线条和线条训练、中间线画法、等分中间画技法和中间画对位技法；第 3 章讲解了曲线运动规律、各类动体运动规律动画技法、力学原理在动画中的应用以及动画中的特殊技巧；第 4 章讲解了原画创作的顺序、掌握造型的方法和原画基础等；第 5 章讲解了规格框、定位器的作用以及各种镜头的运用；第 6 章是对《烽火童年》动画片中精彩动作的分析，理论联系实际，详细分析了《烽火童年》动画片中各种典型动画的绘制技巧。

为了辅助读者学习，本书的配套光盘中含有第 2 章和第 6 章中所有实例的素材供读者练习时参考。

本书适合作为高等院校、高等职业院校艺术类专业和相关专业培训班学员的教材，也可作为动画美术工作者的参考书。

图书在版编目（CIP）数据

动画和原画/贾传玉等编著.—北京：中国铁道出版社，2009.10

（动漫游戏系列丛书）

ISBN 978-7-113-10548-8

Ⅰ.动…　Ⅱ.贾…　Ⅲ.动画－技法（美术）－教材　Ⅳ.J218.7

中国版本图书馆 CIP 数据核字（2009）第 168677 号

书　　名：动画和原画
作　　者：贾传玉　　张　凡　等编著

策划编辑：翟玉峰　王春霞
责任编辑：王占清　　　　**编辑部电话：**（010）63583215
编辑助理：王　宏
封面设计：付　巍　　　　**封面制作：**白　雪
责任印制：李　佳　　　　**版式设计：**郑少云

出版发行：中国铁道出版社（北京市宣武区右安门西街 8 号　　**邮政编码：**100054）
印　　刷：北京米开朗优威印刷有限责任公司
版　　次：2009 年 11 月第 1 版　　2009 年 11 月第 1 次印刷
开　　本：787mm×1 092mm　1/16　**印张：**20.25　**字数：**493 千
印　　数：5 000 册
书　　号：ISBN 978-7-113-10548-8/J·26
定　　价：52.00 元（附赠光盘）

PREFACE

丛书序

动漫游戏产业作为文化艺术及娱乐产业的重要组成部分，具有广泛的影响力和发展潜力。

动漫游戏行业是非常具有潜力的朝阳产业，科技含量比较高，同时也是现代精神文明建设中一项重要的内容，在国内外都受到很高的重视。

进入21世纪后，我国政府开始大力扶持动漫和游戏行业的发展，“动漫”一词也成为了流行术语。从2004年起，国家广电总局批准的国家级动画产业基地、教学基地、数字娱乐产业园至今已达16个；全国超过300所高等院校新开设了数字媒体、数字艺术设计、平面设计、工程环艺设计、影视动画、游戏程序开发、游戏美术设计、交互多媒体、新媒体艺术与设计和信息艺术设计等专业。2006年，国家新闻出版总署批准了四个“国家级游戏动漫产业发展基地”，分别是：北京、成都、广州、上海。根据《国家动漫游戏产业振兴计划》草案，今后我国还要建设一批国家级动漫游戏产业振兴基地和产业园区，培养一批国际一流的民族动漫游戏企业；支持建设若干教育培训基地，培养、选拔和表彰民族动漫游戏产业紧缺人才；完善文化经济政策，引导激励优秀动漫和电子游戏产品的创作；建设若干国家数字艺术开放实验室，支持动漫游戏产业核心技术和通用技术的开发；支持发展外向型动漫游戏产业，争取在国际动漫游戏市场占有一席之地。

从深层次上讲，包括动漫游戏在内的数字娱乐产业的发展是一个文化继承和不断创新的过程。中华民族深厚的文化底蕴为中国发展数字娱乐及创意产业奠定了坚实的基础，并提供了广泛而丰富的题材。尽管如此，从整体看，中国动漫游戏及创意产业面临着诸如专业人才缺乏、融资渠道狭窄、缺乏原创开发能力等一系列问题。长期以来，美国、日本、韩国等国家的动漫游戏产品占据着中国原创市场。一个意味深长的现象是，美国、日本和韩国的一部分动漫和游戏作品取材于中国文化，加工于中国内地。

针对这种情况，目前各大专院校相继开设或即将开设动漫和游戏的相关专业。然而，真正与这些专业相配套的教材却很少。北京动漫游戏行业协会应各大院校的要求，在科学的市场调查的基础上，根据动漫和游戏企业的用人需要，针对高校的教育模式以及学生的学习特点，推出了这套动漫游戏系列教材。本套教材凝聚了国内外诸多知名动漫游戏人士的智慧。

整套教材的特点：

- 三符合：符合本专业教学大纲，符合市场上技术发展潮流，符合各高校新课程设置需要。
- 三结合：相关企业制作经验、教学实践和社会岗位职业标准紧密结合。
- 三联系：理论知识、对应项目流程和就业岗位技能紧密联系。
- 三适应：适应新的教学理念，适应学生的现状水平，适应用人标准要求。
- 技术新、任务明、步骤详细、实用性强，专为数字艺术紧缺人才量身定做。
- 基础知识与具体范例操作紧密结合，边讲边练，学习轻松，上手容易。
- 课程内容安排科学合理，辅助教学资源丰富，方便教学，重在原创和创新。
- 理论精练全面、任务明确具体、技能实操可行，即学即用。

动漫游戏系列丛书编委会

FOREWORD

前言

动漫游戏行业被称为是21世纪最有希望的朝阳产业。动画片自诞生以来，始终以它独有的神奇魅力吸引着广大少年儿童。如今，动画片已经发展成为一种成熟的艺术形式，使越来越多的成年人也加入到动漫行列，成为传统观念里的超龄动画迷。这就使得动画片从幼儿园走向了广大社会。目前，我国政府大力鼓励和支持动漫产业的发展，全国各地建立了多个动漫基地。

目前，在我国动漫制作专业人才缺口很大的同时，相关的教材却不多。设计软件教师协会研发中心深入研究国内几十所动画院校的课程设置及师资情况，联合国内各大动画院校的专家、学者共同合作，本地原创与国际知名院校的动画教材双管齐下，推出了本套系列规划教材。

为了辅助读者学习，本书的配套光盘中含有第2章和第6章中所有实例素材供读者练习时参考。

本书内容丰富、结构清晰、实例典型、讲解详尽、富于启发性。所有实例均是高校（北京电影学院、中央美术学院、中国传媒大学、清华大学美术学院、北京师范大学、首都师范大学、北京工商大学传播与艺术学院、天津美术学院、天津师范大学艺术学院、河北艺术职业学院）教学主管和骨干教师从教学和实际工作中总结出来的。同时，也是全国所有热爱美术教育的专业制作人员的智慧结晶。

参与本书编写的人员有贾传玉、张凡、谌宝业、程大鹏、孙立中、王上、李营、张锦、王浩、关金国、王世旭、李波、冯贞、韩立凡、田富源、郭开鹤、李羿丹、李岭、于元青、许文开、宋兆锦、李建刚、肖立邦、宋毅、易红、张锦、蔡曾谙、王深、张帆、谭奇、许宏伟、李松、张雨薇、顾伟、于娥、刘翔、曲付、张勇军、钟鼎、李洋、曹二帅等。

动漫游戏系列丛书编委会

CONTENTS 目录

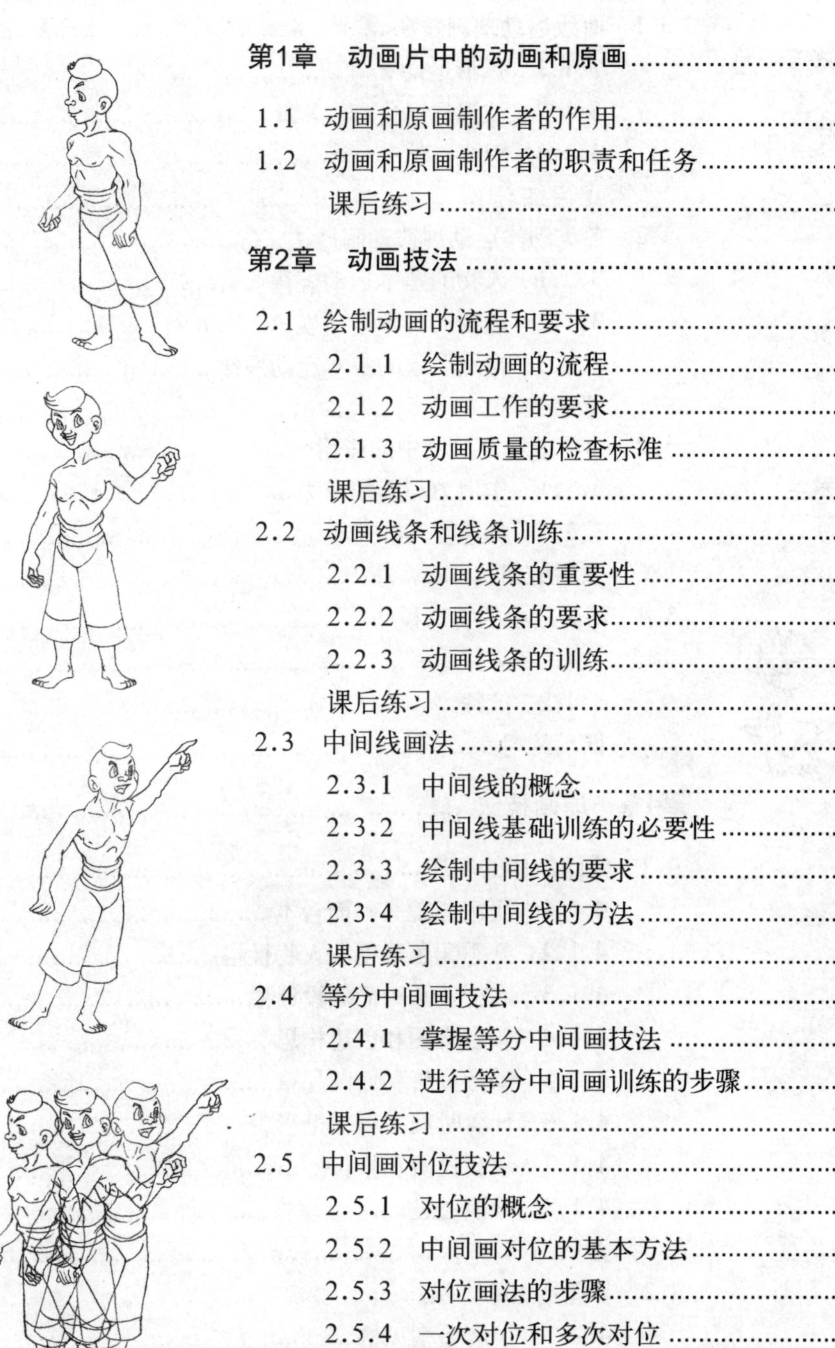

第1章　动画片中的动画和原画 1

1.1　动画和原画制作者的作用 1

1.2　动画和原画制作者的职责和任务 2

课后练习 4

第2章　动画技法 5

2.1　绘制动画的流程和要求 5

2.1.1　绘制动画的流程 5

2.1.2　动画工作的要求 6

2.1.3　动画质量的检查标准 6

课后练习 6

2.2　动画线条和线条训练 7

2.2.1　动画线条的重要性 7

2.2.2　动画线条的要求 7

2.2.3　动画线条的训练 8

课后练习 8

2.3　中间线画法 8

2.3.1　中间线的概念 8

2.3.2　中间线基础训练的必要性 9

2.3.3　绘制中间线的要求 9

2.3.4　绘制中间线的方法 10

课后练习 10

2.4　等分中间画技法 10

2.4.1　掌握等分中间画技法 11

2.4.2　进行等分中间画训练的步骤 11

课后练习 12

2.5　中间画对位技法 13

2.5.1　对位的概念 13

2.5.2　中间画对位的基本方法 13

2.5.3　对位画法的步骤 13

2.5.4　一次对位和多次对位 15

课后练习 15

2.6 形象转面动画技法 15
课后练习 17
2.7 动画案例分析 17
课后练习 62
第3章 运动规律 63
3.1 曲线运动动画技法 63
3.1.1 弧形运动 64
3.1.2 波形运动 65
3.1.3 S形运动 65
课后练习 66
3.2 各类动体运动规律动画技法 66
3.2.1 人物的基本运动规律 67
3.2.2 动物的基本运动规律 74
3.2.3 自然现象的基本运动规律 89
课后练习 110
3.3 力学原理在动画中的应用 110
3.3.1 作用力与反作用力 110
3.3.2 加速度与减速度 113
课后练习 117
3.4 动画片中的特殊技巧 117
3.4.1 夸张 118
3.4.2 流线 123
课后练习 125
第4章 原画技法 126
4.1 原画创作的顺序 126
4.1.1 研究分镜头画面台本 126
4.1.2 熟悉角色造型和人物性格 167
4.1.3 掌握镜头画面的设计稿 167
4.1.4 领会意图和创建构思 167
4.1.5 动画分析和原画起草 168
4.1.6 计算时间并填写摄影表 169
4.1.7 动画检测和修正 171
4.1.8 导演通过 171
课后练习 172
4.2 掌握造型的方法 172
4.2.1 了解造型风格 172
4.2.2 认识形体特征 173

4.2.3 掌握全身比例与结构 173
4.2.4 熟悉头部脸型 174
4.2.5 绘制手和脚的要领 174
4.2.6 绘制衣褶的动感和质感 176
课后练习 180
4.3 原画基础——动作分析 180
4.3.1 进行动作分析的步骤 180
4.3.2 掌握动作分析的要领 182
4.3.3 主题动作与追随动作 186
4.3.4 画好形体动态线 187
课后练习 189
4.4 动作的时间与节奏 189
4.4.1 掌握时间、节奏的三要素 189
4.4.2 动作节奏的处理 190
4.4.3 把握动作的停格 191
课后练习 191
4.5 表情与口形 192
4.5.1 表情 192
4.5.2 口形 193
课后练习 194
4.6 循环动作 194
4.6.1 单循环动作 194
4.6.2 多循环动作 196
课后练习 197

第5章 动画镜头的技术处理 198

5.1 规格框、定位器的作用 198
课后练习 199
5.2 推拉镜头 199
5.2.1 正中心推拉 199
5.2.2 偏中心推拉 200
5.2.3 变焦距推拉 200
课后练习 201
5.3 移动镜头 201
5.3.1 移动镜头的几种类型 202
5.3.2 移动的几种不同技法 205
课后练习 214

第6章 《烽火童年》动画片精彩动作分析 215

6.1 烽火童年——“人物走跑”动画赏析......215
6.2 烽火童年——“石蛋”动画赏析......228
6.3 烽火童年——“手”动画赏析......232
6.4 烽火童年——“人物说话时的表情”动画赏析......237
6.5 烽火童年——“吃西瓜”动画赏析......241
6.6 烽火童年——“小泥鳅”动画赏析......244
6.7 烽火童年——“近景动作”动画赏析......248
6.8 烽火童年——“全景动作”动画赏析......258
6.9 烽火童年——“狗”动画赏析......259
6.10 烽火童年——“老鼠”动画赏析......260
6.11 烽火童年——“马”动画赏析......262
6.12 烽火童年——“鸟”动画赏析......264
6.13 烽火童年——“刺猬”动画赏析......271
6.14 烽火童年——“飘落”动画赏析......275
6.15 烽火童年——“人流泪(动态水的画法)”动画赏析......278
6.16 烽火童年——“水”动画赏析......279
6.17 烽火童年——“特效”动画赏析......297
6.18 烽火童年——“火”动画赏析......299
6.19 烽火童年——“烟”动画赏析......304
6.20 烽火童年——“烟尘”动画赏析......306

第1章

动画片中的动画和原画

一部动画片的诞生，无论是10分钟的短片，还是90分钟的长片，都必须经过编剧、导演、美术设计（人物设计和背景设计）、设计稿、绘景、设计原画、设计动画、描线上色（描线复印或电脑扫描上色）、校对、摄影、剪辑、作曲、拟音、对白配音、音乐录音、混合录音、洗印（转磁输出）等十几道工序的分工合作，密切配合才能完成。应该说，动画片是集体智慧的结晶。具体动画工序如图1-1所示。

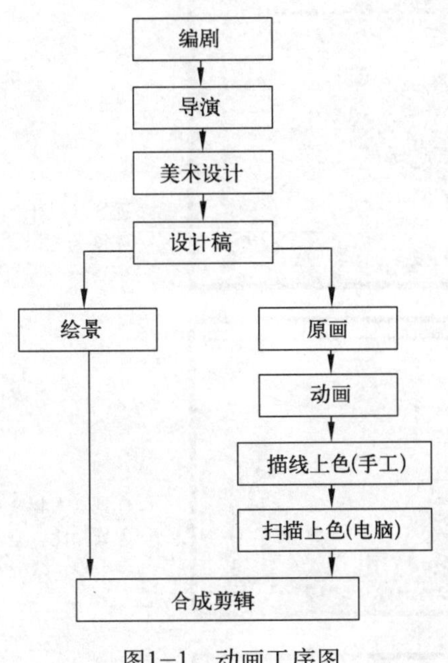

图1-1　动画工序图

本章将着重讲述动画和原画制作者在动画片诸多的制作工序中所起的作用及他们的职责和任务。

1.1　动画和原画制作者的作用

动画和原画制作者是使动画片里的每一个角色能够在银幕或银屏上活动起来的主要创作者，类似于故事片里的演员。所不同的是，他们不是以自身的形象和动作与观众直接见面，而是通过画笔去塑造动画片里的各类角色，赋予静止的人物形象以生命和性格，使他们栩栩如生地活动在银幕和银屏之上。因此，动画和原画制作者既是画家又是演员。

一部动画片编剧所构思的主题情节，导演的总体艺术创作意图，美术设计所创造的角色形象，都必须通过动画和原画的再创造才能呈现在观众面前。因此，在动画片创作绘制中，动画和原画制作者对导演意图理解的深度、对人物形象掌握的准确性、对角色性格特点的把握及想象力是否丰富、动画技巧运用是否熟练、动作表情画得是否生动等，都直接关系到一部动画片的艺术和技术质量。所以说，动画和原画是一门特殊的绘画创作，对一部动画片的成败起着至关重要的作用。

1.2 动画和原画制作者的职责和任务

在上一节里，大家已经知道动画和原画制作者是动画片角色动作的设计和绘制者，成千上万张画面都出自他们之手。那么他们又是如何进行工作的呢？

一部动画片故事情节的发展，导演必须将它分成许多不同视距（特写、近景、中景、全景、远景等）的镜头，然后组接起来，如图 1–2 所示。

远景（视野广阔，景深悠远，以环境为主，人物在其中显得较小）

全景（人物全身或场景全貌，与远景相比，全景有明显的作为内容中心、结构中心的主体）

中景（人物膝盖以上或场景局部。在中景画面中，人和物的形象占主要成分。使用中景画面可以清楚地看到人与人之间的关系和感情交流，也能看清人与物、物与物的相对位置关系）

图1–2　分镜头台本中几个不同视距画面的图例

近景（人物胸部以上或物体局部。在近景画面中，可以清楚地表现人物的面部表情和细微动作）

特写（人物肩部以上的头像及物体细部。特写画面主要用于表达、刻画人物的心理活动和情绪特点，起到震撼人心、引起注意的作用）

图1-2　分镜头台本中几个不同视距画面的图例（续图）

在实际工作中，动画和原画制作者是通过逐个镜头来完成绘制任务的。但是，假如要完成一个 5 秒长度的动画镜头，并不只是由一个人从始至终，一张接着一张连续地画下去，直到画完为止，而是必须将动画和原画分成两道工序。这样做是为了有利于把握动作的质量和便于工作顺利进行。他们在创作上既有分工，又有合作。动画和原画制作者各自有着不同的职责范围，担负着不同的工作任务和要求。

为了以工作顺序的先后及创作任务的主次为前提，将两道工序的分工讲述得更加清楚，在这里，就必须先从原画说起。

原画（也称动画设计）——动画片里每个角色动作的主要创作者，是动作设计和绘制的第一道工序。原画制作者的职责和任务是：按照剧情和导演意图，完成动画镜头中所有角色的动作设计，画出一张张不同的动作和表情的关键动态画面，如图 1-3 所示。

图1-3　人物左右张望动作原画

概括地讲，原画就是运动物体关键动态的画。

在每个镜头中，角色的连续性动作，必须先由原画制作者画出其中关键性的动态画面，然后才能进入第二道工序，即由动画制作者来完成动作的全部中间过程。

动画（也称中间画）——原画的助手和合作者。动画制作者的职责和任务是：将原画关键动态之间的变化过程，按照原画所规定的动作范围、张数及运动规律，一张一张地画出中间画来，如图 1-4 所示。

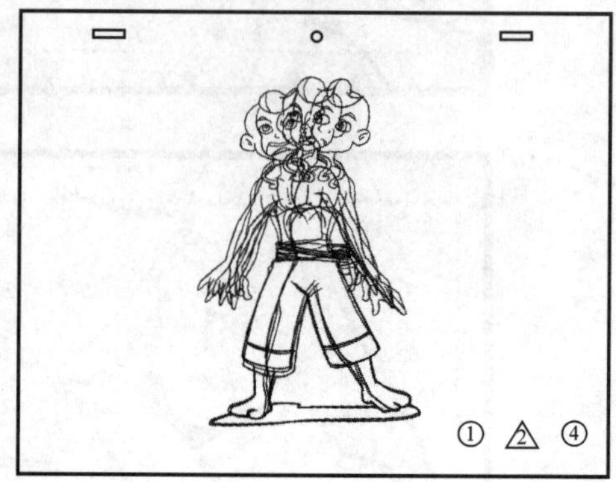

图1-4　中间画

概括地讲，动画就是运动物体关键动态之间渐变过程的画。

在动画片中，所有完整与连续性动作都必须经过原画（关键动态）和动画（动作中间过程）这两道工序的分工合作、密切配合才能完成。

动画和原画，既是一种细致复杂的艺术创作，又是一门技术性很强的特殊绘画专业。制作者为一部动画片的诞生所付出的辛勤劳动将会给无数热爱动画片的观众带来欢乐和愉悦。

课后练习

简述原画和动画制作者的任务和职责。

第 2 章

动画技法

动画与原画制作者共同完成镜头绘制任务的两道工序。本章将对动画的理论和技法做一个具体讲解。

2.1 绘制动画的流程和要求

2.1.1 绘制动画的流程

动画制作者当接受一个已经设计完成关键动作的原画镜头后，首先必须仔细了解这个镜头的内容、设计稿和画面规格、角色造型、动作意图、摄影表以及动画张数等。如果有问题，应该及时向原画或动画检查提出询问，得到相应的指导。当完全弄清楚之后方可进入第二步，即正式开始着手绘制动画。

动画绘制工作是在特制的透光工作台上进行的。所用的纸张都是按照一定大小的规格，并且在每一张动画纸上都打着三个统一的洞眼（定位孔）。绘制时必须将动画纸套在特制的定位器（又称固定器）上，方可进行工作，如图 2−1 所示。

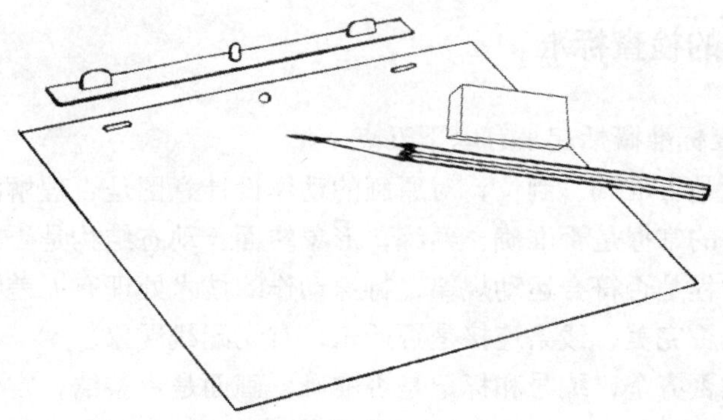

图2−1　定位器和动画纸

动画绘制的具体方法：按照原画的编号顺序，将前后两张原画相叠在一起，套在定位器上，覆盖上一张规格相同的空白动画纸。然后，打开透光台下的灯，在两张动画的形象之间，按照要求画出第一张中间画。第一张中间画的动作间距和形态变化往往比较大，难度较高，所以称它为“一动画”。“一动画”完成以后，再将第一张原画与“一动画”相叠在一起，套在定位器上，覆盖上另一张空白的动画纸，画出“二动画”。按照号码的顺序，逐张进行绘制，直到两张原画之间的中间过程动画全部完成为止。

在每一个镜头中，为了表示原画与动画画面的区别，在编号时，原画的号码外面需加一个圆圈，“一动画”的号码外需加一个三角形，其余的动画号码则不加记号，如图 2-2 所示。

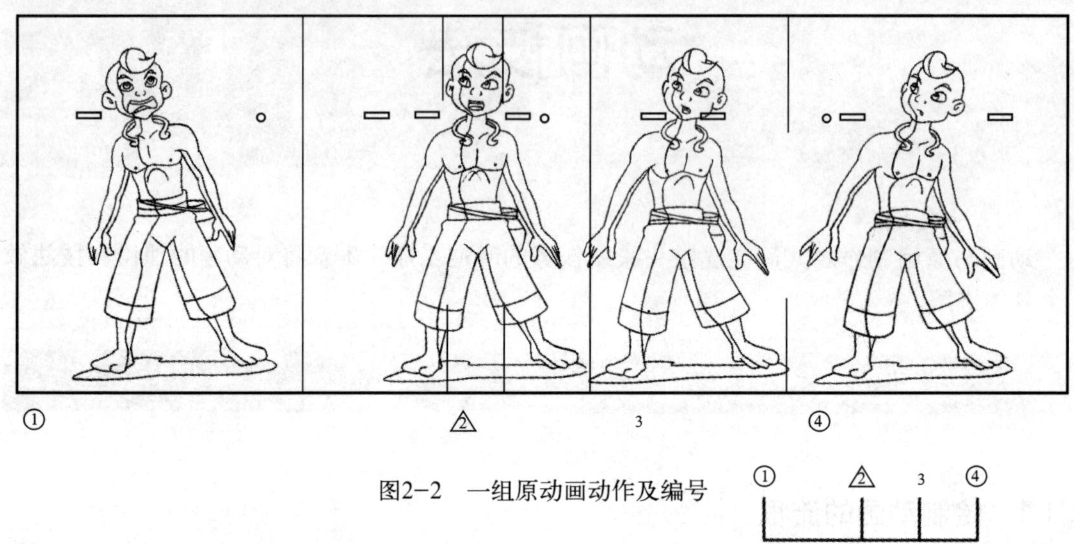

图2-2　一组原动画动作及编号

2.1.2　动画工作的要求

绘制每一个镜头时，为了做到整个镜头画面线条的统一，动画制作者还需负责原画正稿的誊清工作。然后，根据原画的要求，对照摄影表进行动画绘制。所画的中间动作过程必须符合运动规律，又要有一定的创造性，形象准确、结构严谨、线条清楚、画面整洁。待一个镜头的动画全部完成之后，动画制作者还应该负责做一次全面的核对检查，做到不走形、不漏线、不缺张数、号码齐全。接着，在镜头卡上填写自己的姓名，将完成镜头送交动画检查（动检）审看，直至审核通过。

2.1.3　动画质量的检查标准

动画质量的检查标准概括起来有以下五点：

① 墨纸砚表现是否准确、到位，对原画的动作设计意图是否理解清楚。

② 对角色造型的掌握是否准确、熟练，形象转面、动态结构是否符合要求。

③ 动作中间过程是否符合运动规律，特殊动作的技术处理有无差错。

④ 动画线条是否完美，线条连接是否严密，有无漏线现象。

⑤ 动画张数是否齐全，编号和标记是否准确，画面是否整洁，定位孔有无缺损。

课后练习

（1）简述绘制动画的流程。

（2）简述动画质量的检查标准。

2.2 动画线条和线条训练

2.2.1 动画线条的重要性

动画是以单线描绘的图画，主要依靠铅笔线条勾画角色的形象和动态。因此，动画中的铅笔线条的好坏，直接关系到一个动画镜头的艺术和技术质量。

一个具备了一定美术基础的人，开始学习和从事动画工作，首先必须重视铅笔线条的训练，以便逐步适应动画专业工作的需要。

动画片由于其制作工艺的特点，其活动部分一般都采用单线平涂的形式。虽然，国内外有一些艺术性的动画短片采用素描、速写、版画、水彩、水粉、油画和蜡笔画等各种美术风格，但是到目前为止，许多影院动画长片和电视系列动画片，仍然主要采用传统单线平涂的制作方法，对动画铅笔线条的质量，不仅未降低要求，反而更加严格。

随着科技的发展，动画片的制作工艺也在不断更新。以往完全依靠手工描线的工序，正在逐步以线条复印技术所替代。采用线条复印为主、手工描绘（彩色描绘）为辅的新方法，可以大大提高工作效率，缩短制作周期。近年来，动画片在制作工艺上又有了新的发展。例如，一般为电视台播映制作的系列动画片，它的描线和上色工序，现在已大量运用电脑扫描线条和上色的新技术，画面清晰，色彩艳丽，既快又好。

采用线条复印或电脑扫描上色的新工艺之后，对动画线条的质量也提出了新的要求。因为，原来的动画线条是通过描线人员的手工描绘复描到透明的化学板上，经过拍摄之后再现在银幕或荧屏上的。采用线条复印和电脑扫描工艺后，动画线条便直接上了银幕和荧屏，既要保持线条的准确和流畅，又不能断线和漏线，所以动画线条的质量就显得尤为重要。

2.2.2 动画线条的要求

1．动画线条与一般绘画有所不同

动画线条应当做到准、挺、匀、活。

① 准：复描（又称拷贝）形象时，必须与原来画面上的形象一样，准确无误。不能走形、跑线、漏线，线条必须明确，不能含糊不清。

② 挺：每根线条必须肯定、有力，不能中途弯曲、抖动，最好一笔到底，不能有虚线或双线。

③ 匀：线条必须匀称，不能时粗时细，用笔要一致，以求整个画面线条的统一。

④ 活：用笔要流畅、圆滑，线条要有生气，要表达所画形态的神情和美感。

动画线条是动画专业人员的一门基本功，只有经过不断的锻炼和实践，掌握线条准、挺、匀、活的要求，才能使所画的动画画面达到完美的效果。

2．线条复印、电脑扫描对动画线条的新要求

① 画动画一般应当使用质地较好的 2B 铅笔。铅笔太硬，画太淡，形象不清晰；铅

笔太软，画出来的线条太浓太硬，线条不易匀称，画面容易磨脏。这些都会影响复印和扫描的质量。

② 线条的落笔要稳，使用力量要轻重均匀，尽量减少使用橡皮反复擦拭和修改，避免纸张起毛，造成线条周边含糊不清。

③ 线条与线条的衔接一定要紧，尤其画物体的外轮廓线和两个不同色块的分割线时，线条一定要封口。如果留有缝隙，在电脑上色时，颜色便会向另一块面上扩散。

2.2.3 动画线条的训练

动画线条的训练，可以分为三个步骤。

1．线条的徒手训练

开始可以先在白纸上，无形象地用铅笔勾画各种线条。如直线、弧线、圆线，等等。反复练习铅笔线条的粗细匀称、挺直、流畅，逐步做到挥笔自如。

2．线条的衔接训练

在一根直线、弧线或圆线的末端，再衔接一根延续的线条，尽量使线条与线条的衔接处不露痕迹。前后线条要用笔一致，有一气呵成之感。

在动画工作中，由于各种原因，一根较长的线条无法一笔画到底，但要求线条不能造成前后两截的感觉。这种情况常会出现，这就需要运用线条衔接的技巧来解决。这也是动画的一门基本功。

3．形象复描(拷贝)训练

在画动画时，拷贝整个形象或部分形象是常有的事。要准确无误地拷贝形象，并且使线条达到准、挺、匀、活，就必须反复训练，方能掌握自如。

课后练习

（1）充分认识铅笔线条在动画工作中的重要性。

（2）针对自己在勾画线条上的不足，怎样加紧铅笔线条的训练。

（3）领会动画线条的四点基本要求和线条训练的三个步骤。

2.3 中间线画法

2.3.1 中间线的概念

中间线是指两根平行直线、不平行直线、交叉直线或两根平行弧线、不平行弧线、交叉弧线之间，最中间位置的线条，这种线条称为中间线，如图 2-3 所示。

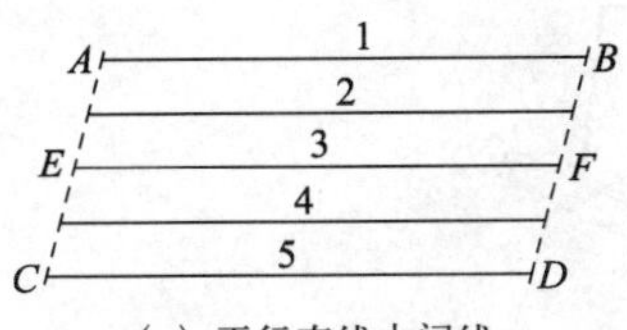

(a) 平行直线中间线

*AB*与*CD*，找准中间点，两点连接成中间线*EF*

(b) 不平行直线中间线

画法与平行直线相同

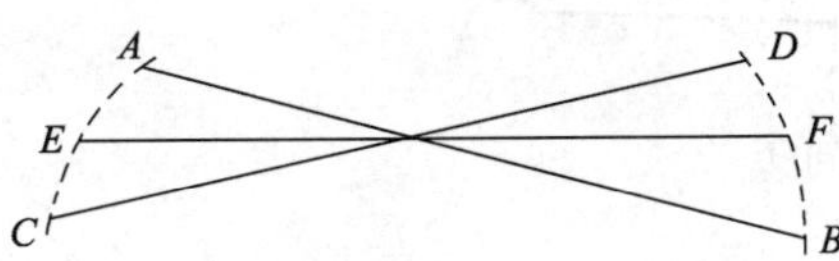

(c) 交叉直线中间线

*AB*与*CD*，先找准*EF*中间点，再连接成中间线，注意两端的弧度

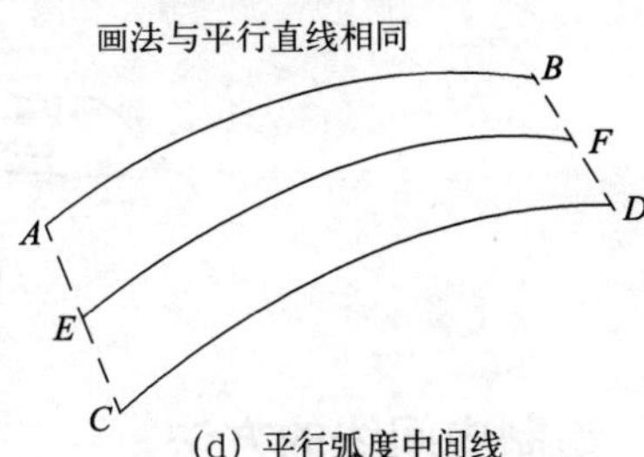

(d) 平行弧度中间线

*AB*与*FE*为平行的弧线

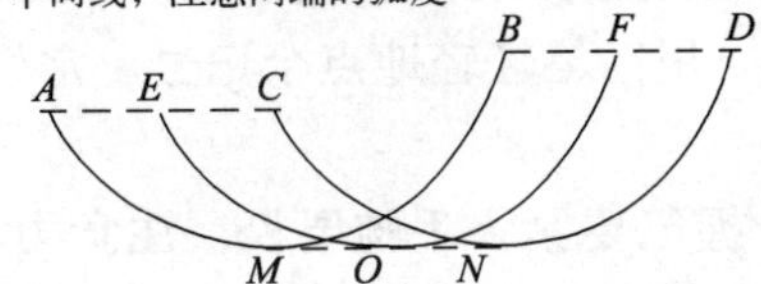

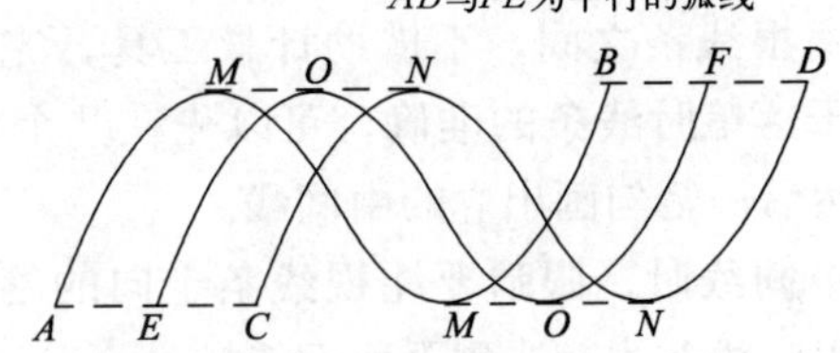

(e) 弧线交叉中间线

*AB*与*CD*，先找出两端的*EF*点，再从弧线中间的*MN*找出中间点*O*的位置，用线连接成弧线交叉中间线

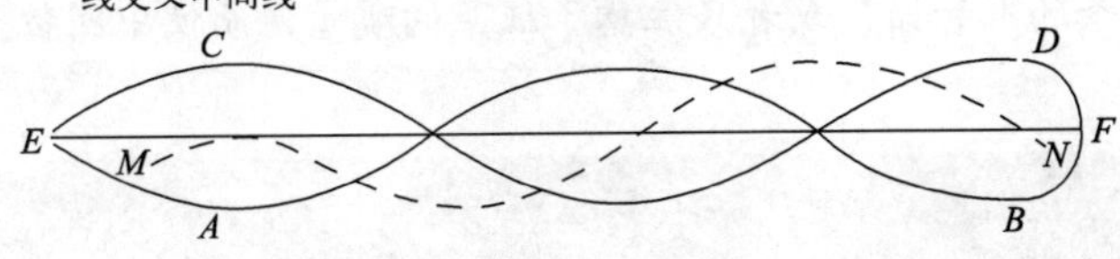

(f) 波形弧线交叉中间线

*EF*为直线中间线，*MN*为波形推进曲线运动中间线

图2-3　几种中间线画法

2.3.2　中间线基础训练的必要性

动画的主要任务是根据原画的要求，在两张关键动态之间，勾画出它的中间渐变过程。动画片中的各种形象都是用线条构成的。初学者要掌握动画技术，就必须先从中间线画法的基础训练入手。

2.3.3　绘制中间线的要求

既然称为中间线，就必须要求做到是两根线条之间最中间位置的线，如图 2-4 所示。一开始先进行不附带其他要求的中间线训练，目的是使初学者锻炼目测线条的中间位置，培养准确地在两根线条之间勾画中间线的能力。从简到繁，从易到难，才能逐步掌握在线条复杂的动态中，准确地画好中间画的技术。

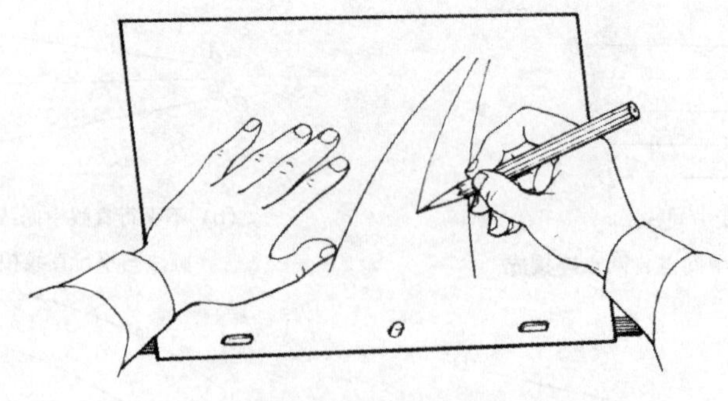

图2-4　画中间线

2.3.4　绘制中间线的方法

在两根线条之间，不借助计量工具，完全依靠自己眼睛的观察，找准它的中间部位。为了便于落笔时线条的准确，可以先在几个关键部位，用铅笔轻轻地点个记号，定好中间位置，然后一笔勾画出它的中间线。

画中间线时，眼睛要注视线条走向的笔头前方，握笔要紧、手腕要松、注意力集中、手眼并用，线条才能达到平稳而流畅。

提示

绘制中间线时，中间位置一定要准，中间线一定要挺。切忌只顾及中间部位的准确，却忽略了线条的准和挺，或者只注意了线条的质量，而使中间位置产生了偏差。

课后练习

（1）练习平行直线中间线。
（2）练习不平行直线中间线。
（3）练习交叉直线中间线。
（4）练习平行弧线中间线。
（5）练习交叉弧线中间线。
（6）练习直线、弧线组合交叉中间线。

2.4　等分中间画技法

中间画是动画的基本技法，也是动画工作的主要任务。在一个动画镜头中，中间画是由线条组成的动体（人物、动物、器物和自然现象等）。从原画的第一个部位到第二个部位，如果中间有变化的过程（也就是说需要加动画），又无任何特殊要求的情况（加／减速运动、规律性运动等），就必须画出它的等分中间画。

2.4.1 掌握等分中间画技法

掌握等分中间画技法可以先从简单的几何图形移位变化入手，严格按照等分中间的要求进行训练。所谓严格等分中间的含义是两张不同位置或不同形态的图形，它的每个部位、每根线条都必须用准确中间位置画出其变化过程，如图 2–5 所示。只有严格掌握了等分中间画的基本技法，才能进一步锻炼在形态多变、线条复杂的画面中，熟练完成中间画的能力。

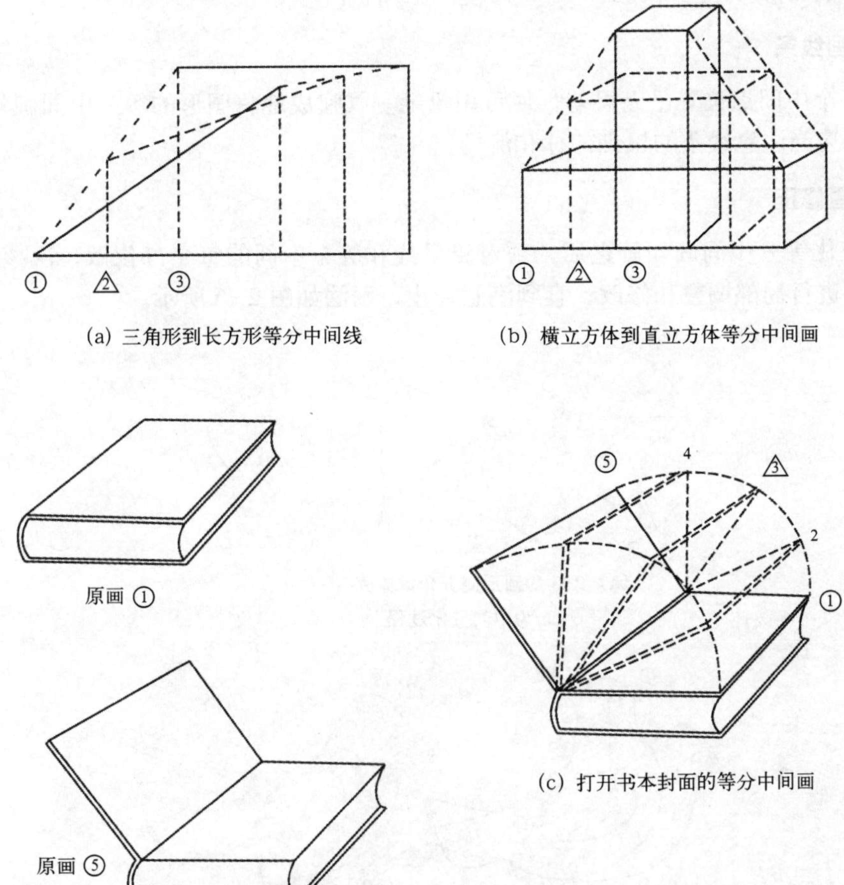

(a) 三角形到长方形等分中间线

(b) 横立方体到直立方体等分中间画

(c) 打开书本封面的等分中间画

图2–5 等分中间画

2.4.2 进行等分中间画训练的步骤

为了使初学动画的人掌握中间画的基础技法，养成目测中间线部位的习惯和能力。经过一个阶段的训练，逐步掌握绘制中间画的要领，可以将等分中间画训练分解成以下四个步骤：

1. 仔细观察

当拿到两张前后形态有变化的图形时，应先经过观察，揣摩一下从 A 图形到 B 图形的演变，它的中间过程将是怎样一个不同的图形。例如，从圆形变成五角星形，它的中间形态可能是个梅花状图形。脑海里有了这样一个初步轮廓，再动手画等分中间画，也就心中有数了。

2．找准中间点

将两张图形相叠在一起，动手画之前，先要严格找准两个图形变化的中间点。在图形变化的明显部位和线条的转折处，先用铅笔轻轻点个记号，核对每个点是否均在等分中间位置，如有偏差，可做局部调整。

3．勾画线条

确认每个中间点位置已无误差，便可用铅笔一气呵成地将图形的等分中间画勾画出来。在勾画时，应当注意线条的粗细匀称和流畅。

4．检查修正

图形变化等分中间画勾画之后，须对铅笔线和等分中间的每个部位做一次核对，如发现偏差，可进行局部调整和修改，直到满意为止，画法如图 2-6 所示。

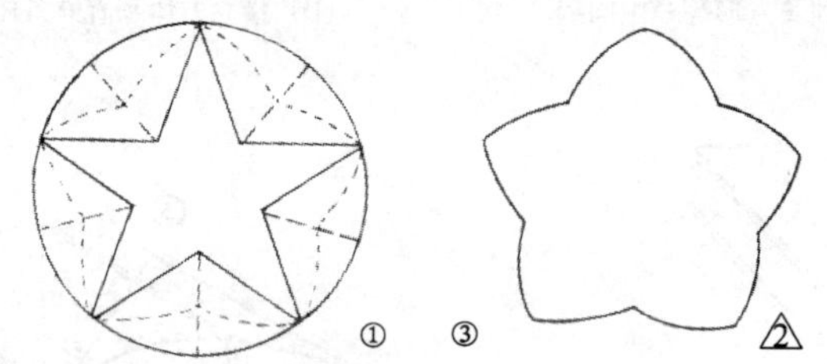

(a) ①、③圆形变五角星原画
2为中间变化过程

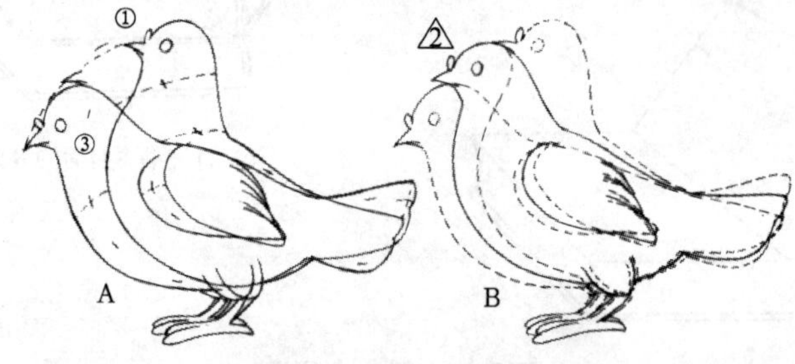

(b) 鸽子低头等分中间画画法
A.在①、③两张原画之间各个关键部位点上中间点
B.根据中间点的位置勾画出鸽子的等分中间画2

图2-6　等分中间画画法

课后练习

（1）练习做几例几何图形变化的等分中间画。
（2）练习比较复杂图形变化的等分中间画。
（3）练习人物和动物形象平面变化的中间画。

2.5 中间画对位技法

在动画工作中，如果碰到前后两张原画的关键动态在画面中的位置相距较远，直接加中间画不容易找准形态和线条的中间地位，便可以采用中间画对位技法来解决，既准确又方便。

2.5.1 对位的概念

对位——也称为对洞眼。是利用每张动画纸上有三个定位孔这一特殊条件，在两张动画纸相叠在一起时，以洞眼位置所产生的差异为依据，作为有助于添加中间画和检验中间位置准确性的一种有效手段。

2.5.2 中间画对位的基本方法

前后两张形象或姿态相距较远的原画画面，找出它们最接近的部位相叠在一起，这样两张动画纸上的六个定位孔之间就产生了明显的差距。然后，把另一张空白动画纸上的三个定位孔洞眼，逐个对准两张原画定位孔之间的中间位置覆盖上去加以固定，便可以比较方便地添加中间画了，如图 2-7 所示。

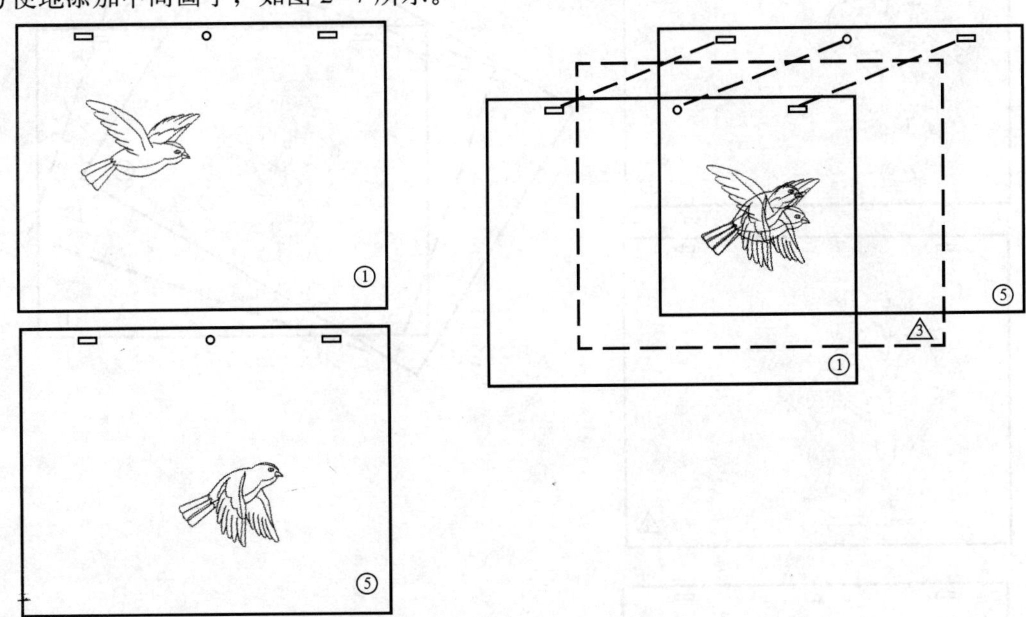

图 2-7　定位孔平行对位

2.5.3 对位画法的步骤

对位画法的操作步骤如下：

① 先将两张动态间距较大的原画套在定位器上，覆盖一张空白动画纸，然后打开透光灯。用目测的方法找出两张画动态之间的中间位置，在几处关键部位用铅笔在空白动画纸上轻轻点上几个点作为记号。例如，在人物脸形外轮廓和五官的几个明显部位，身体或手

脚动态的几处关键部位等。然后，仔细查看这些中间点记号的位置是否准确。

② 从定位器上取下动画纸，将前后两张原画的形象按照最接近处相叠在一起。这时，你就会发现两张原画画面上定位孔的位置产生了明显的差距。然后，将已经做了中间点记号的动画纸覆盖上去，把三个定位孔安装到两张原画的六个定位孔之间的等分位置上，这样就可以进行核对，定位孔的中间部位与动画纸上已点好的关键部位中间点记号是否完全一致。若有差异可做调整，直到确认无误，便可将三张动画纸用夹子加以固定（或用左手按住），然后开始画中间画。凡是两个形象完全重叠的部位，可以进行复描（即拷贝）；凡是两张形态有差异的地方，就应该准确地画出其中间线。采用对位办法画动画，相对来说要比固定在同一定位器上添加动画方便得多。

③ 对位中间画（特别是"一动画"）加好之后，还需把两张原画和已经完成的中间画相叠在一起套在定位器上，通过透光灯再做一次核对检查，当确认每个中间位置完全符合要求时才告完成。在这里，还需特别提醒注意的是，在对两张原画纸上的定位孔时，由于动作变化的不同情况，那张动画定位孔安装的位置并不都是直线中间的位置，有时会产生上弧形中间或下弧形中间的不同情况。因此，在对中间画的定位孔进行对位时，必须反复试对后再确定。如果不加注意，画出中间画的位置就会产生偏差，造成返工。定位孔弧形定位如图 2-8 所示。

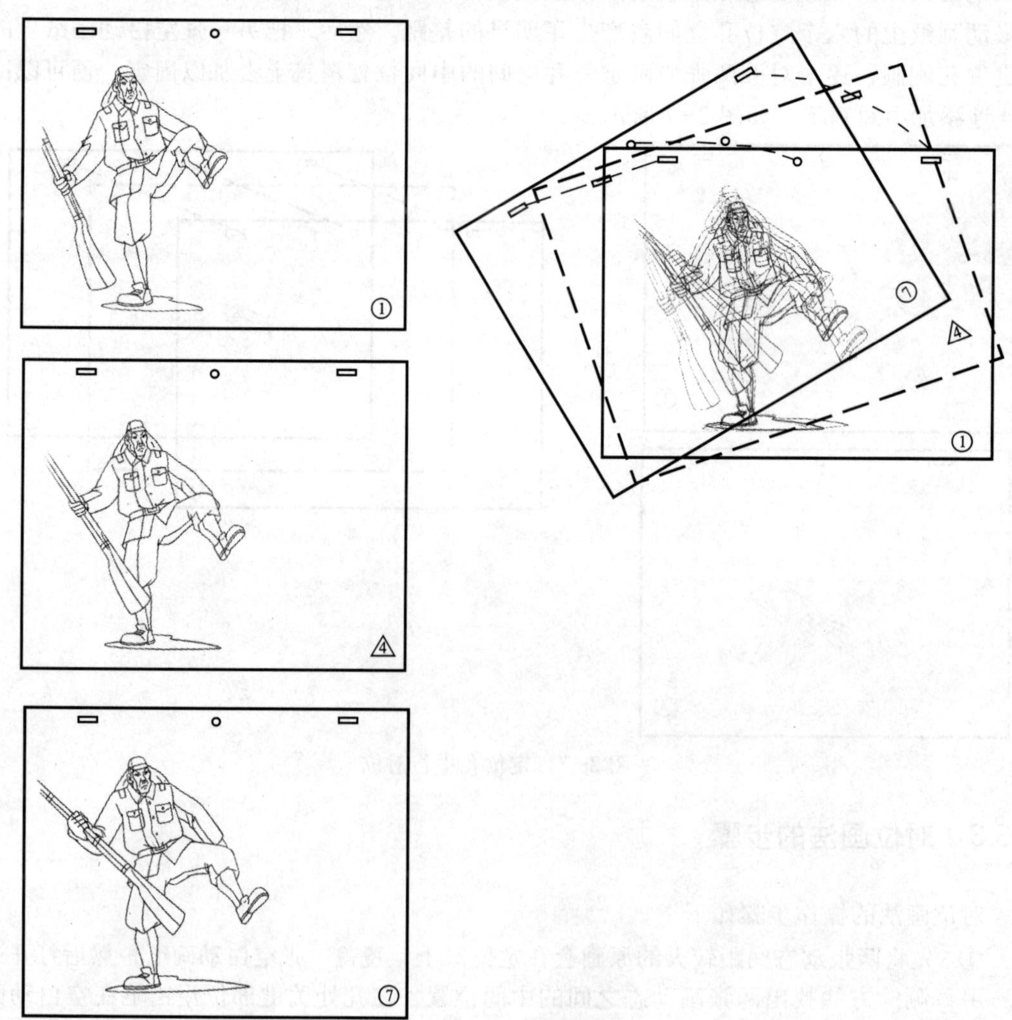

图2-8 定位孔弧形定位

2.5.4 一次对位和多次对位

对位画法是动画制作中常用的一种基本技法。在一张画面上使用一次称为一次对位。

多次对位是指同一张画面上经过对位画法，勾画了其中一部分形象（人物的面部）的中间画之后，另外一部分形态（如身体和手）的动作幅度也比较大。那么，在画这些部分的中间画时，同样可以再一次采用对位画法解决（方法相同）。即在同一张画面上，反复使用两次以上对位画法。

对位法一般是在两张原画关键动态之间的距离比较大，但形象变化的差异相对比较小时采用。采用这种技法可使中间画添加得比较精确，操作起来又比较方便。

课后练习

（1）练习一次对位中间画。

（2）练习多次对位中间画。

2.6 形象转面动画技法

前面已经讲述过，动画通常也称为中间画，这是为了便于将关键动态的原画与中间过程的动画两者相区别，泛指两张原画关键动态之间的中间过程画面而言的。但是，不能简单地将动画理解为纯粹的“中间画”，认为动画只要把两张原画之间的中间位置找对，将中间线画准就算达到要求了。其实，中间画只是动画技巧的基础，动画所需学习和掌握的专业技术，是一门相当特殊而又广泛的学问。

在实际工作中，有许多动画是不能单靠找中间位置和加中间线就能解决的。动画有比较简单的平面运动中间画，也有十分复杂的立体运动透视变化中间画。在画这类比较复杂、具有一定难度的动画时，应当根据形态的立体结构及运动中产生的透视变化，合理准确地画出它的中间过程，这就要比平面运动中间画复杂得多。下面着重讲述形象转面的动画技法。

在动画片中，经常会表现角色的头部转面、手腕手掌的转动和手指的伸曲，以及全身的转体运动，等等。在画这类镜头的动画时，就不能以平面运动方法简单地画好中间线就行了。例如，以形象转面为例，第一张原画所画的脸是侧面，第二张原画所画的脸已经转向正面。动画在画脸部转面的中间画时，就不可能像平面运动那样，单靠寻找中间点和中间线就能完成。因为，角色的头是圆形的立体形象，脸上的五官是位于圆形立体面的各个部位上的。当头部转动时，脸的外形和脸上的五官也随着发生透视的变化。因此，在画中间画时，可以将鼻子作为脸部的中心点，由于转面过程中的透视变化，脸上的五官就形成了一个弧形的运动，转脸时的鼻子并不在纯中间的等分位置，由于透视的原因，接近正面的一半距离大，接近侧面的一半距离小。眉、眼、鼻、嘴、耳的变化也不是平行的直线运动，而是立体的弧线运动，如图 2-9 所示。

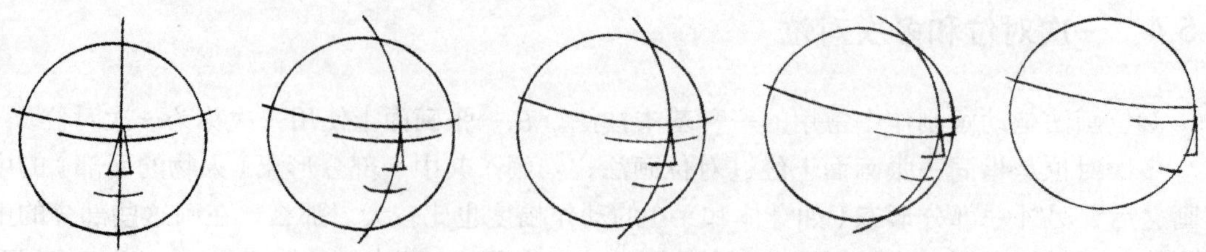

图2-9　头部立体形象转面示意图

当明白了这样一个基本概念之后，在动手画形象转面动画时，可以先用一根弧形竖线轻轻描绘鼻子的中心位置，再用几根弧形横线轻轻描绘眉、眼、鼻、嘴、耳等的位置，认为准确无误之后，便可正式勾画转面的中间画了，如图 2-10 所示。

图2-10　人物头部形象转面原、动画

以上所述是形象转面动画的基本技法。无论是手腕、手掌的转面，人物、动物形体的全身转体，都可以采用立体透视转面的方法解决。当然，画全身转体运动的中间画就更为复杂一点，难度相对比较大。因为人物全身转面时，除了头部转动之外，还有双臂和双腿随着身份躯干转动时的透视变化，等等。但是，其基本方法和要领是相同的，如图 2-11 所示。

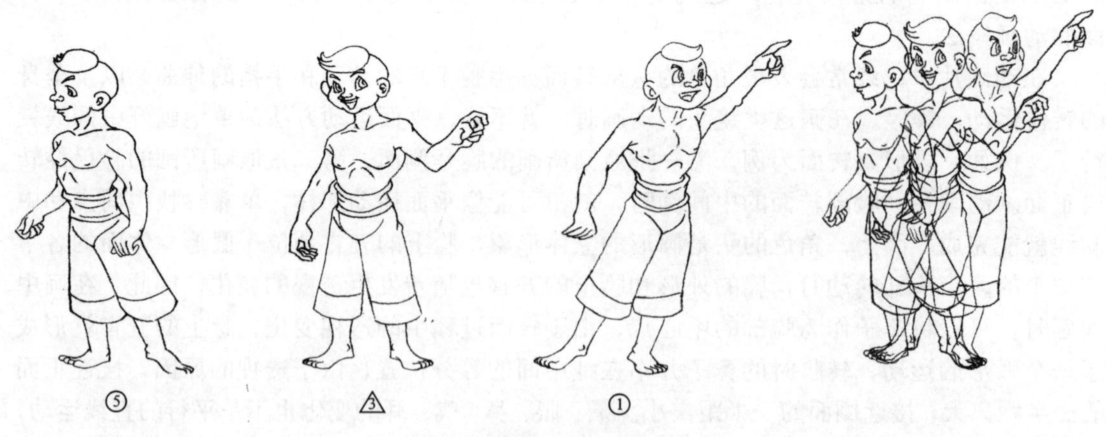

图2-11　全身转面动画

课后练习

（1）练习人物头部形象转面动画。

（2）练习手部转面动画。

（3）练习人物全身转体动画。

2.7 动画案例分析

在动画绘制前，首先要对原画进行分析。本节将通过 9 组动画和原画的案例来讲解实际工作中根据原画绘制动画的方法。

1. 第1组

（1）原画效果

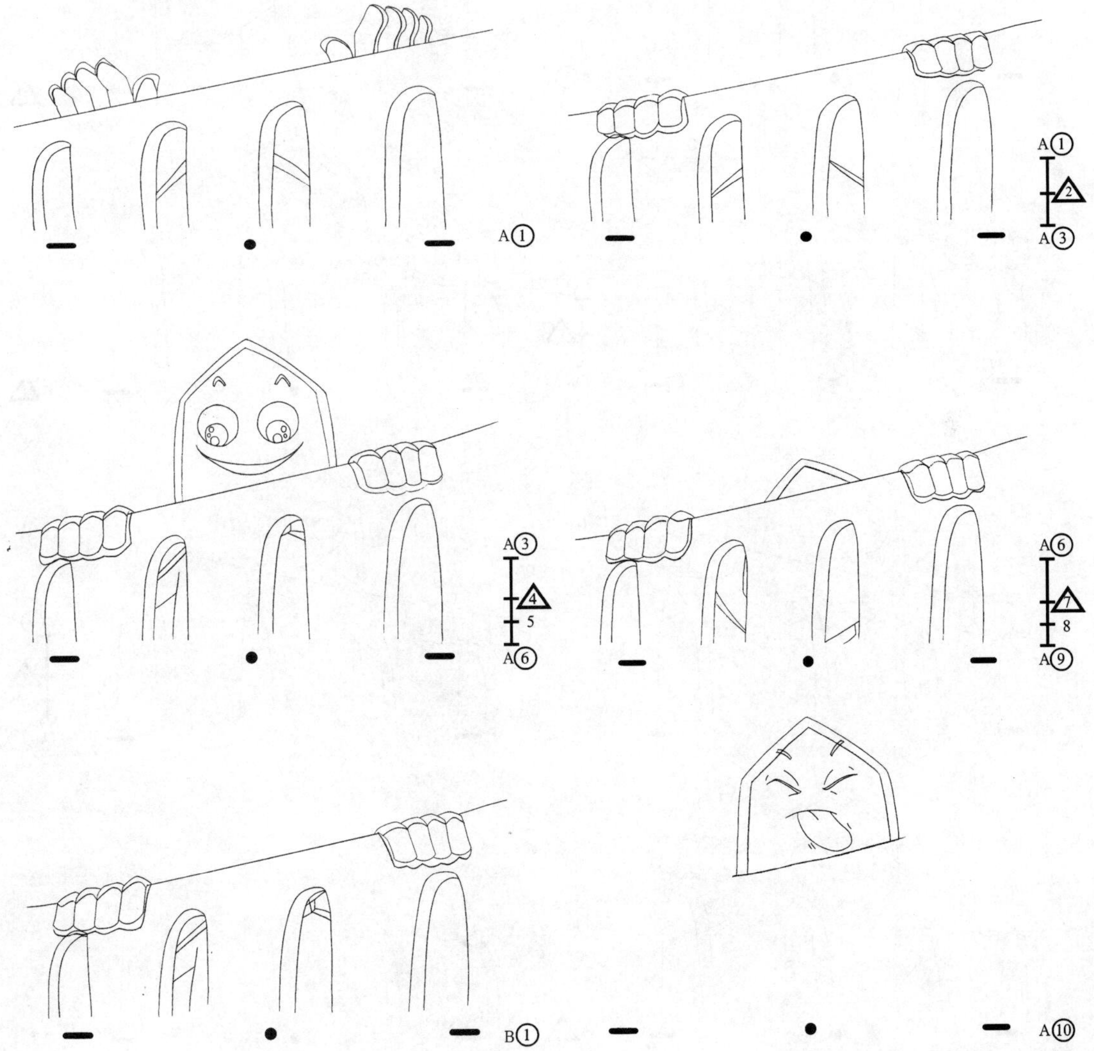

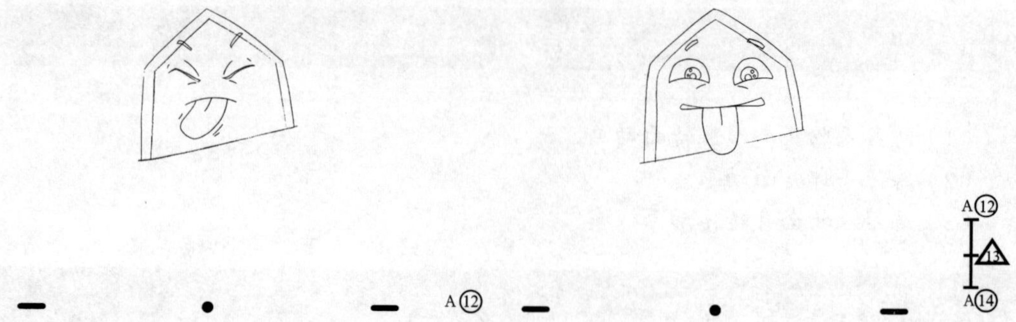
A⑫
A⑫
13
A⑭

(2) 整套原画和动画效果

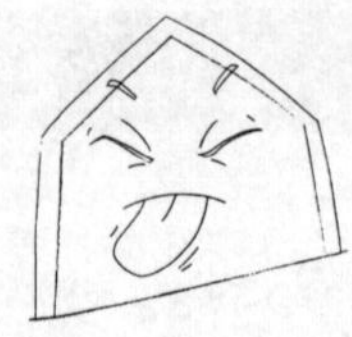

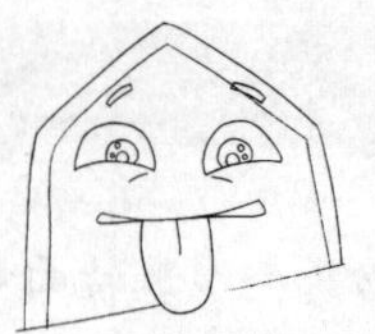

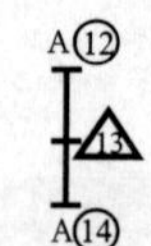

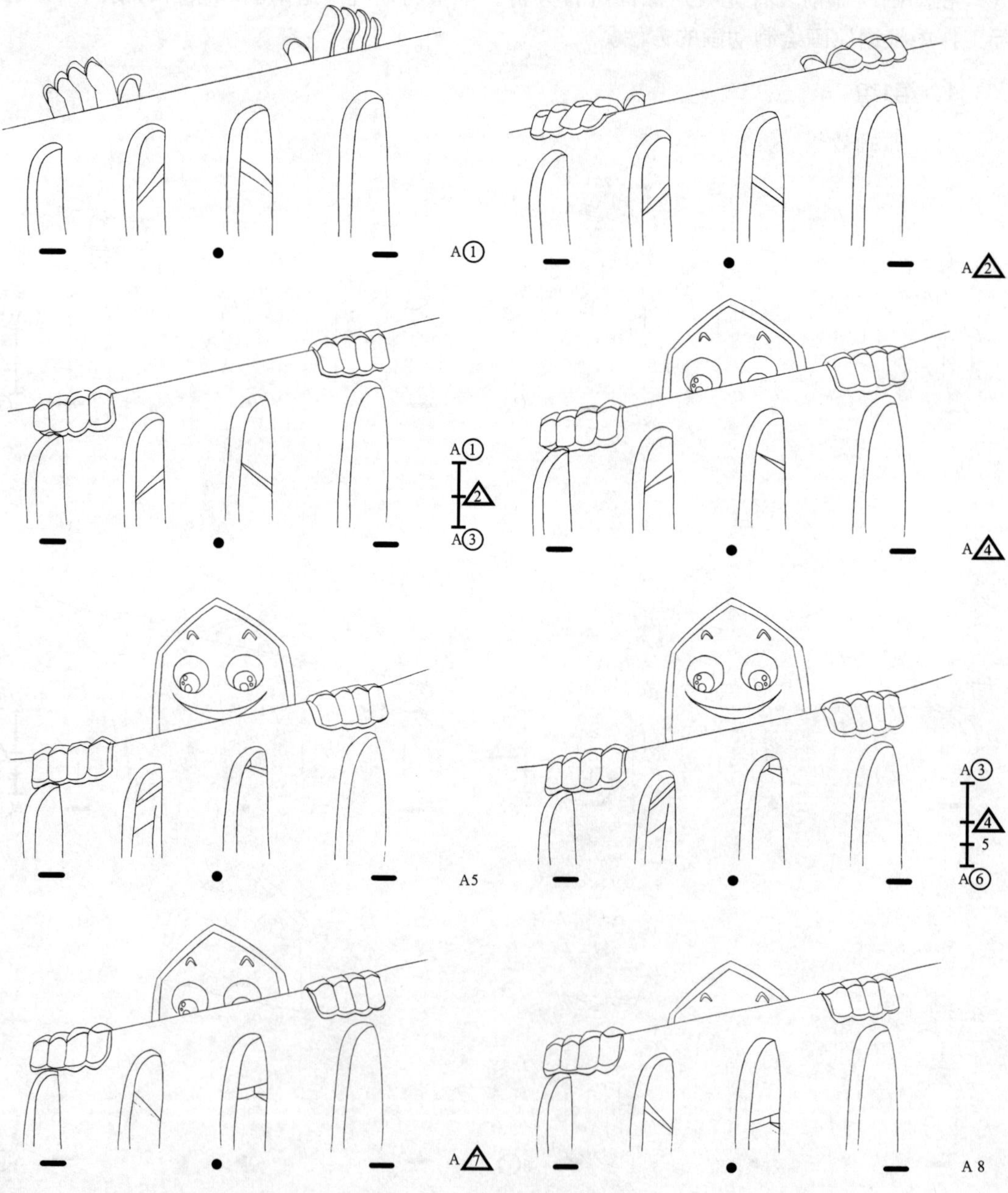
A①
A2
A①
2
A③
A4
A5
A③
4
5
A⑥
A7
A 8

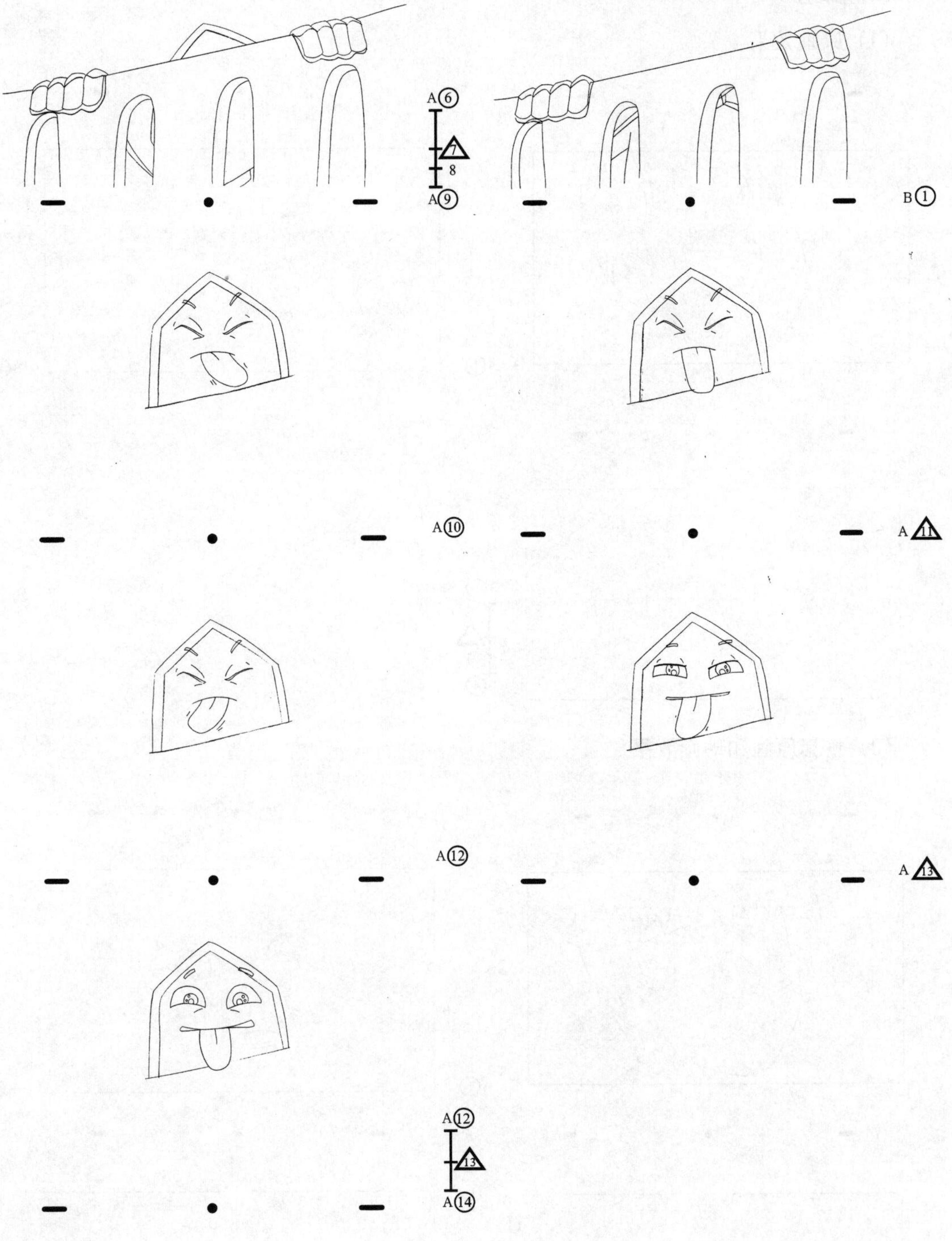

A⑥ A⑦ 8 A⑨ B①

A⑩ A⑪

A⑫ A⑬

A⑫ A⑬ A⑭

说明

这组原画表现的是人物爬上墙头从墙后探出头的动作。原画从①至⑨是将人物和墙合在一层绘制的。从⑩开始分为A层和B层，B①画面是墙和人物的双手，A⑩至A⑭是人物的头部，这一部分画面中墙和人物的双手是不动的，只有面部表情发生变化，因此原画做了分层处理。

2．第2组

（1）原画效果

（2）整套原画和动画效果

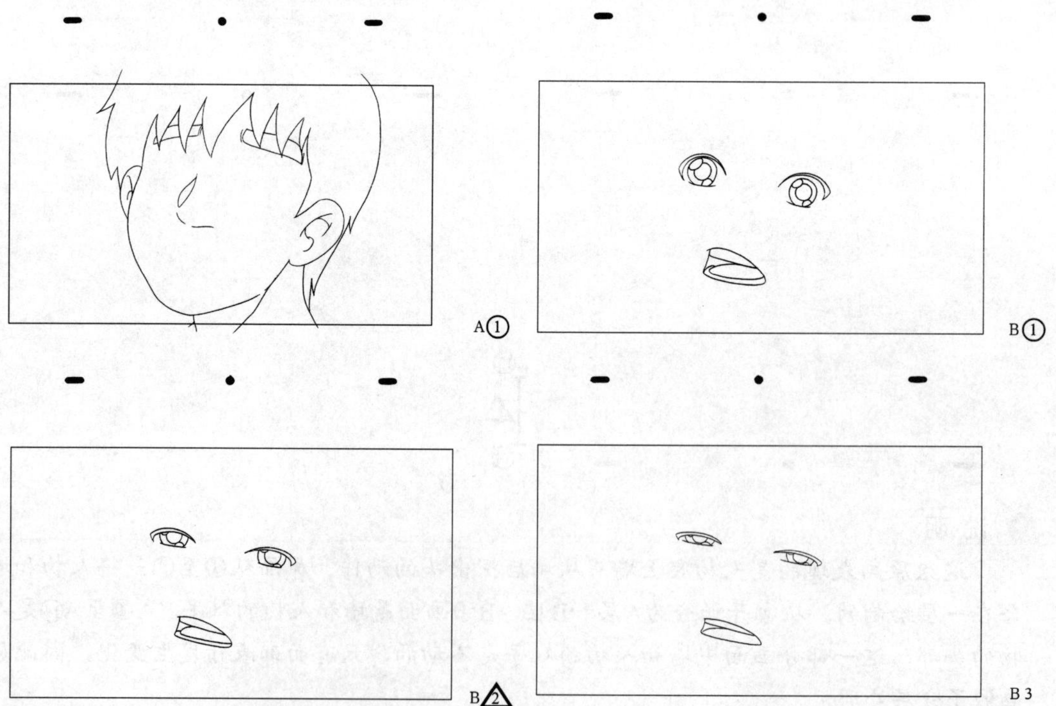

B①
2
3
B④

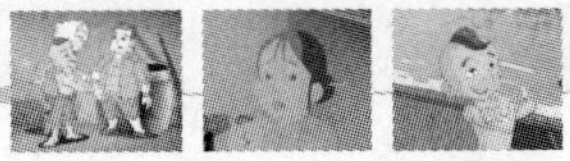

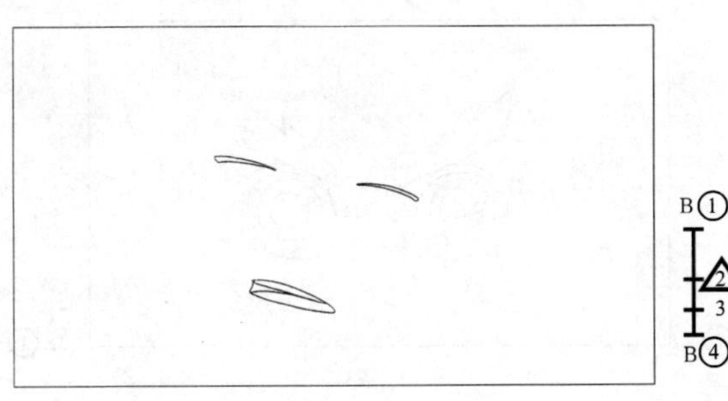

说 明

这是一组表现人物说话和眨眼的镜头。A层是人物头部特写，B层是人物眼睛和嘴的动作。

3. 第3组

(1) 原画效果

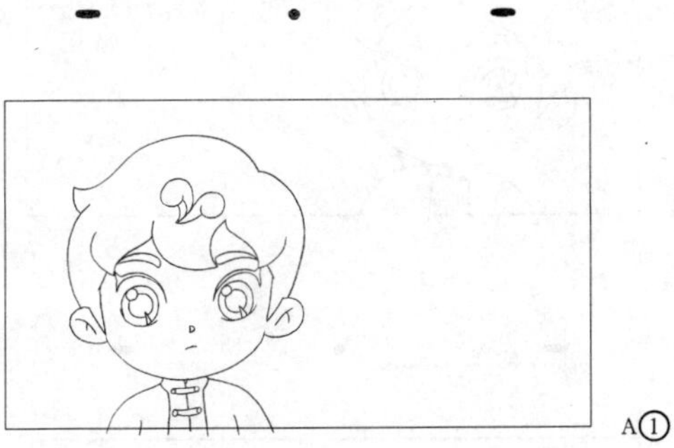

A①

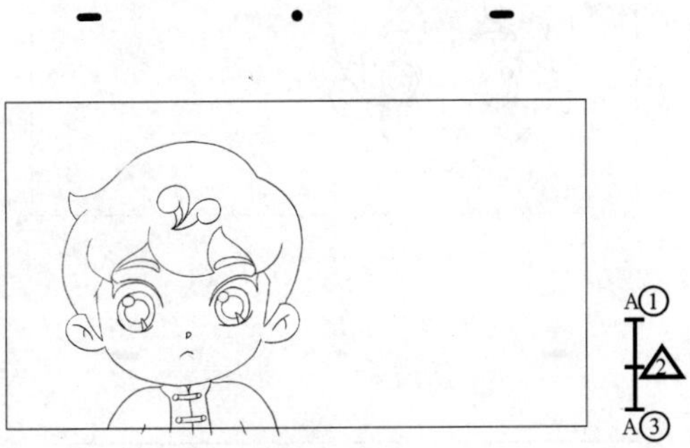

A①
2
A③

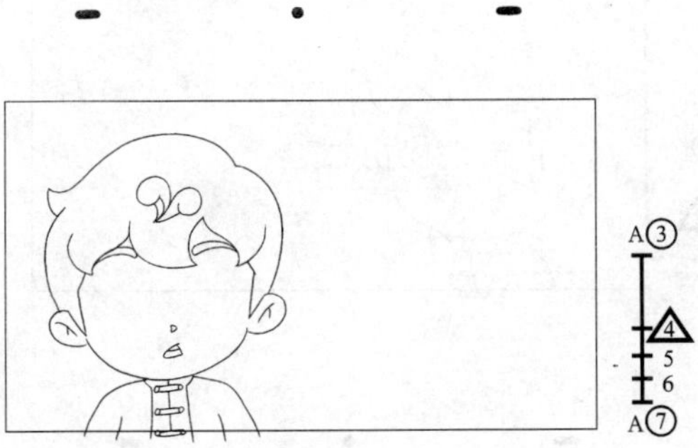

A③
4
5
6
A⑦

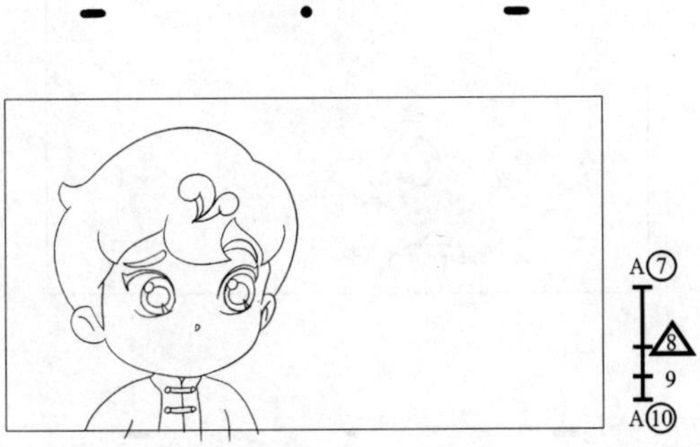

A⑦
8
9
A⑩

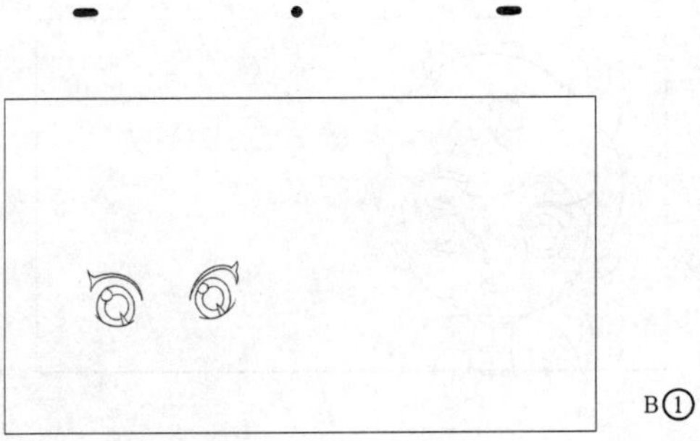

B①

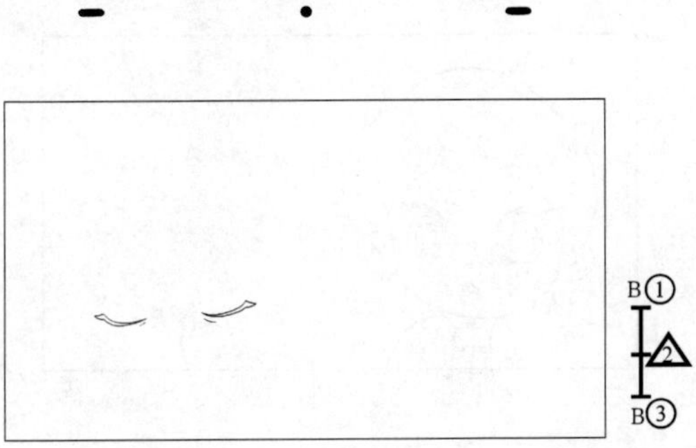

B①
2
B③

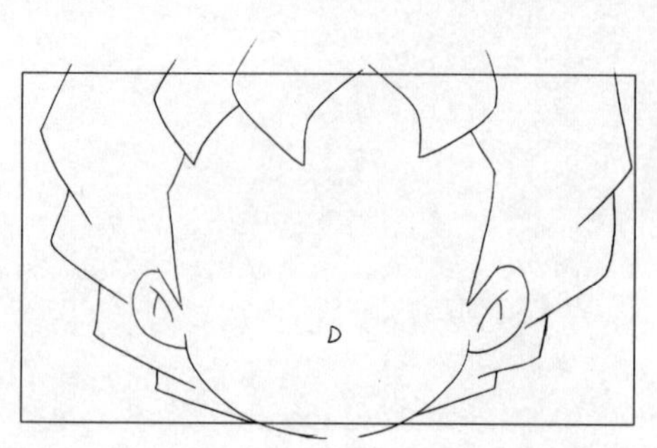

D①

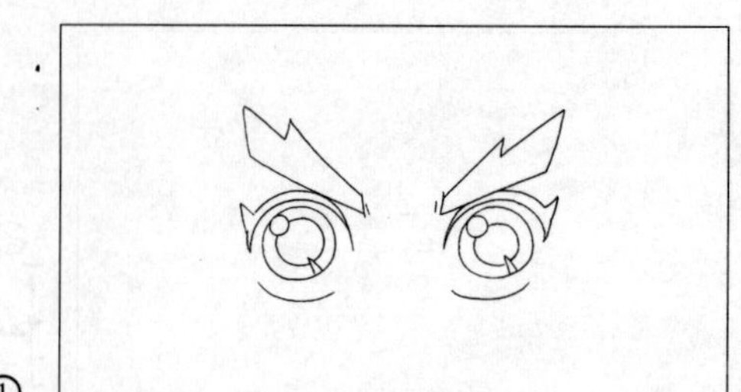

E①

（2）整套原画和动画效果

A①

A△2

A△4

A5

A6

A③ A△4 5 6 A⑦

A△8

A9

A⑦ A△8 9 A⑩

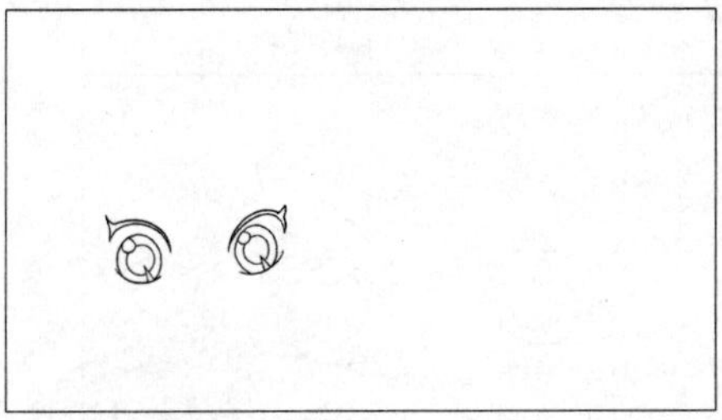

B①

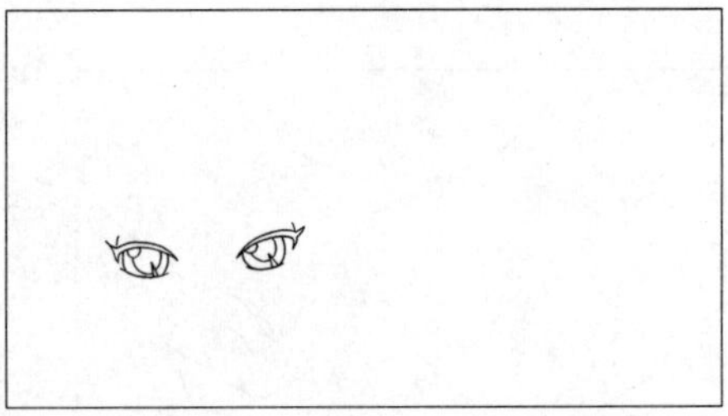

B△2

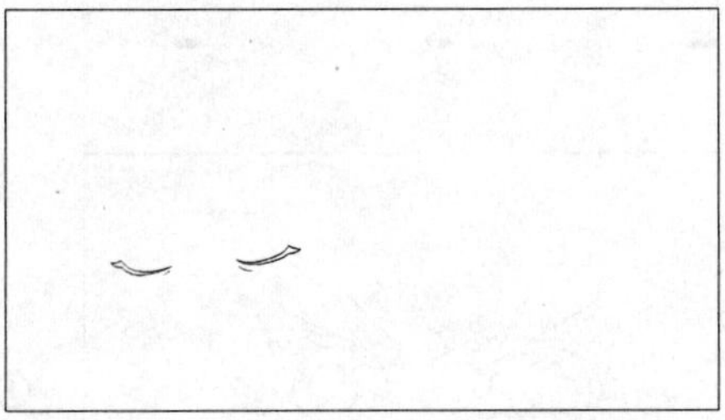

B① B△2 B③

说 明

A层原画①至⑩人物在作转头动作，在原画A⑦作了分层处理，B层是人物眨眼的动作。

C1
C2
C3
C4
D①
E①
E2
E①
2
E③

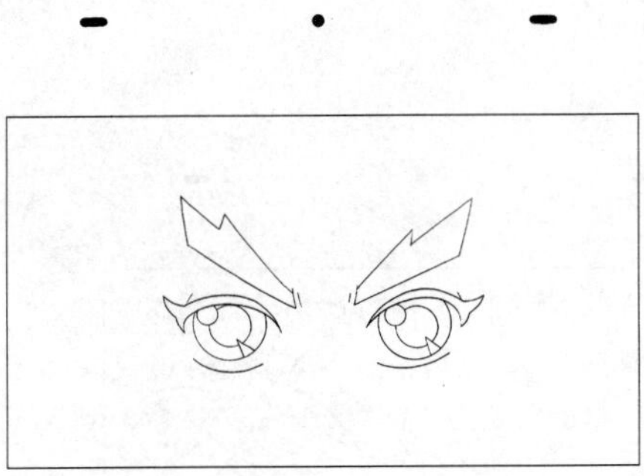

E4

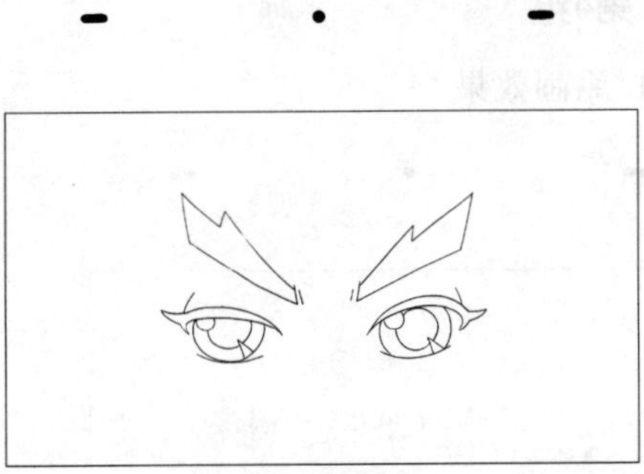

E5

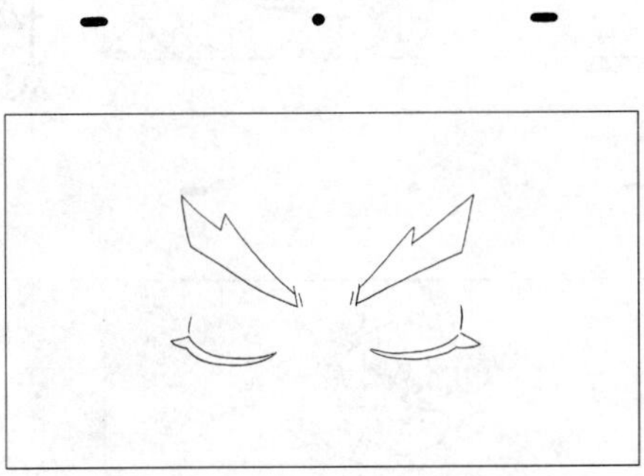

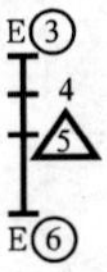

E3
4
5
E6

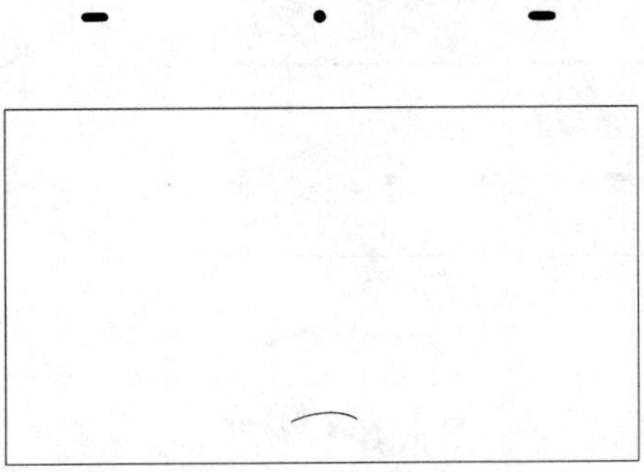

F1

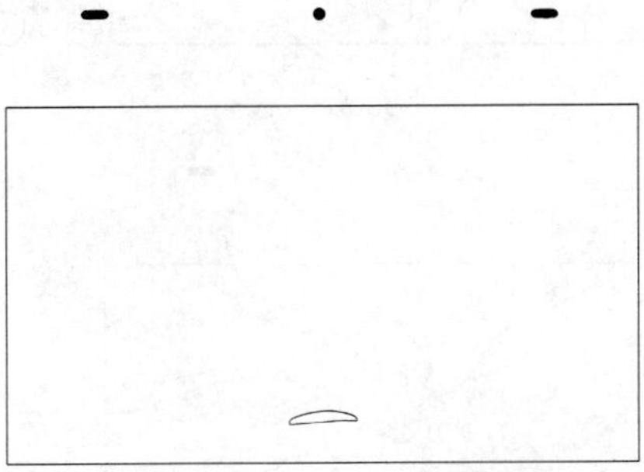

F2

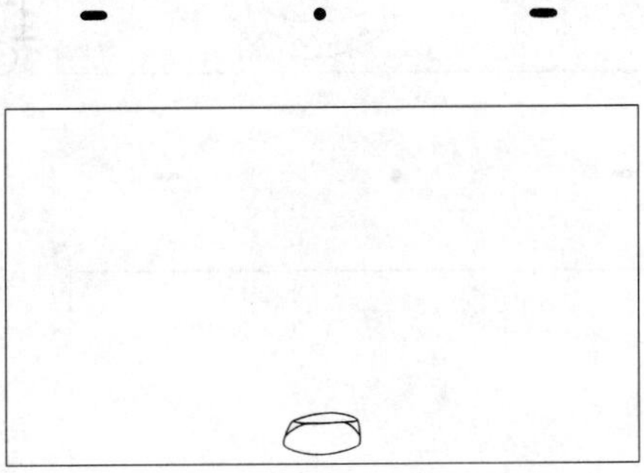

F3

F4

说 明

C层是人物鼻子的动画；D层是人物特写，由于没有动作，因此只有一张原画；E层是人物眉毛和眼睛的眨眼动作；F层是人物嘴部的动作。

4．第4组

（1）原画效果

A①
A①
A②
A③
A③
A④
A⑤
A⑤
A⑥
7
A⑧
A⑧
9
A⑩
11
A⑫
A⑫
13
A⑭
A⑮
A⑮
A⑯
A⑰
A⑰
A⑱
A⑲

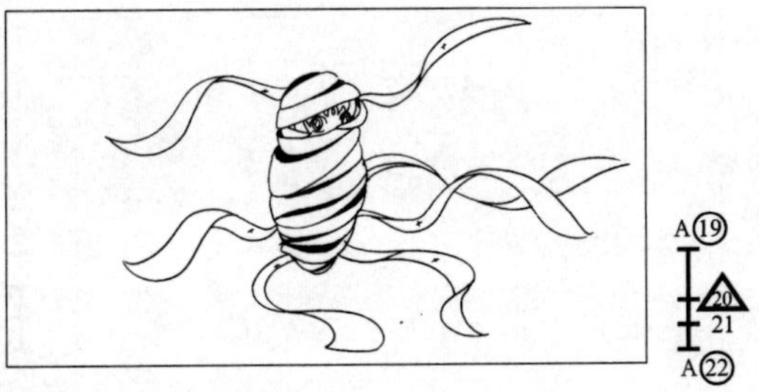

A⑲ 20 21 A㉒

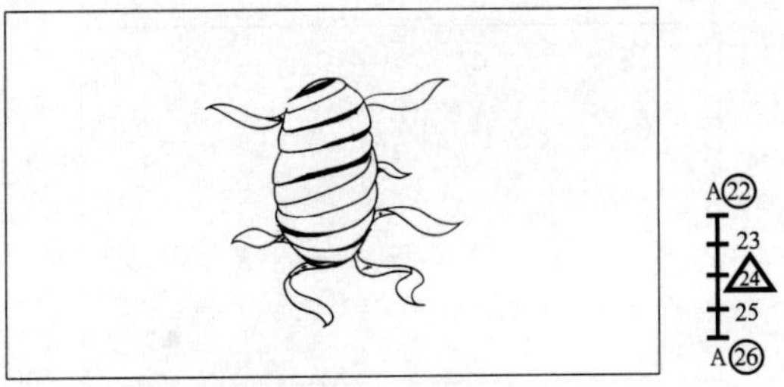

A㉒ 23 24 25 A㉖

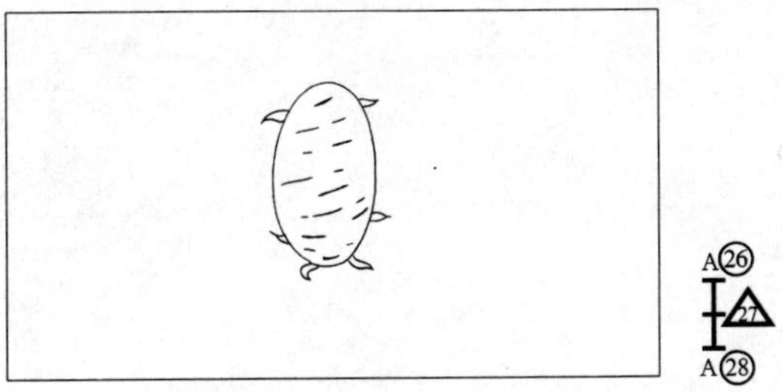

A㉖ 27 A㉘

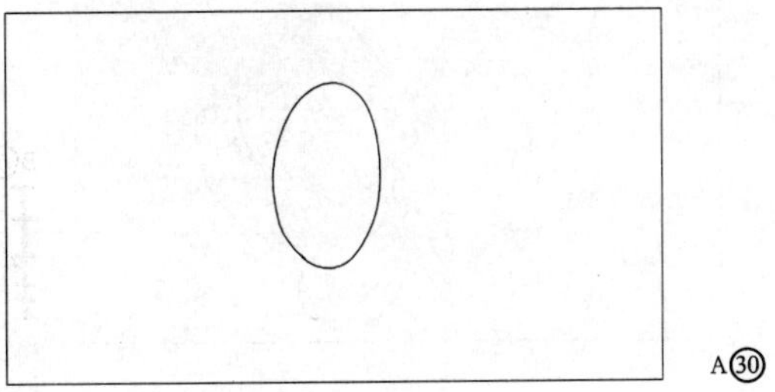

A㉚

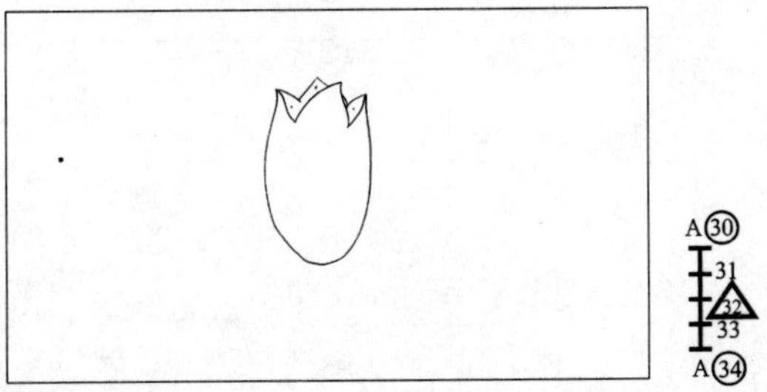

A㉚ 31 32 33 A㉞

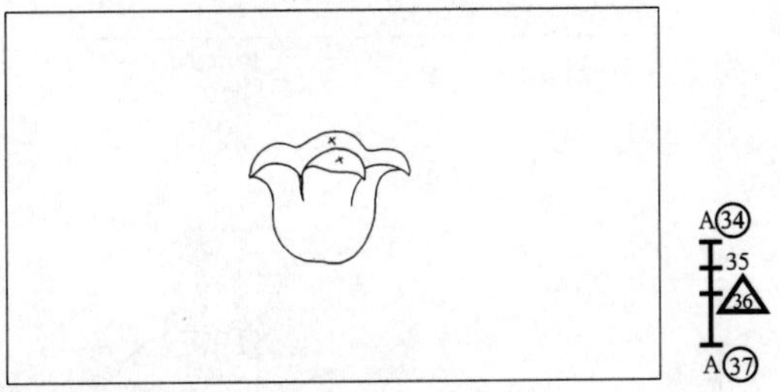

A㉞ 35 36 A㊲

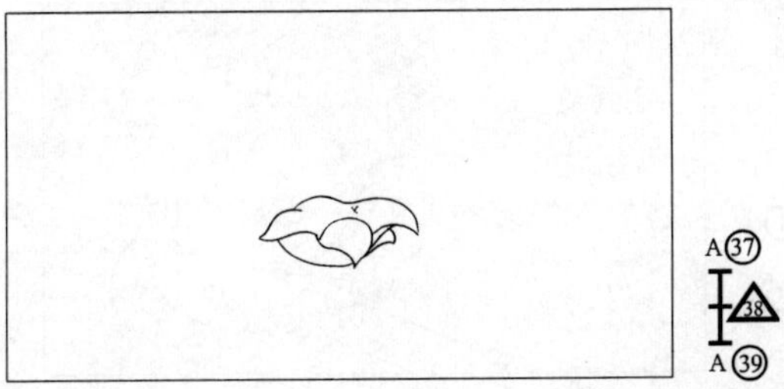

A㊲ 38 A㊴

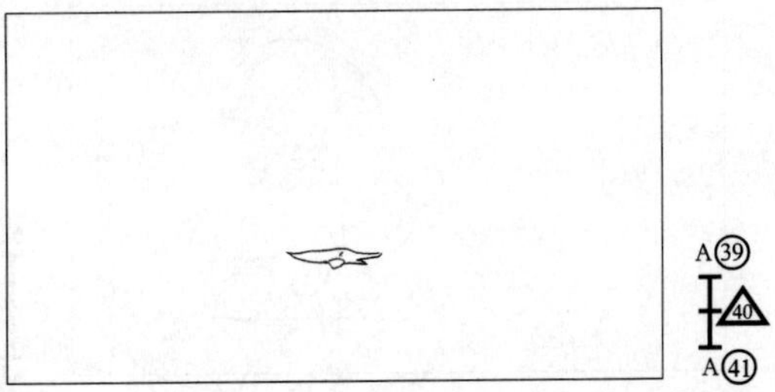

A㊴ 40 A㊶

（2）整套原画和动画效果

A3
A4
A5

A6

A7

A5
A6
7
A8

A9

A10

A11

A8
9
10
11
A12

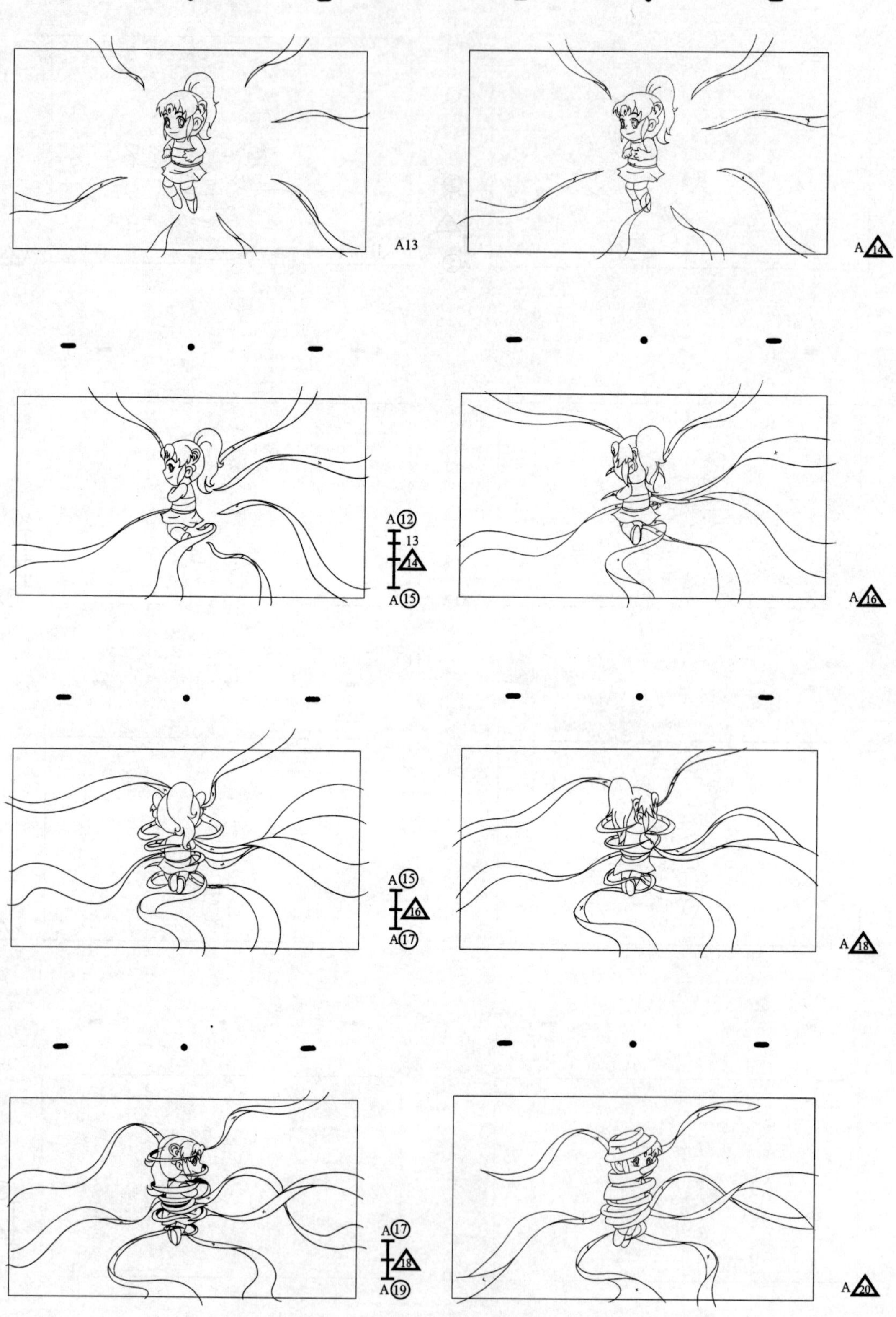
A13
A14
A12
13
14
A15
A16
A15
16
A17
A18
A17
18
A19
A20

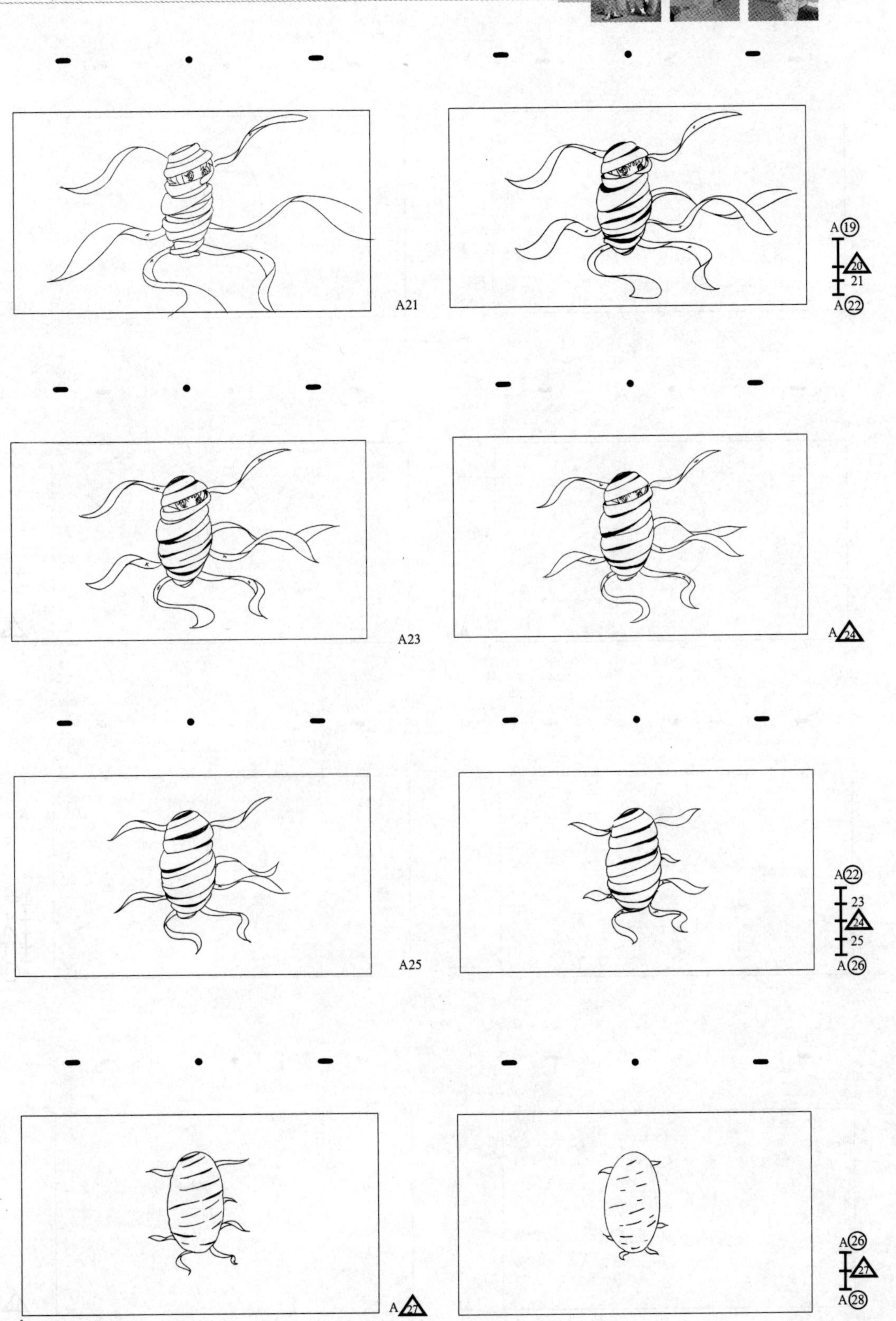
A21
A19
20
21
A22
A23
A24
A25
A22
23
24
25
A26
A27
A26
27
A28

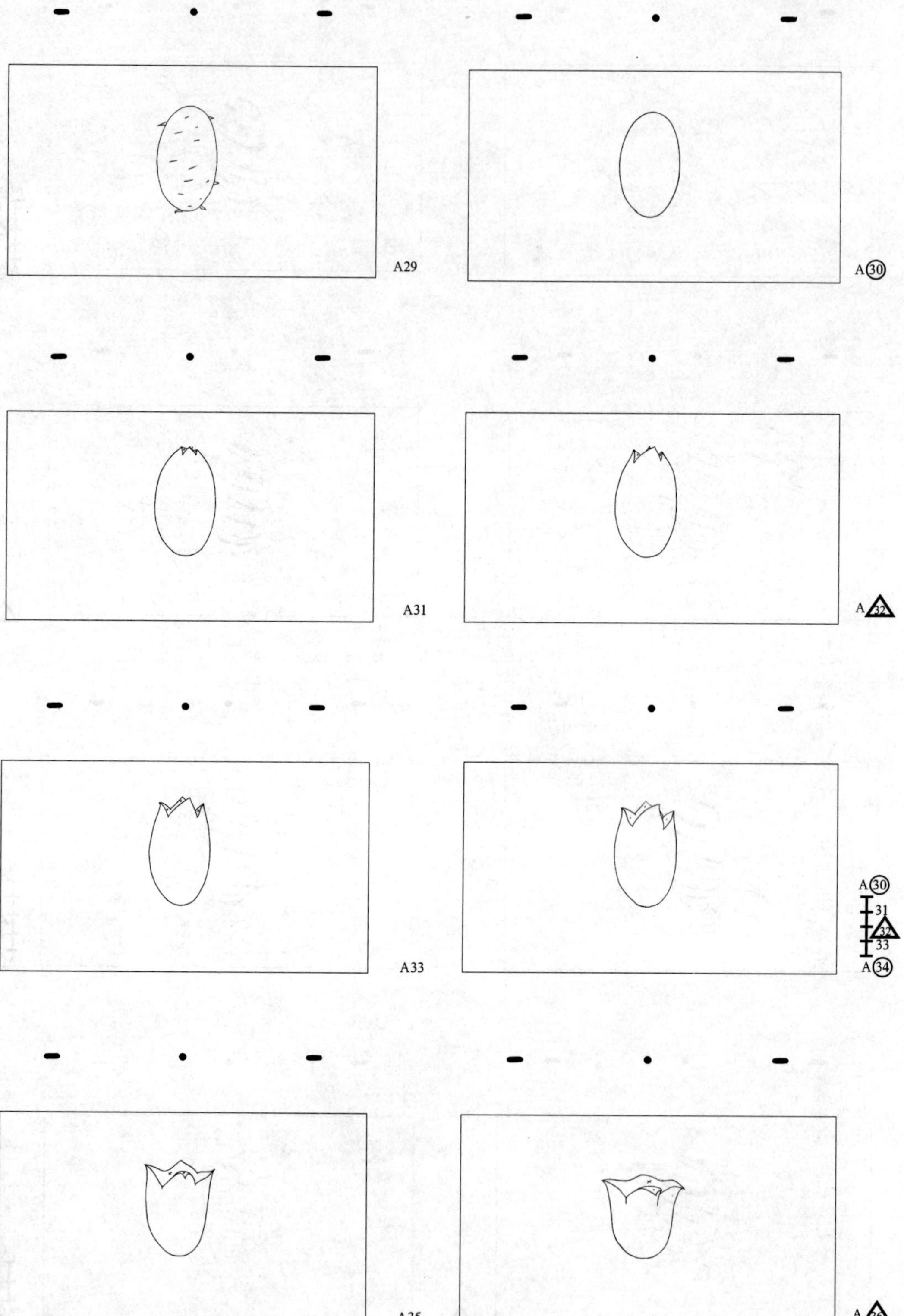
A29
A30
A31
A32
A33
A30
31
32
33
A34
A35
A36

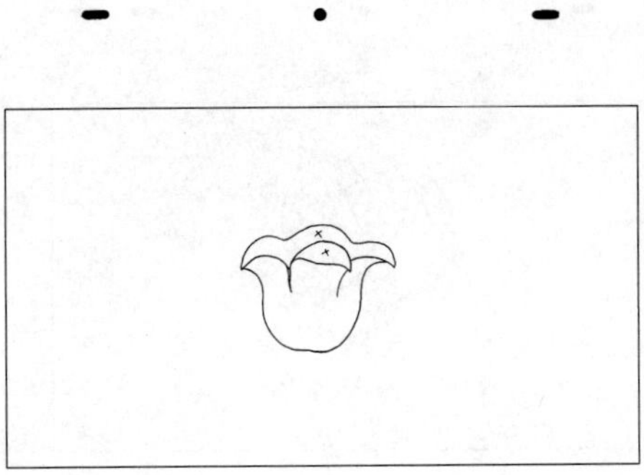

A34
35
A36
A37

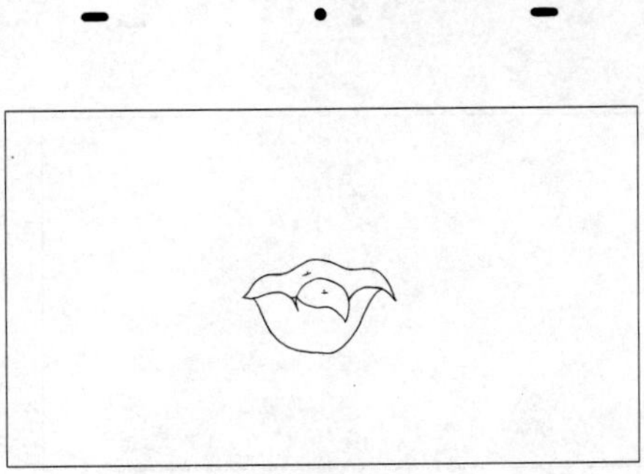

A38

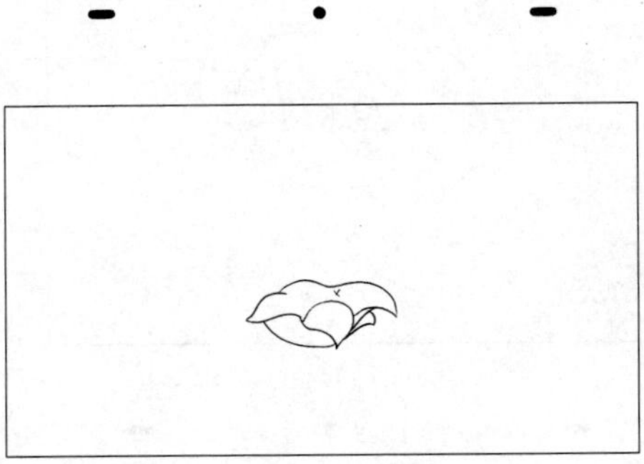

A37
A38
A39

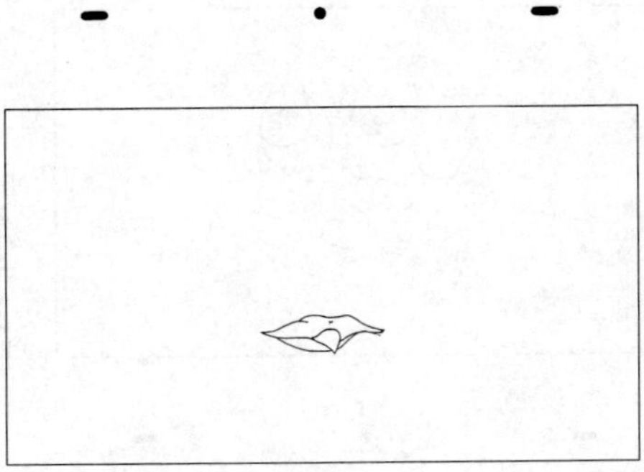

A40

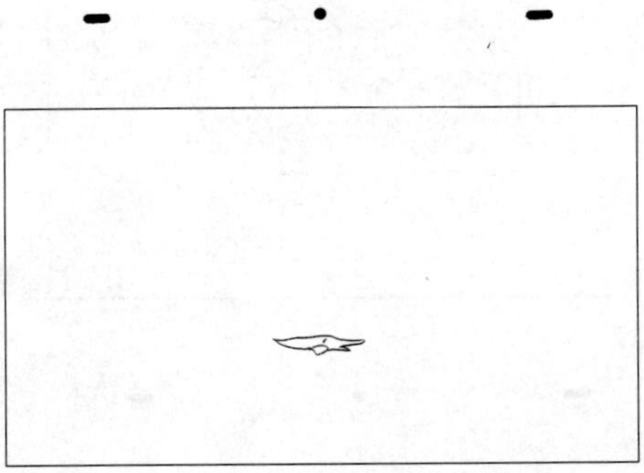

A39
A40
A41

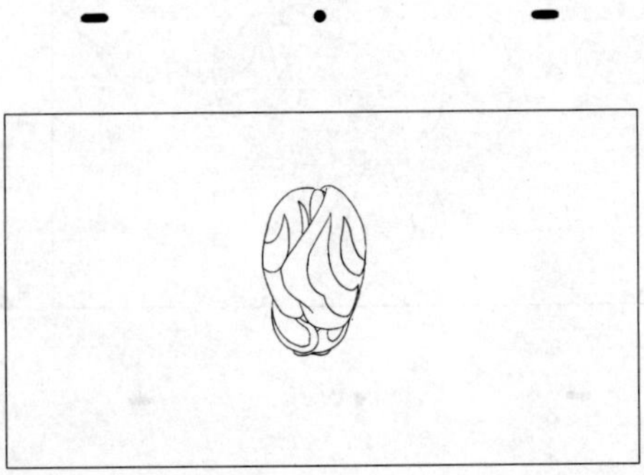

B1

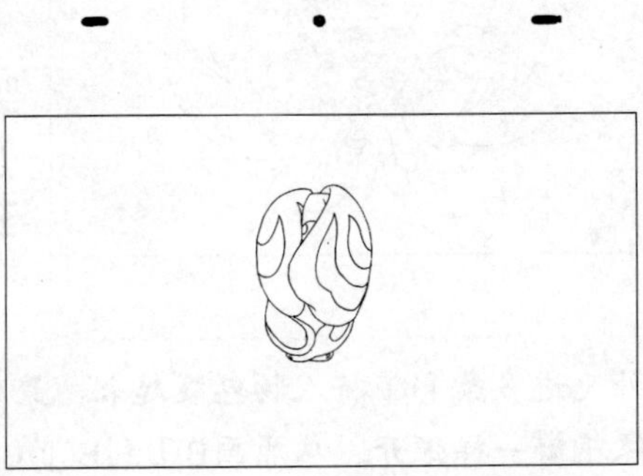

B2

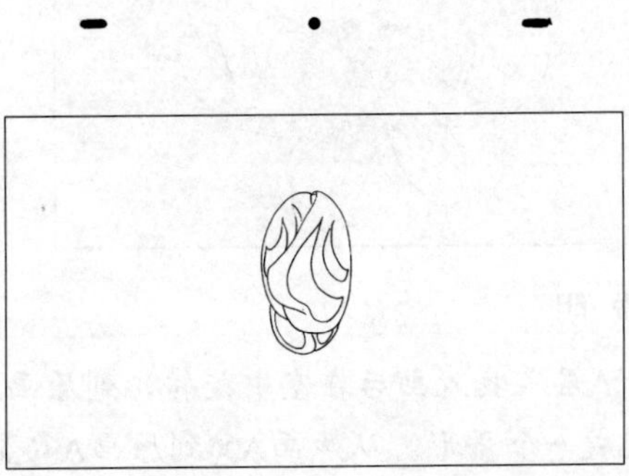

B3

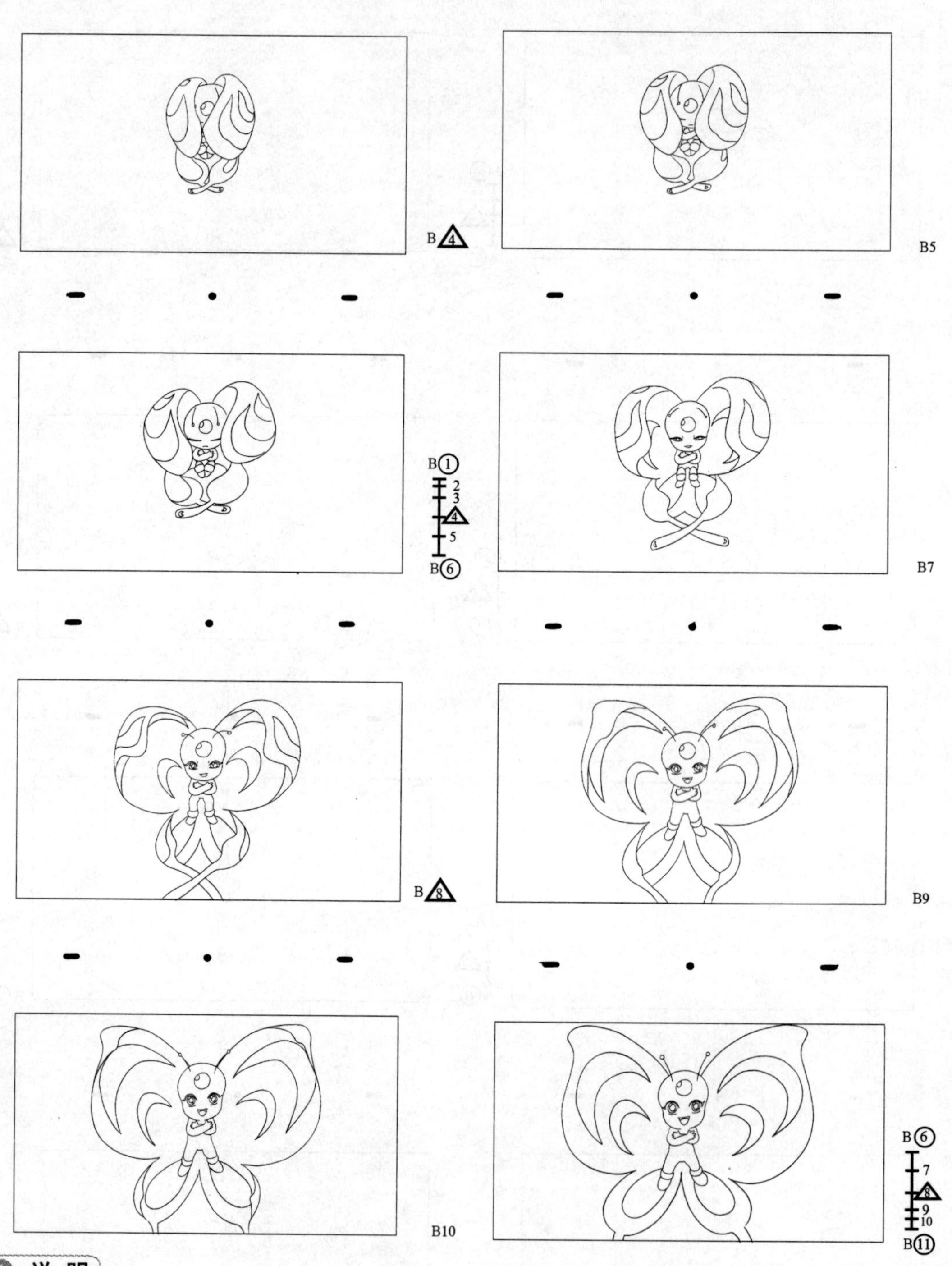

十 说明

A层人物入画后在空中旋转，到原画A⑫时画外飞进多条彩带将人物包裹起来，最后包裹成一个蛋形。从原画A㉚到原画A㊶蛋形开始像花瓣一样张开。从原画B①到B⑪（A层花瓣张开）逐渐张开变化成一只蝴蝶。

5. 第5组

(1) 原画效果

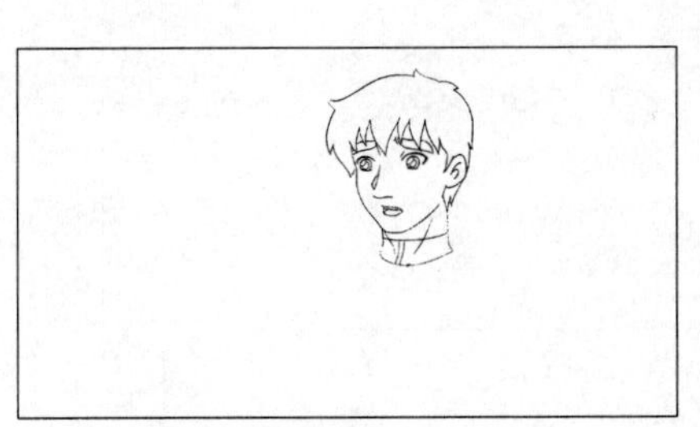

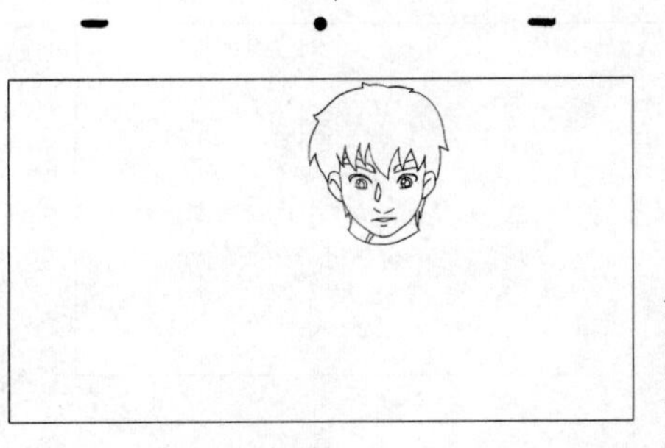

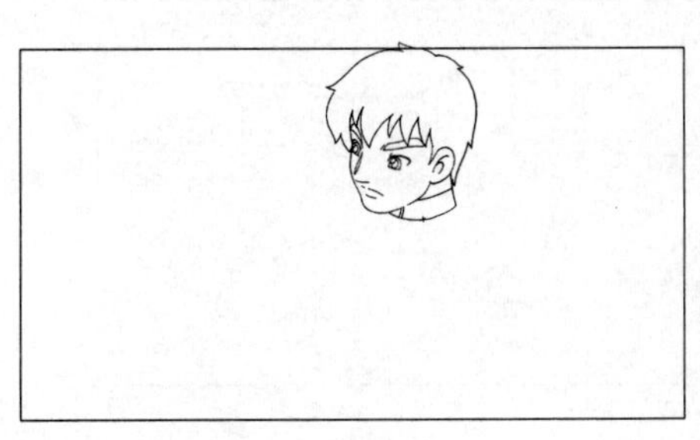

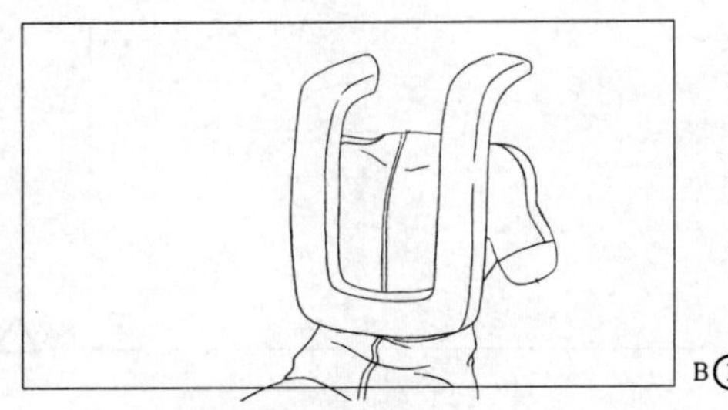

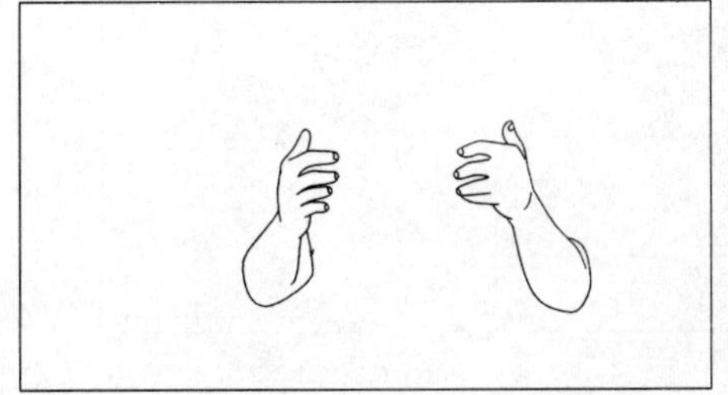

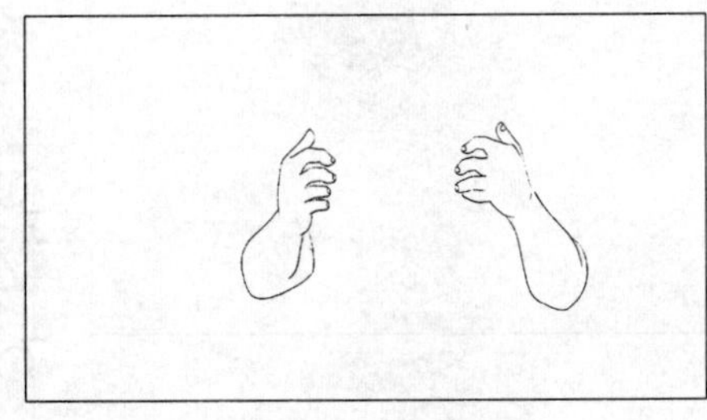

D①

（2）整套原画和动画效果

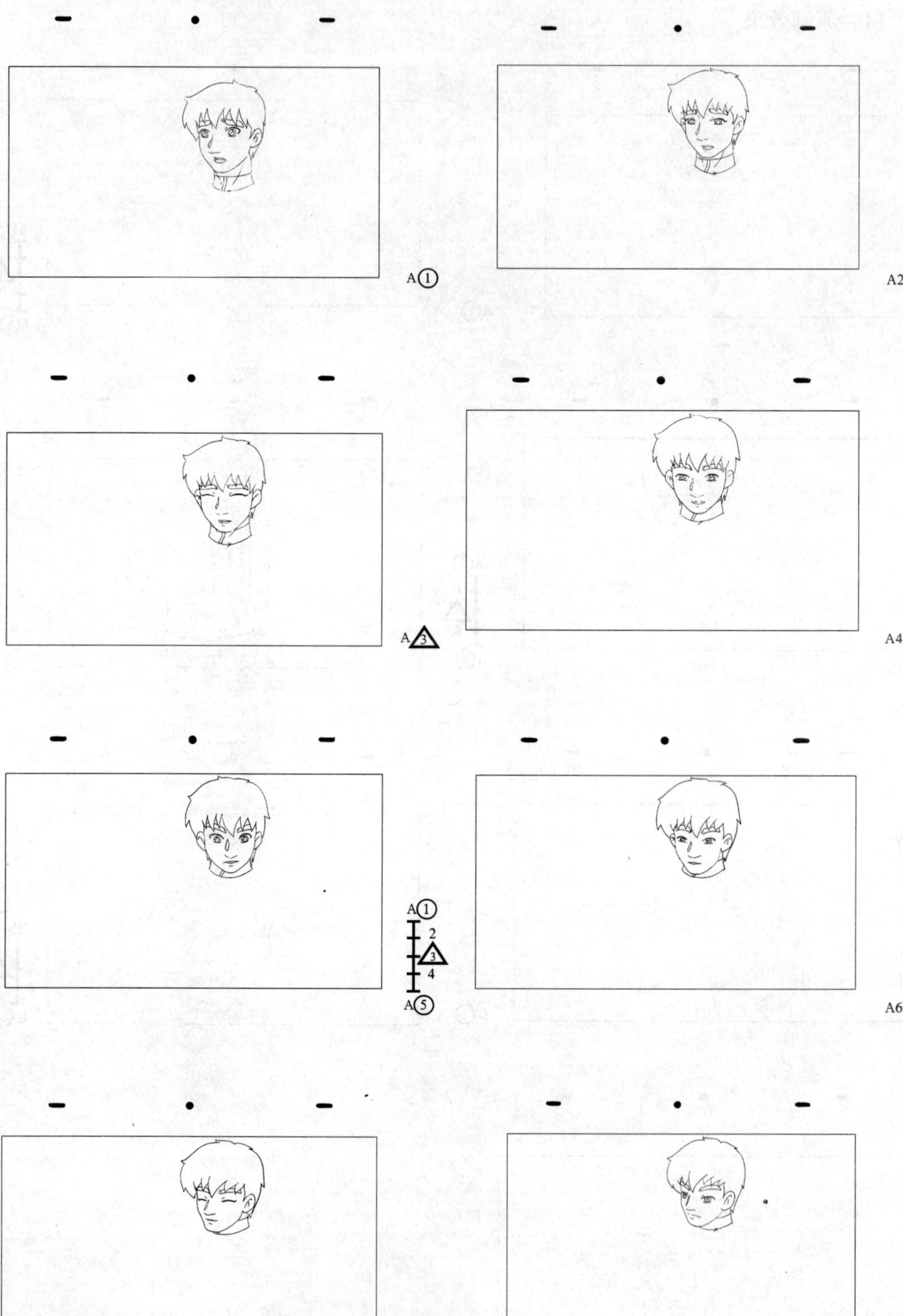

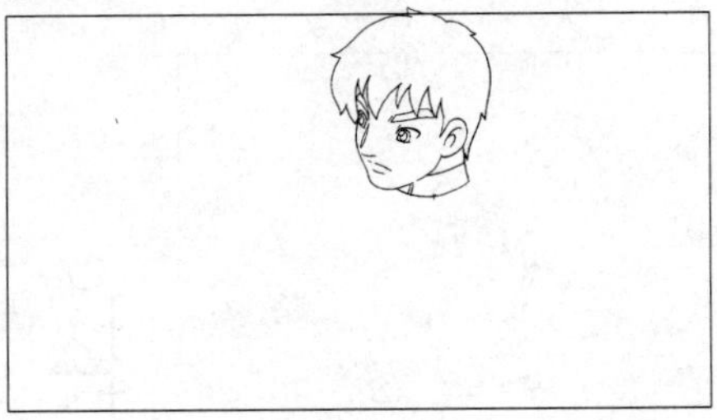

A⑤ 6 7 8 A⑨

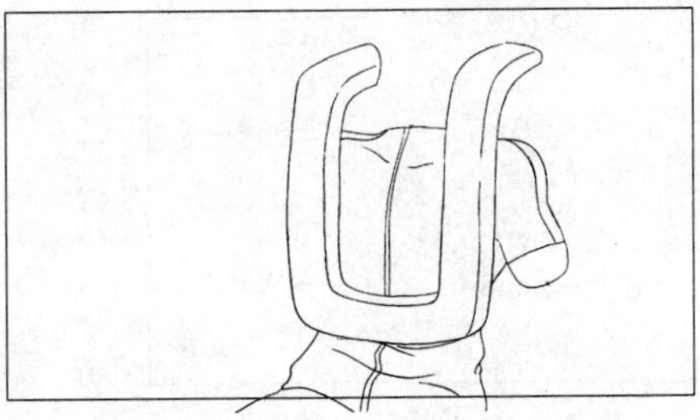

B①

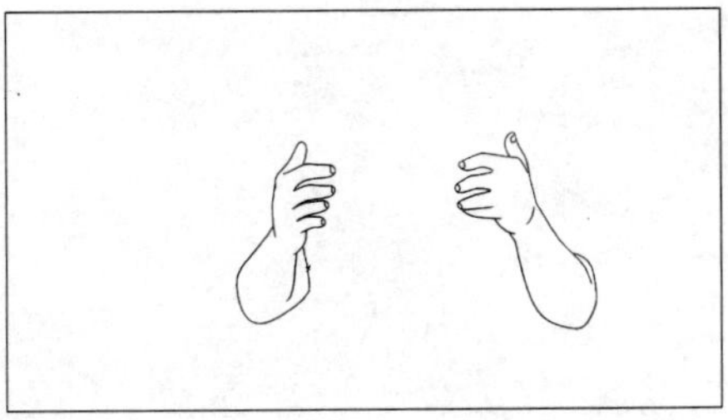

C①

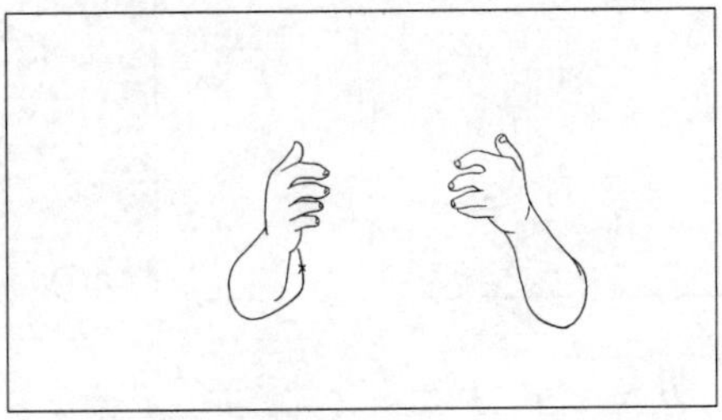

C②

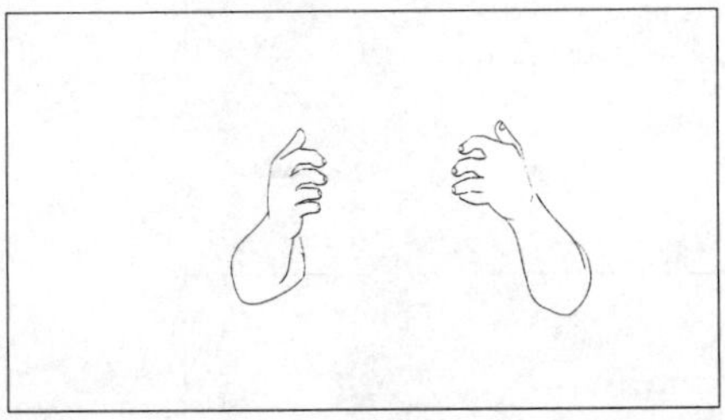

C① 2 C③

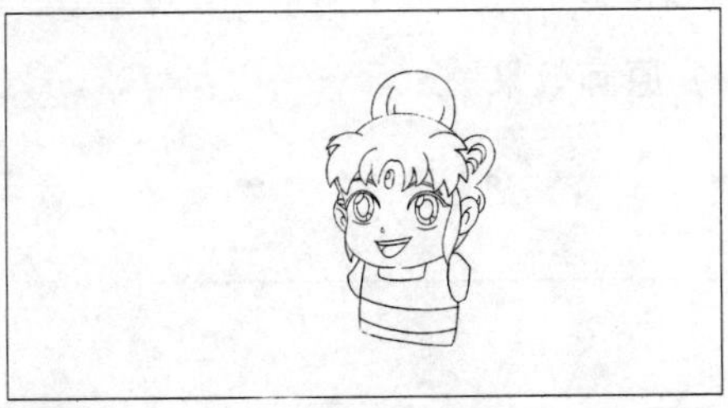

D①

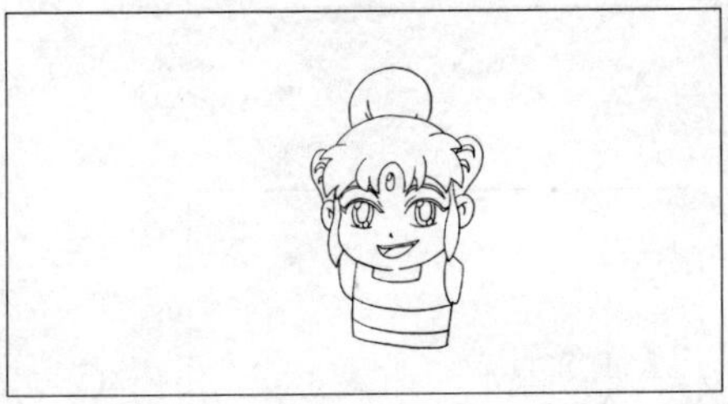

D2

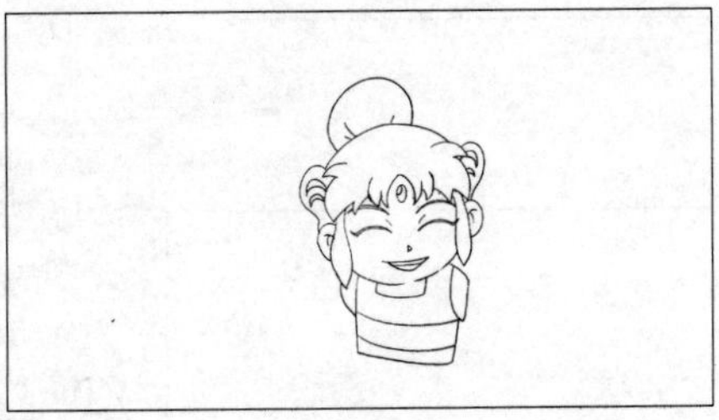

D3

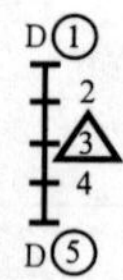

E①

说明

这套原画共分A、B、C、D、E五层，A层是人物转头同时带有眨眼的动作，B层和D层的人物是静态的，C层只是人物双手有些微妙动作。

6．第6组

（1）原画效果

A①

A①/B①/C①

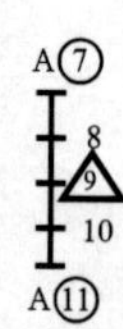

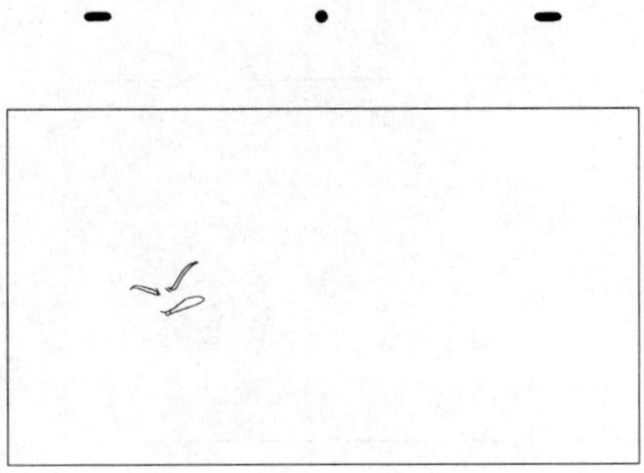

B①

B②

C①

C②

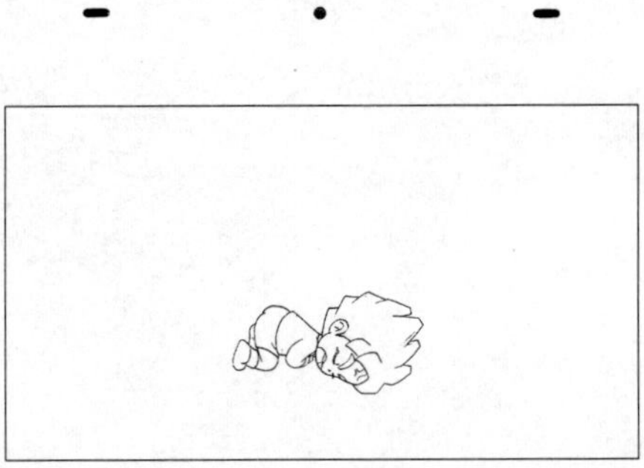

D①

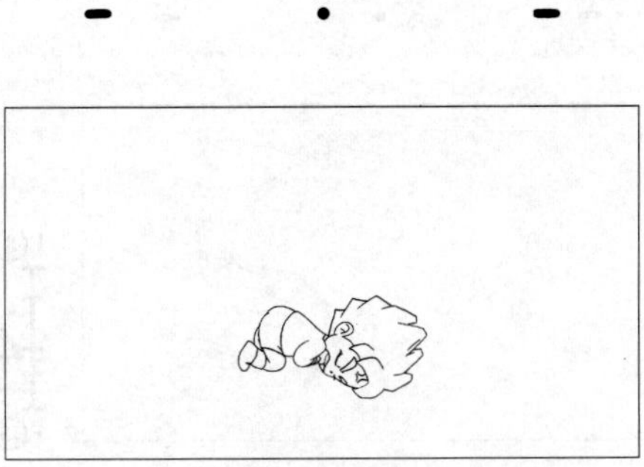

D②

E①

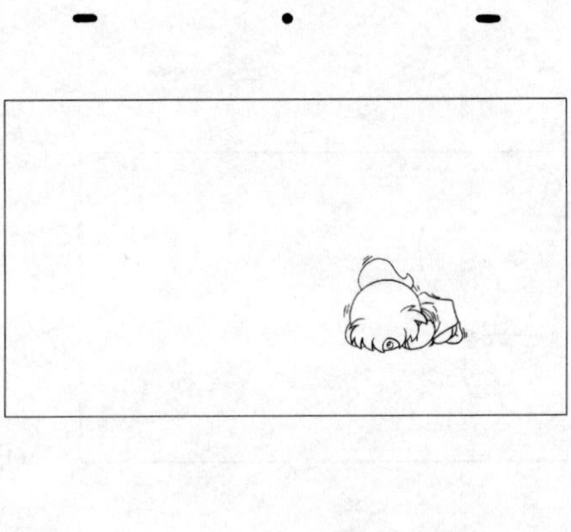

E②

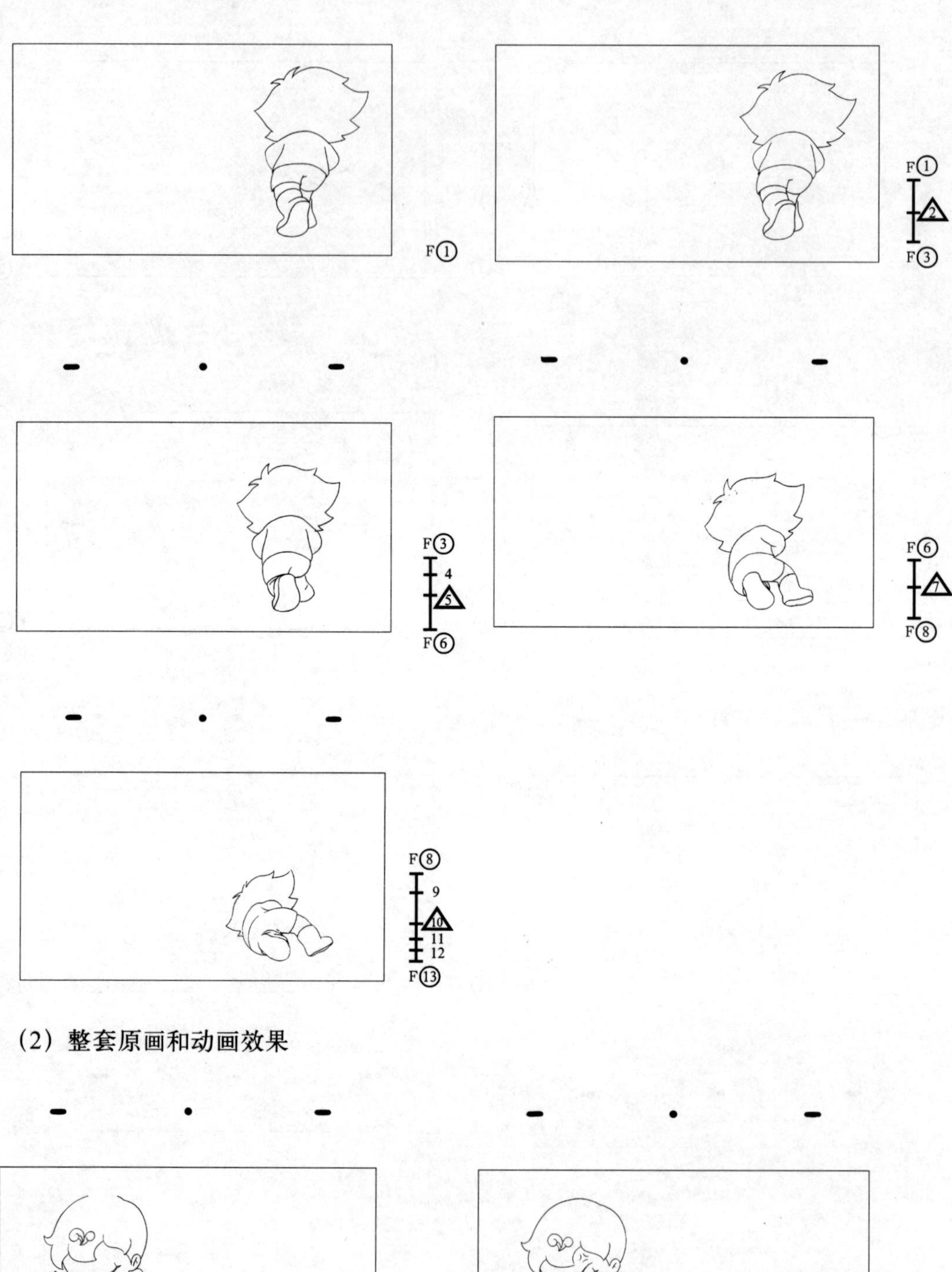

(2) 整套原画和动画效果

A①

A2

A3

A①/B①/C①
2
3
A④

A5

A6

A④
5
6
A⑦

A8

A9

A10

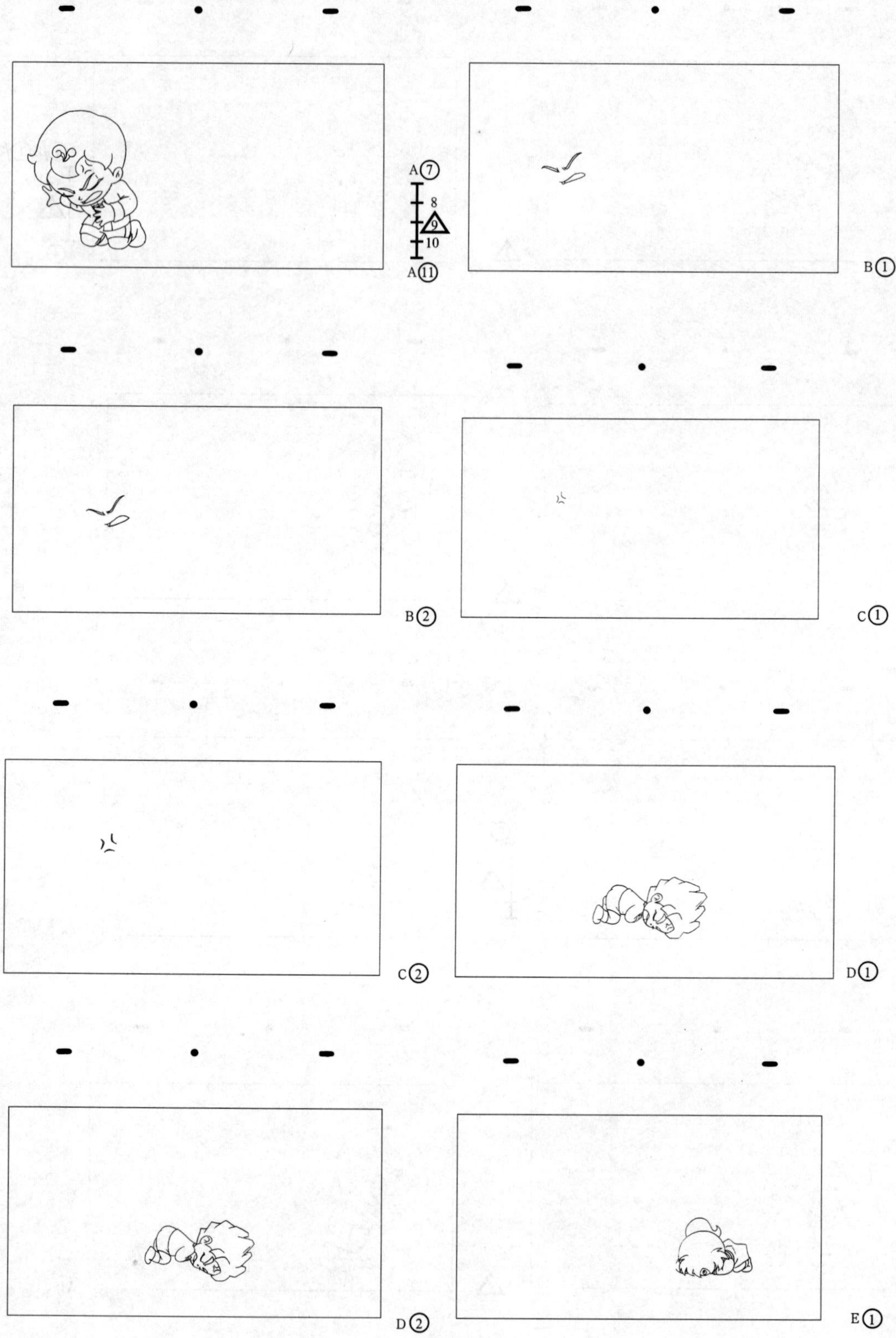
A⑦
8
9
10
A⑪
B①
B②
C①
C②
D①
D②
E①

E②

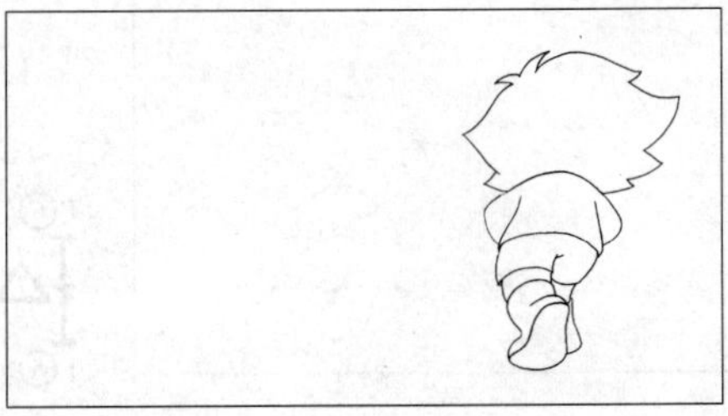

F①

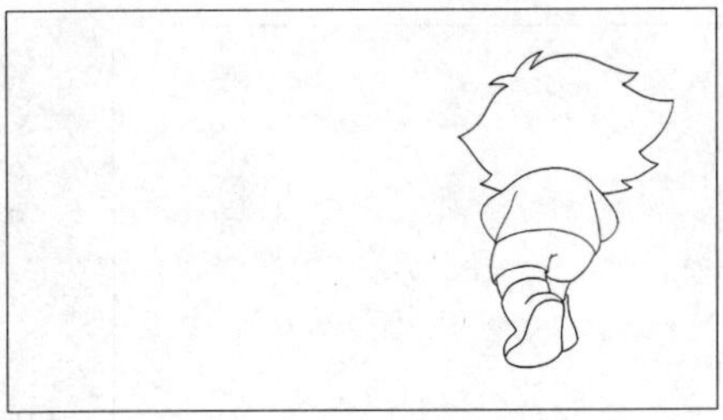

F△2

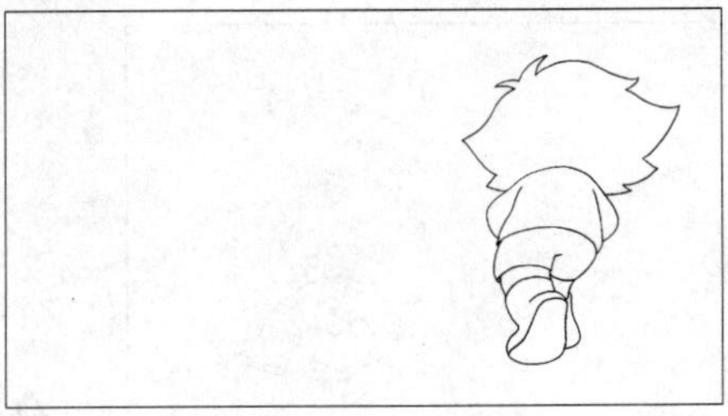

F①
△2
F③

F4

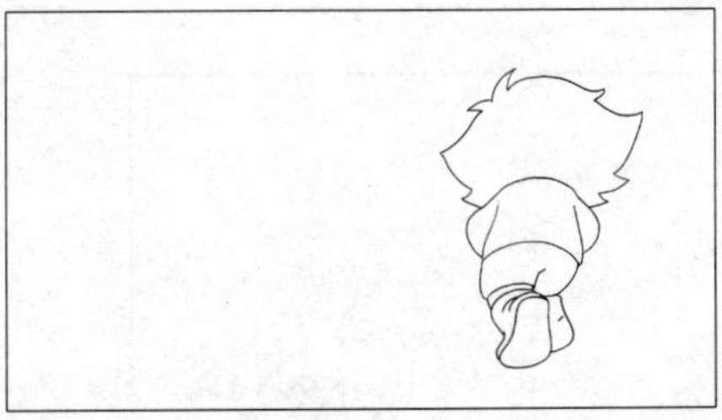

F△5

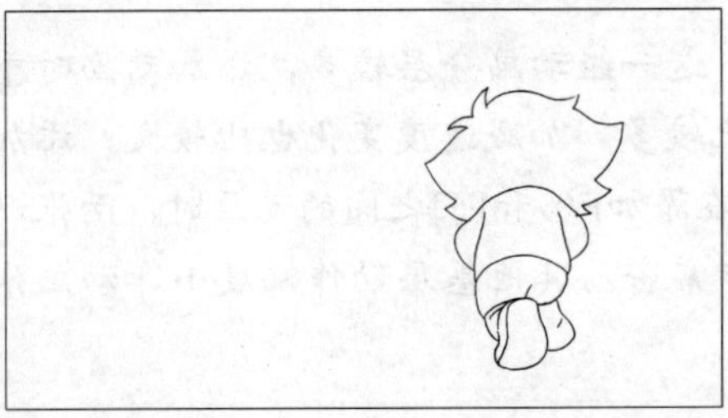

F③
4
△5
F⑥

F△7

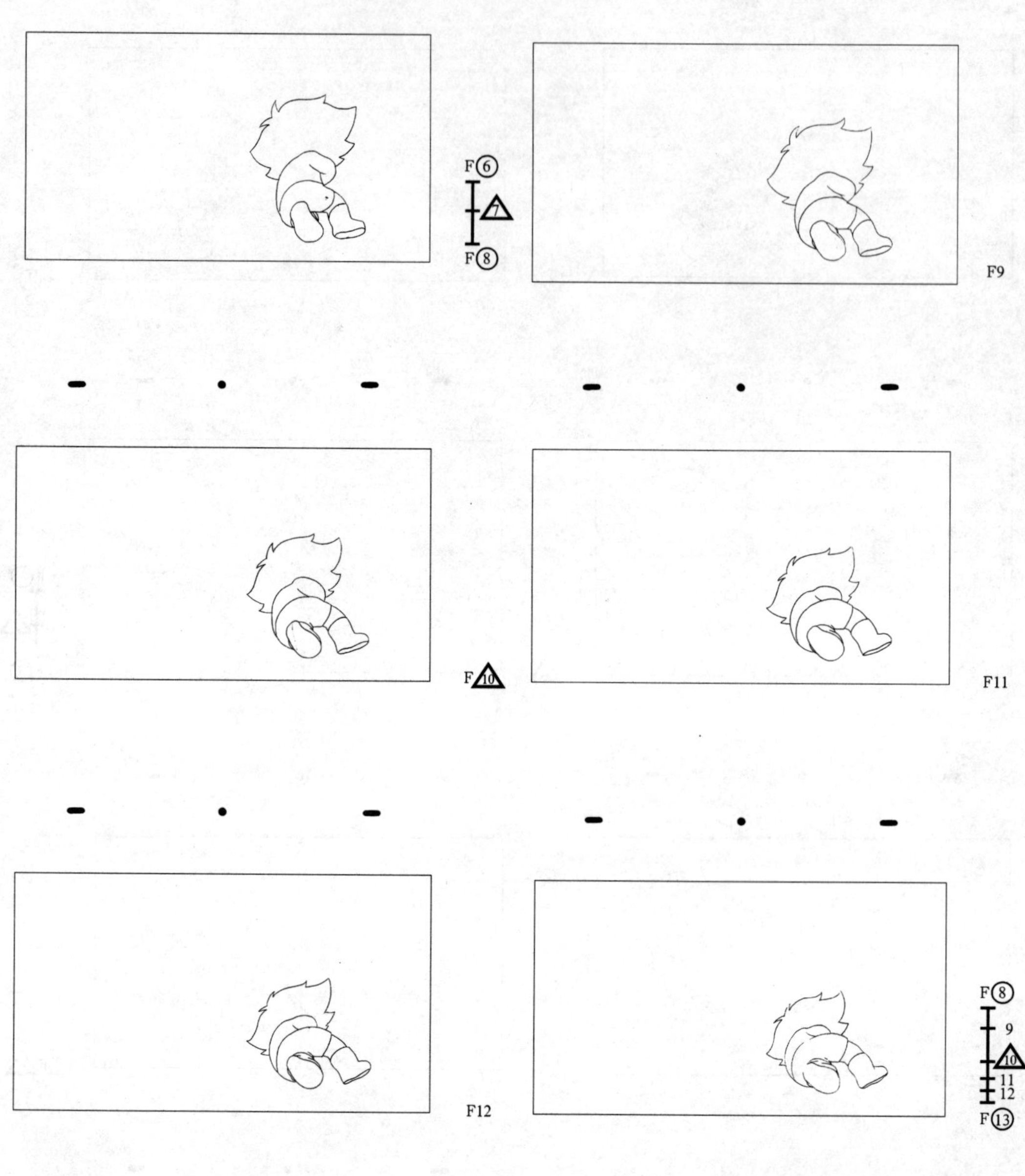

说明

这套动作是表现小孩在身体不舒服时的动态，这一组动画分层较多，添加动画时重点主要放在A层和F层上，因为这两层的动画张数比较多，加减速度变化也比较大，添加动画时要注意掌握好动画之间的间距。特别要注意在添加F⑧和F⑬之间的动画时，两张动画的动作变化比较小，又是减速动作，动画间距非常密。其他基层动作幅度小，动画张数少，相对好处理一些。

7．第7组

（1）原画效果

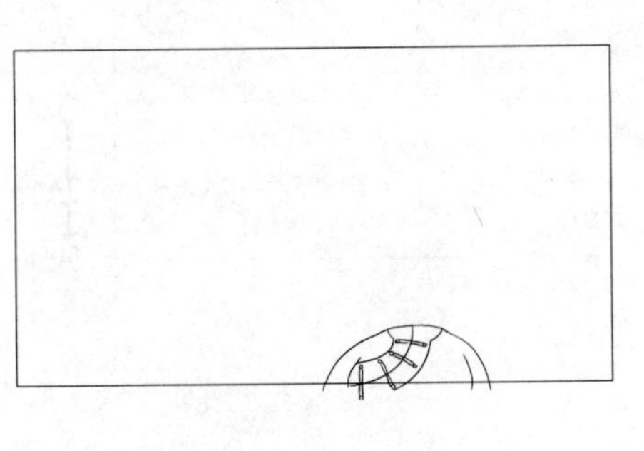

A①

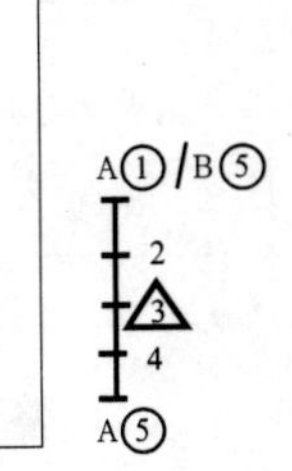

B①

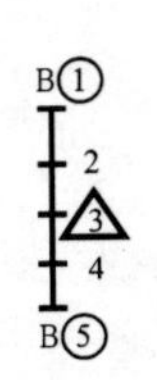

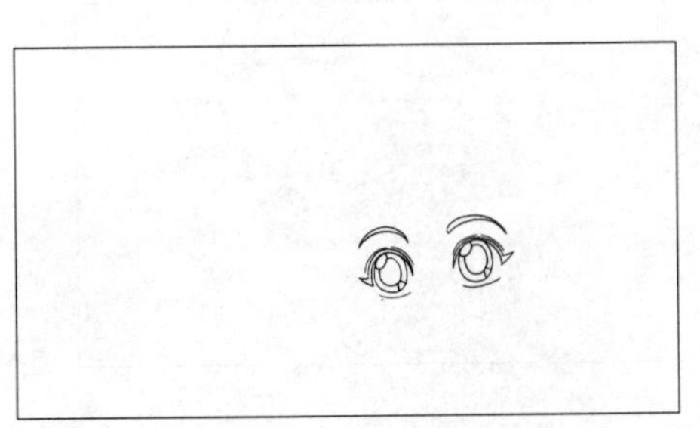

D①

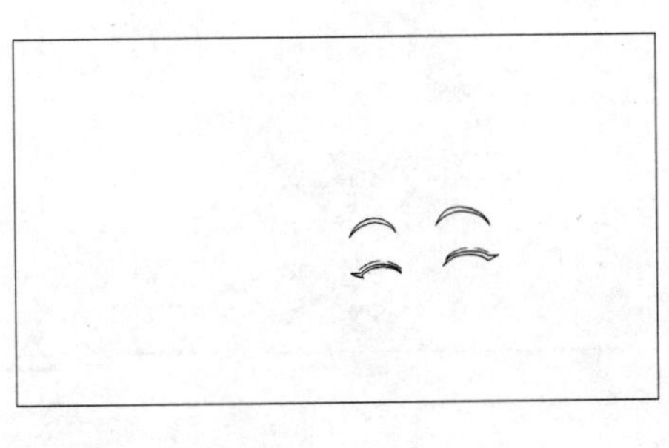

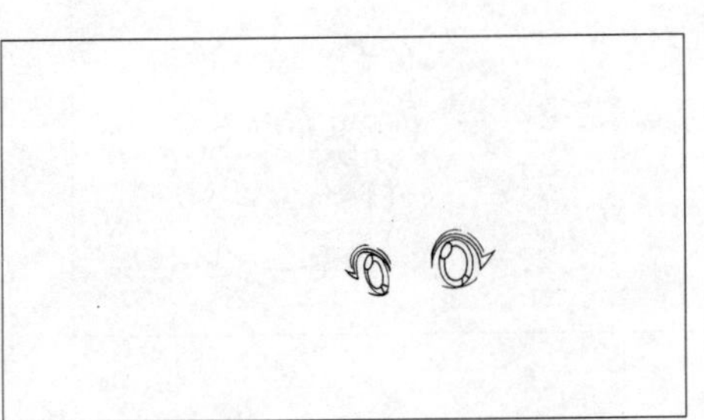

D④

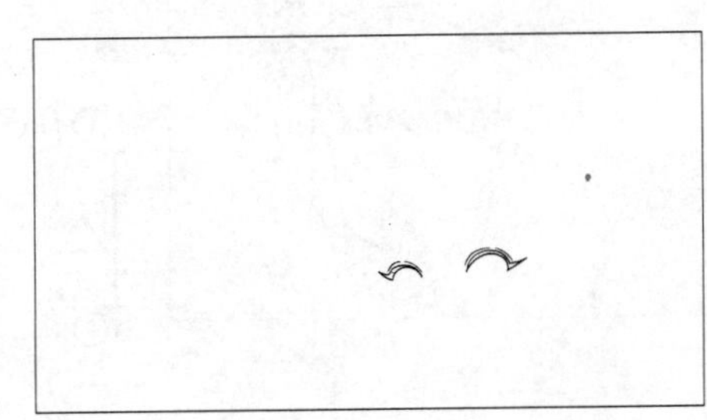

D④
5
D⑥

(2) 整套原画和动画效果

B2
B3
B4
B1
2
3
4
B5
C1
C2
C3
C4

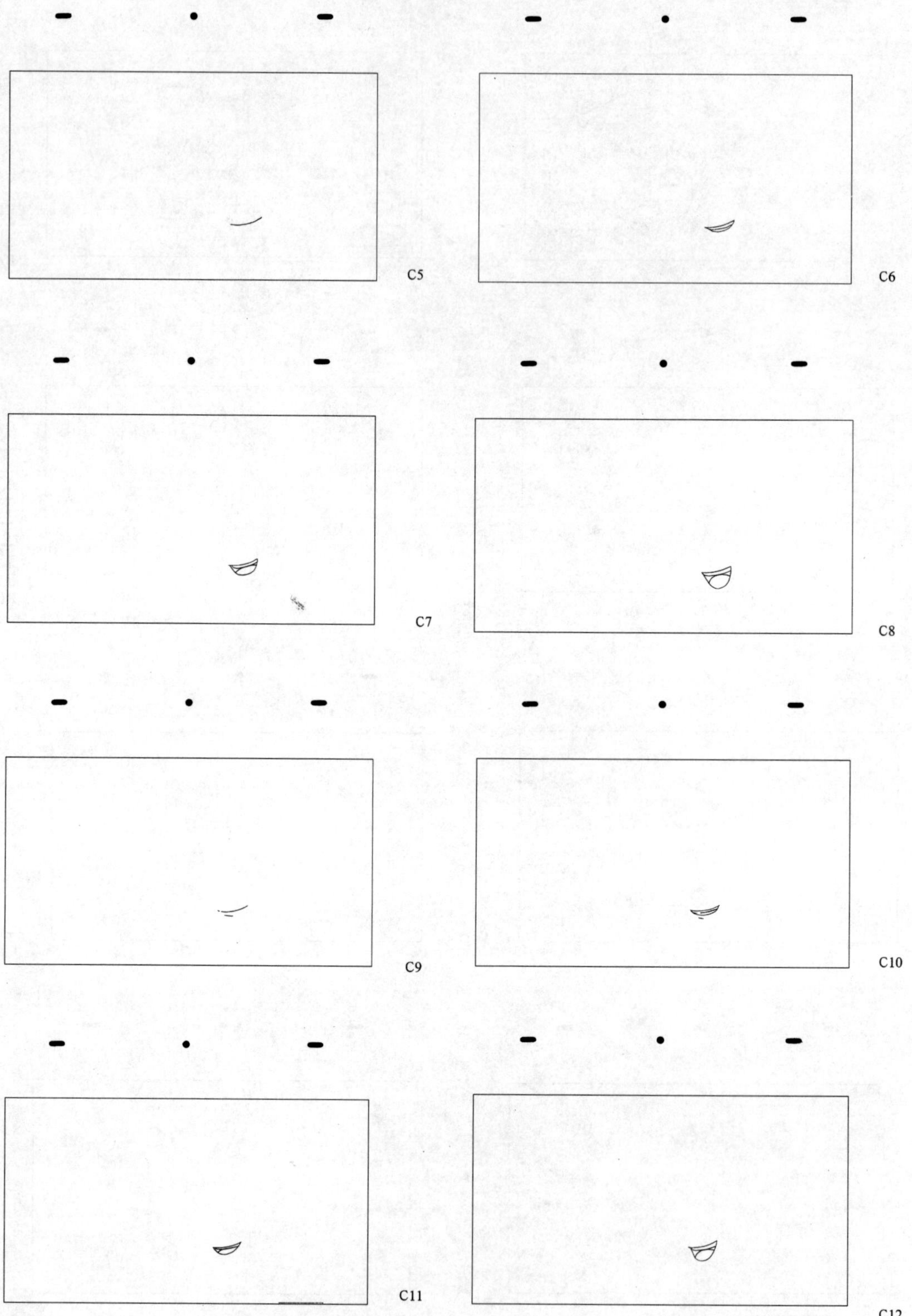
C5
C6
C7
C8
C9
C10
C11
C12

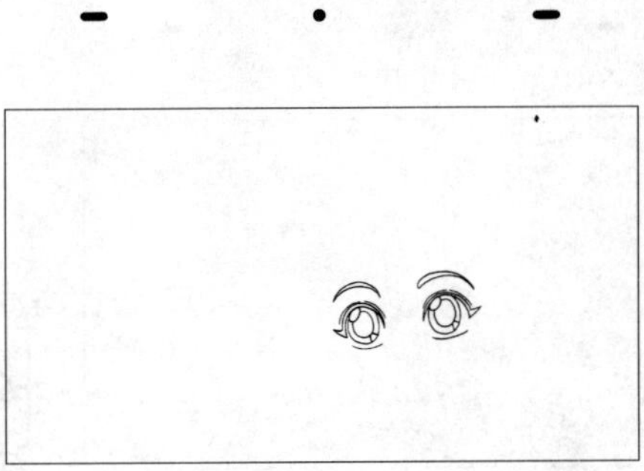

D①

D△2

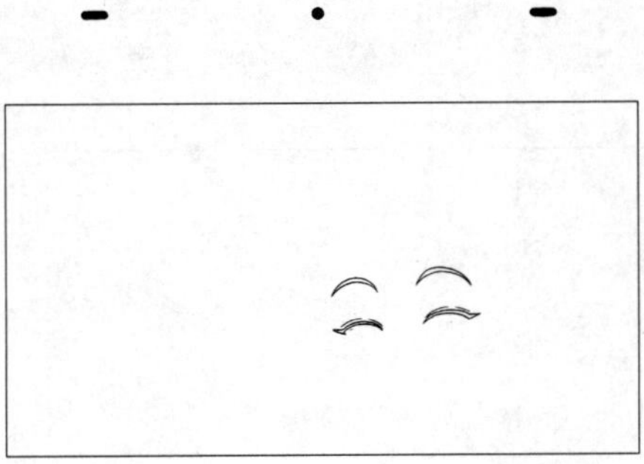

D①
D△2
D③

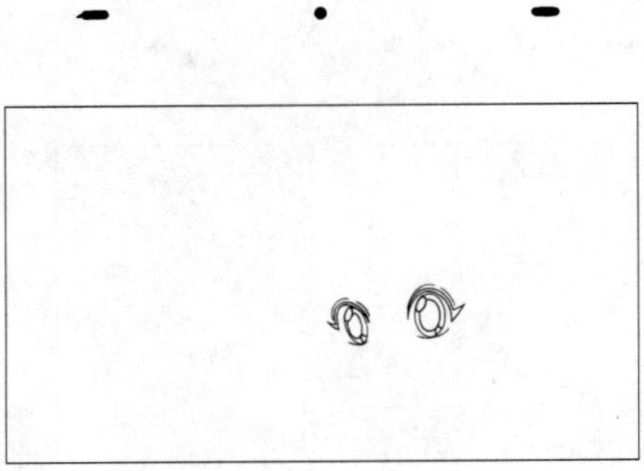

D④

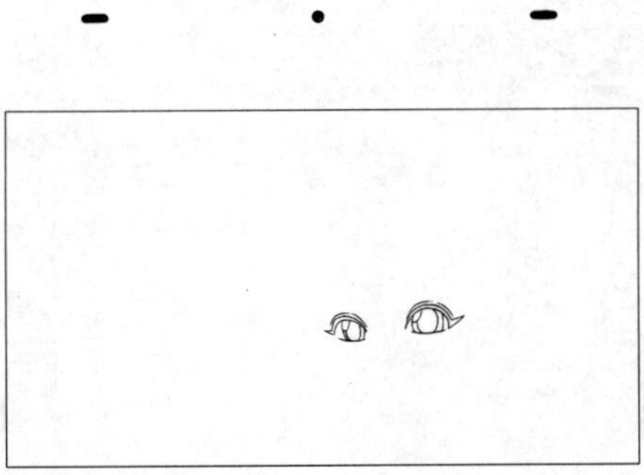

D△5

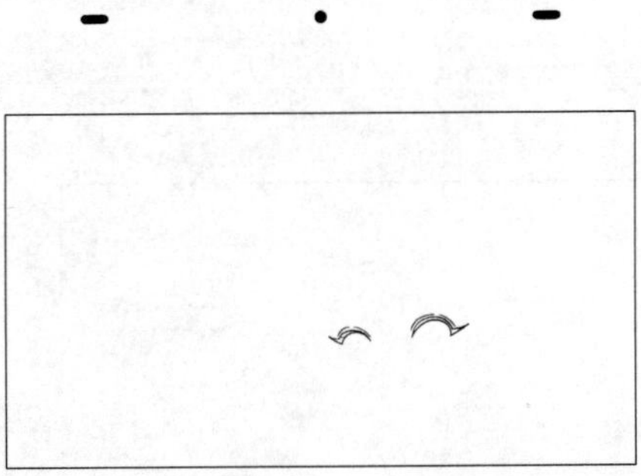

D④
D△5
D⑥

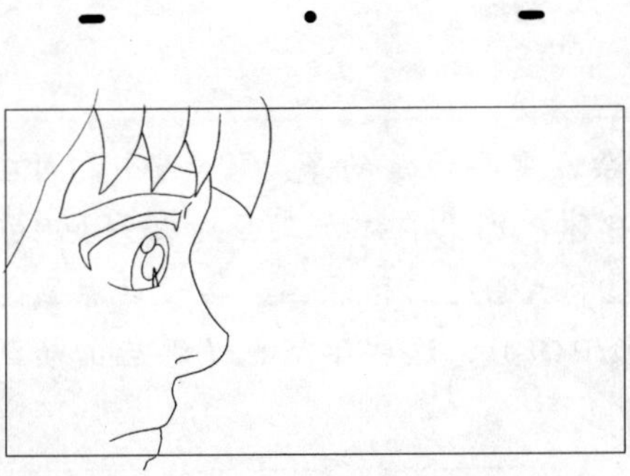

E①

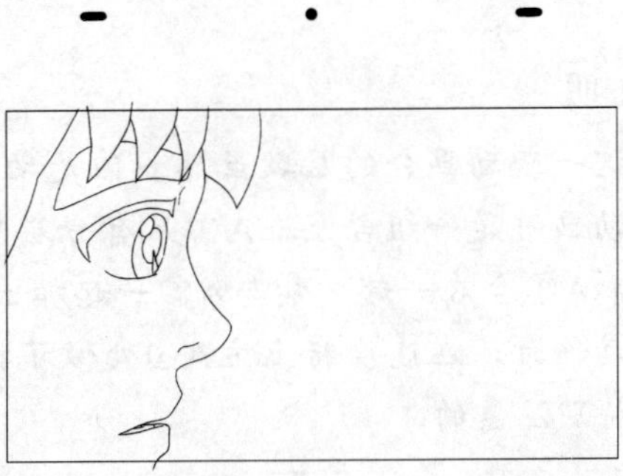

E△2

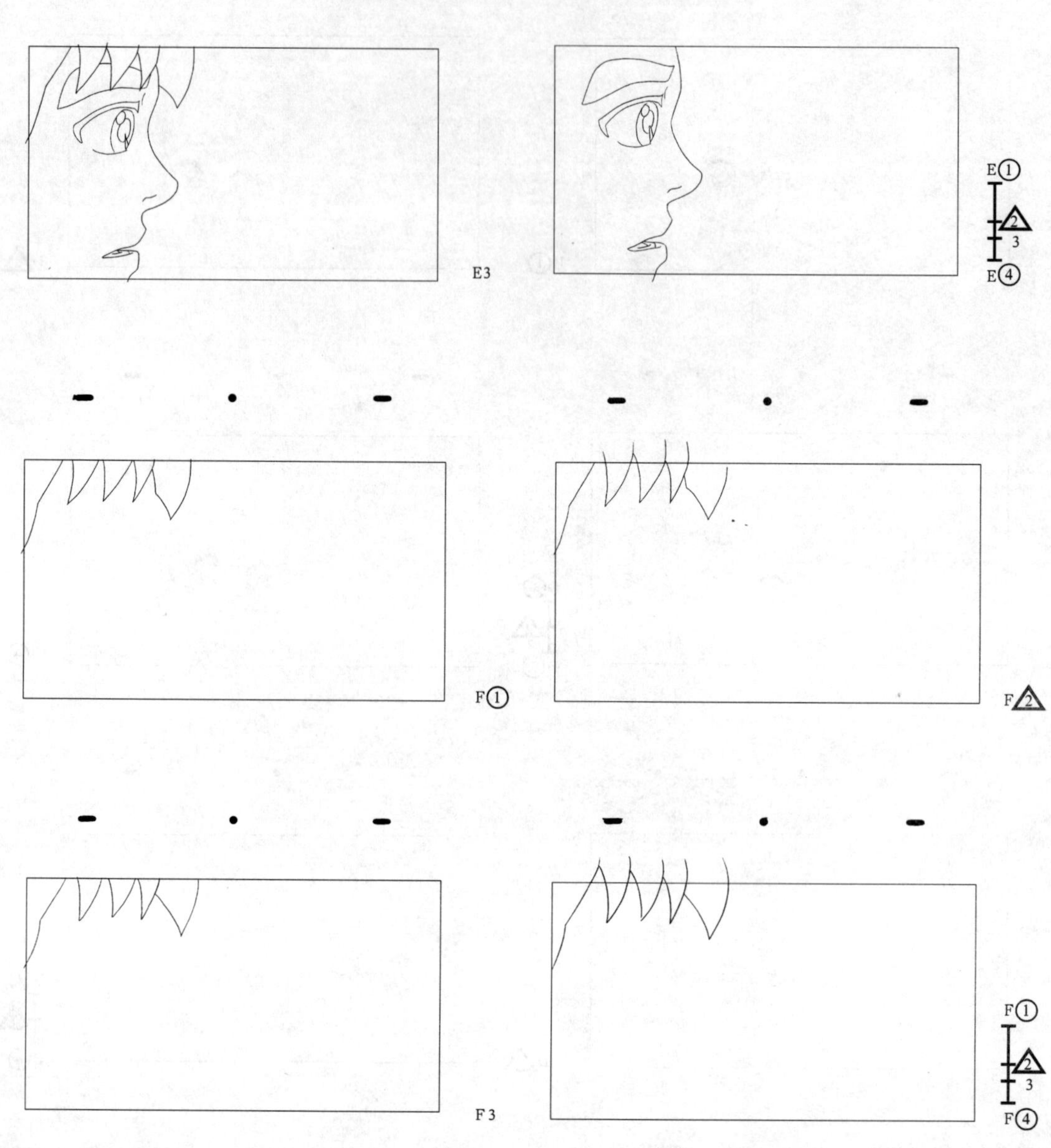

说 明

这一套动画分的层数虽然多但是动作都不复杂，需要注意的是A①和A⑤之间在添加动画时是一组合层，A①只有分层后的人物身体，那么在添加动画时必须把B⑤这张和A①合在一起才能与A⑤一起加出A②、A③、A④这三张原画。在设计原画的这套动作时，在速度标上方A①处做了提示（A①/B⑤），这些细节也是添后加动画时要特别注意的。

8．第8组

(1) 原画效果

A①

A①
2
3
4
A⑤

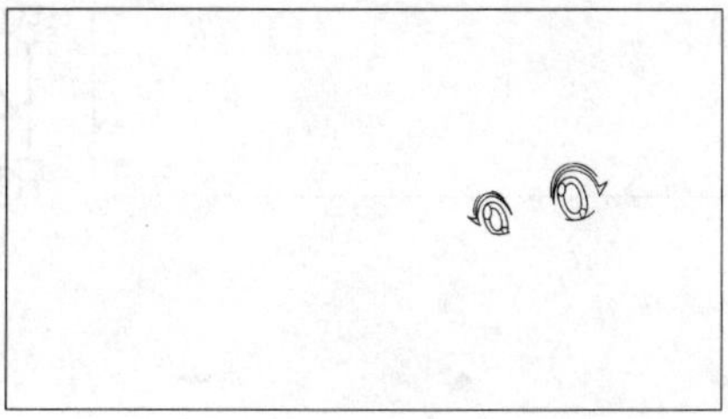

B①

B①
2
B③

C①

C①
2
C③

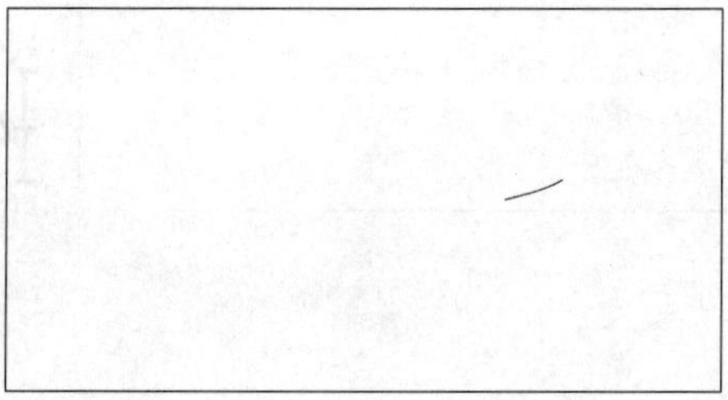

C④

C④
5
C⑥

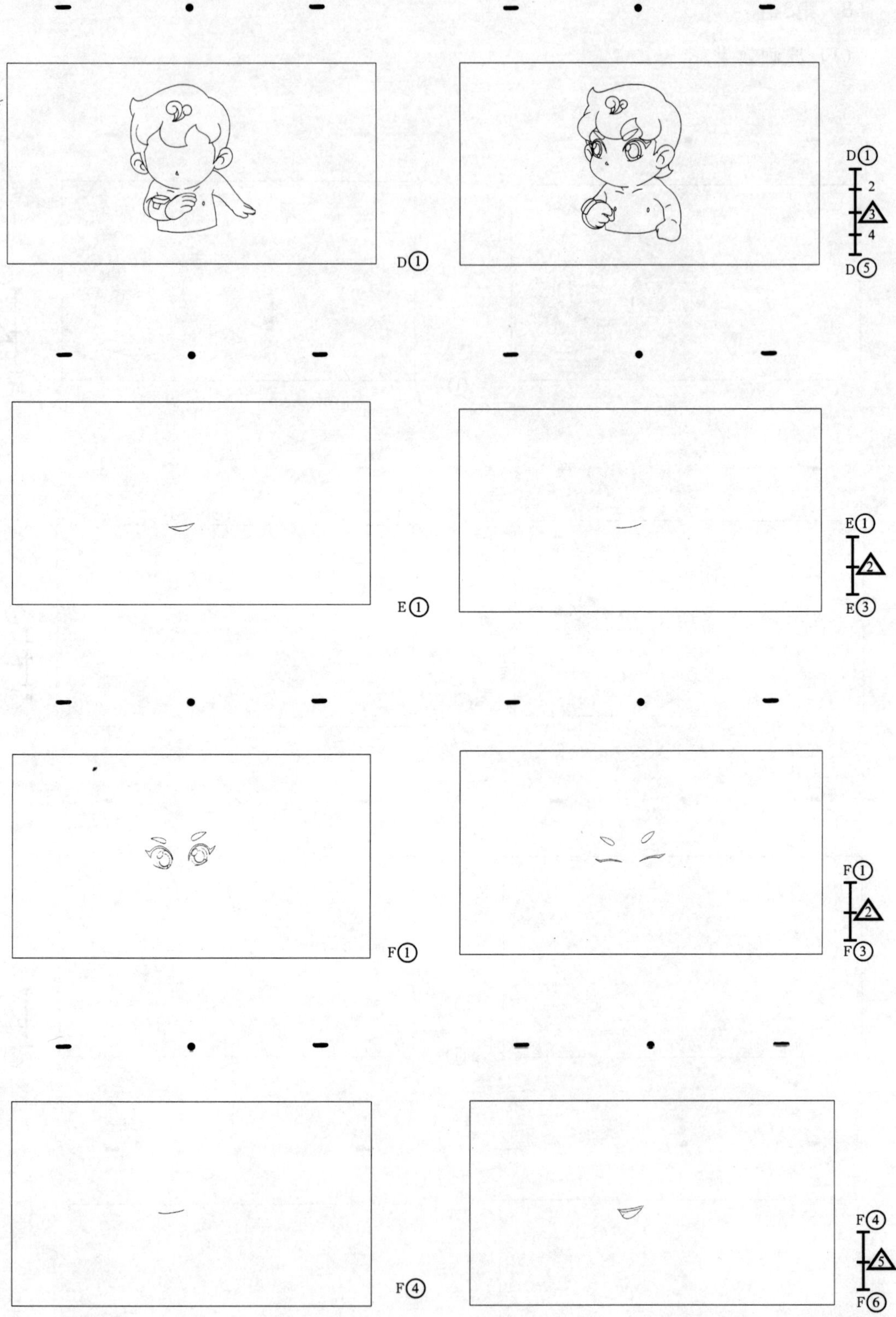
D①
D①
2
3
4
D⑤
E①
E①
2
E③
F①
F①
2
F③
F④
F④
5
F⑥

G①

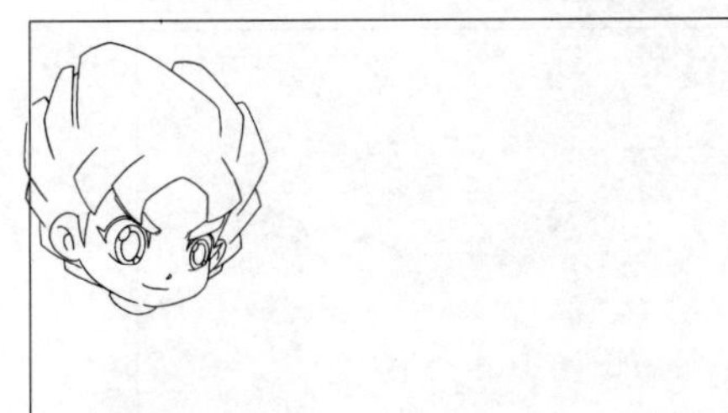

H①

(2) 整套原画和动画效果

A①

A2

A3

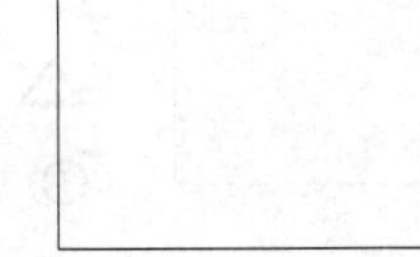

A4

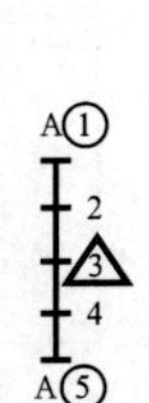

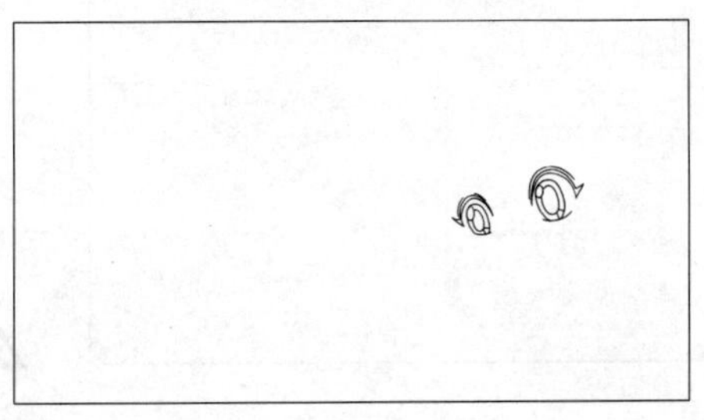

B①

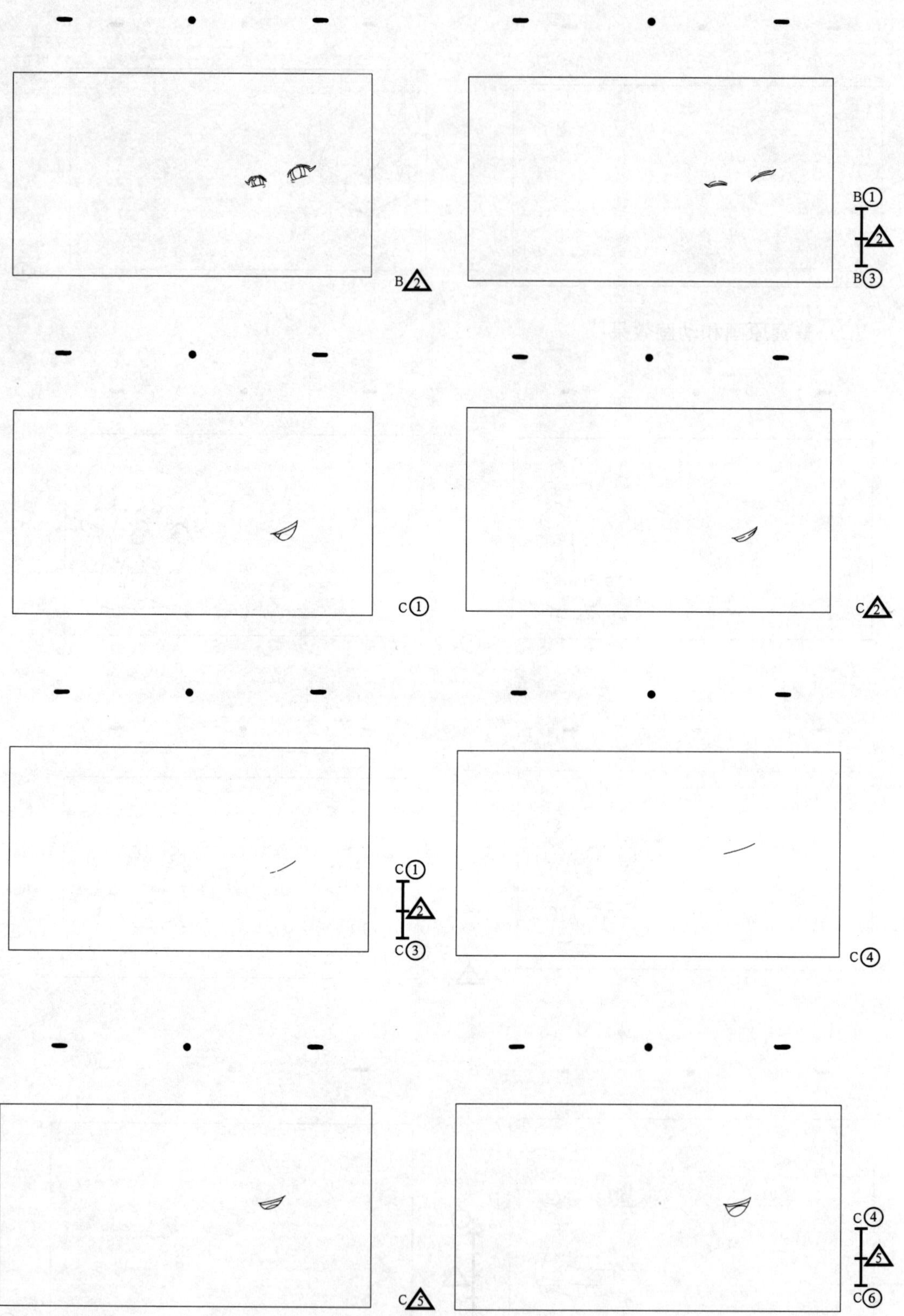
B②
B①
②
B③
C①
C②
C①
②
C③
C④
C⑤
C④
⑤
C⑥

D①
D2
D△3
D4
D①
2
△3
4
D⑤
E①
E△2
E①
△2
E③

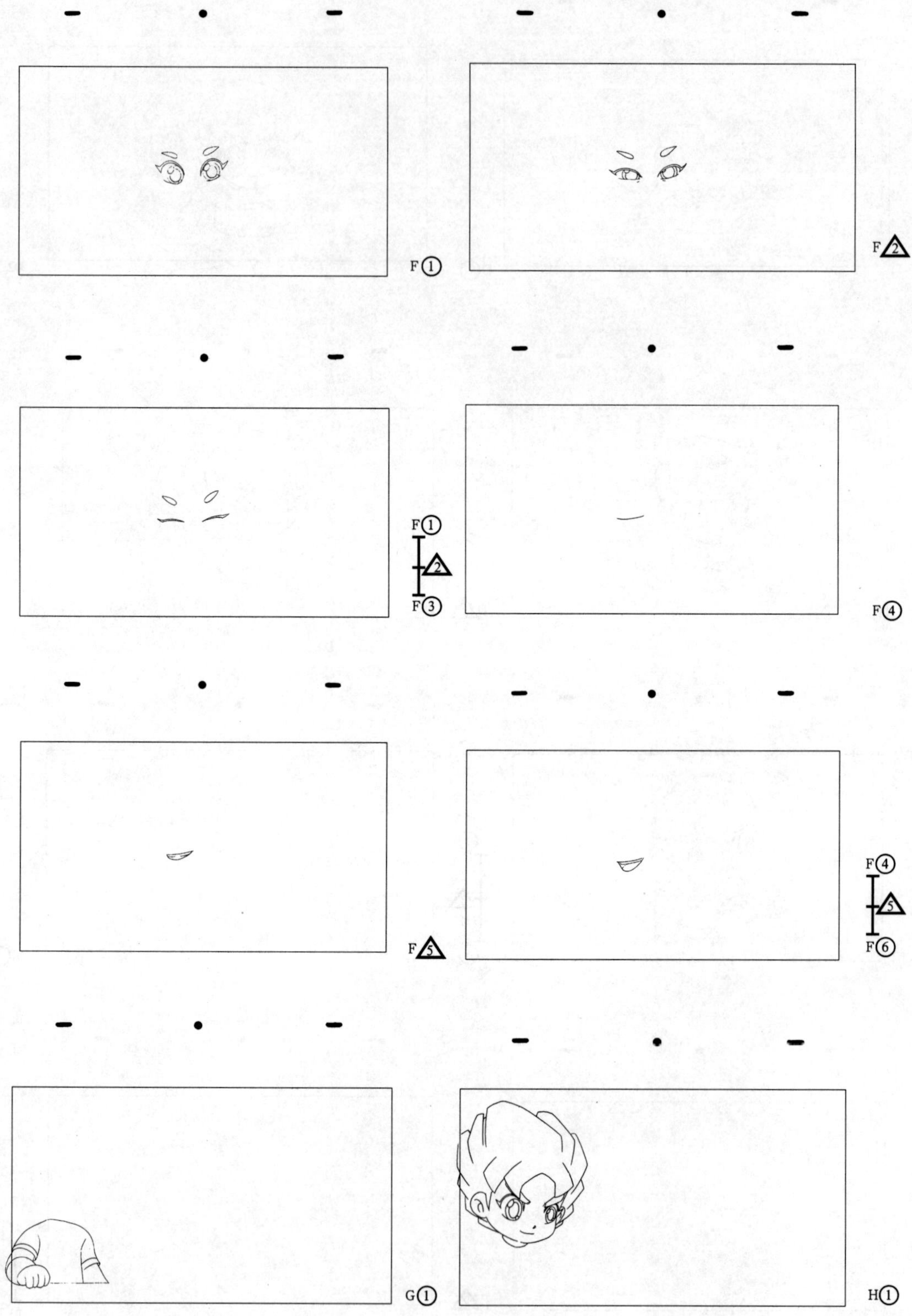
F①
F2
F①
2
F③
F④
F5
F④
5
F⑥
G①
H①

H2

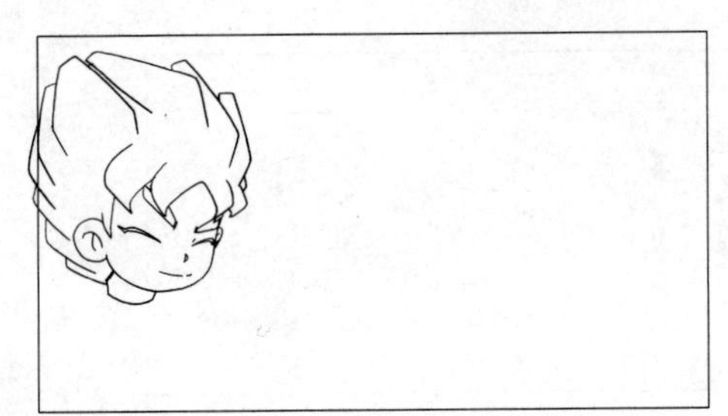

H③

H4

H①
2
③
4
H⑤

说 明

这一组动画相对比较简单，在添加D①和D⑤之间的动画时，要按照人物的口形形状，画出每一张动画的口形。

9. 第9组

(1) 原画效果

A①

A①
2
3
④
A⑤

B①

B①
2
③
4
B⑤

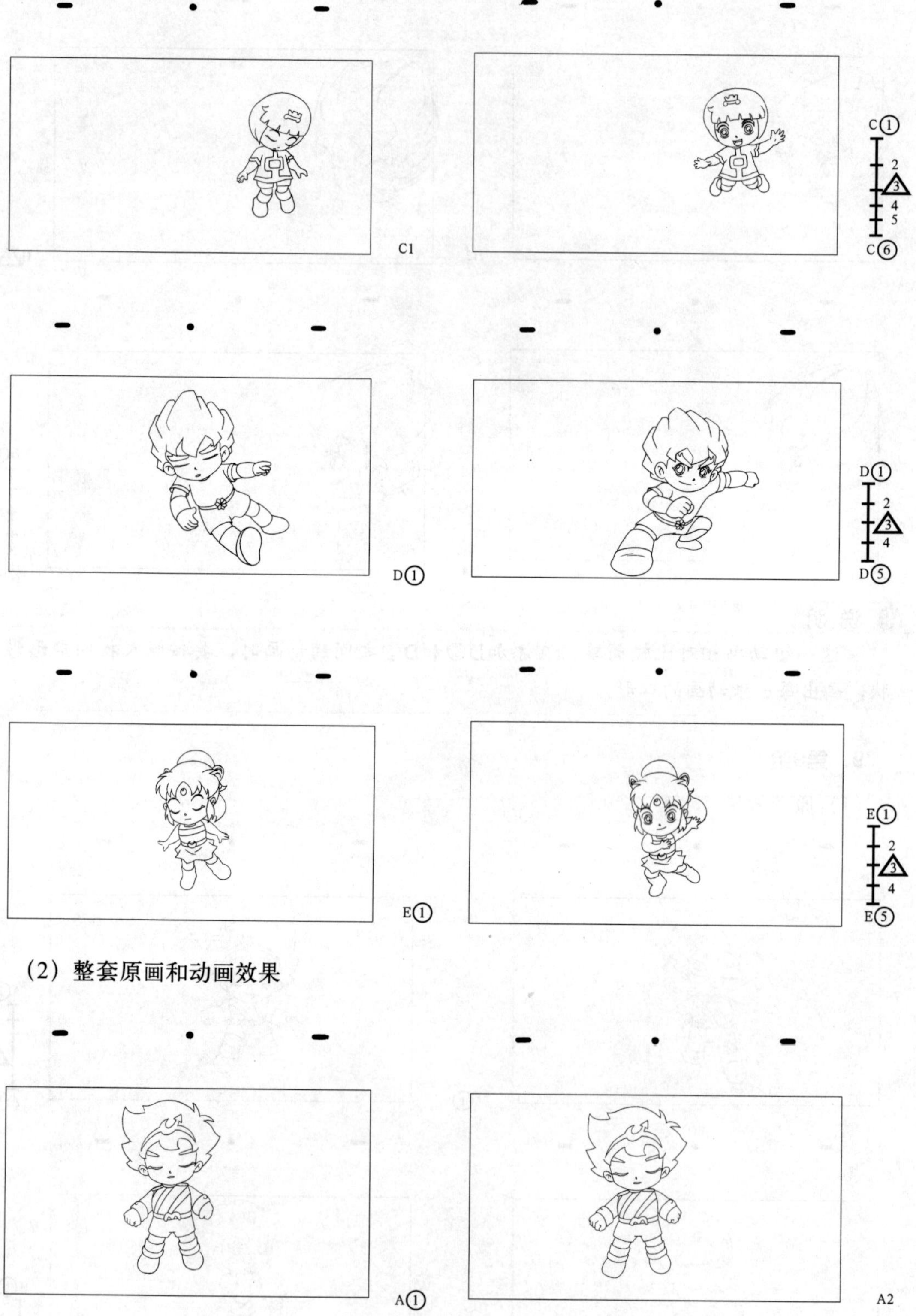

（2）整套原画和动画效果

A①

A2

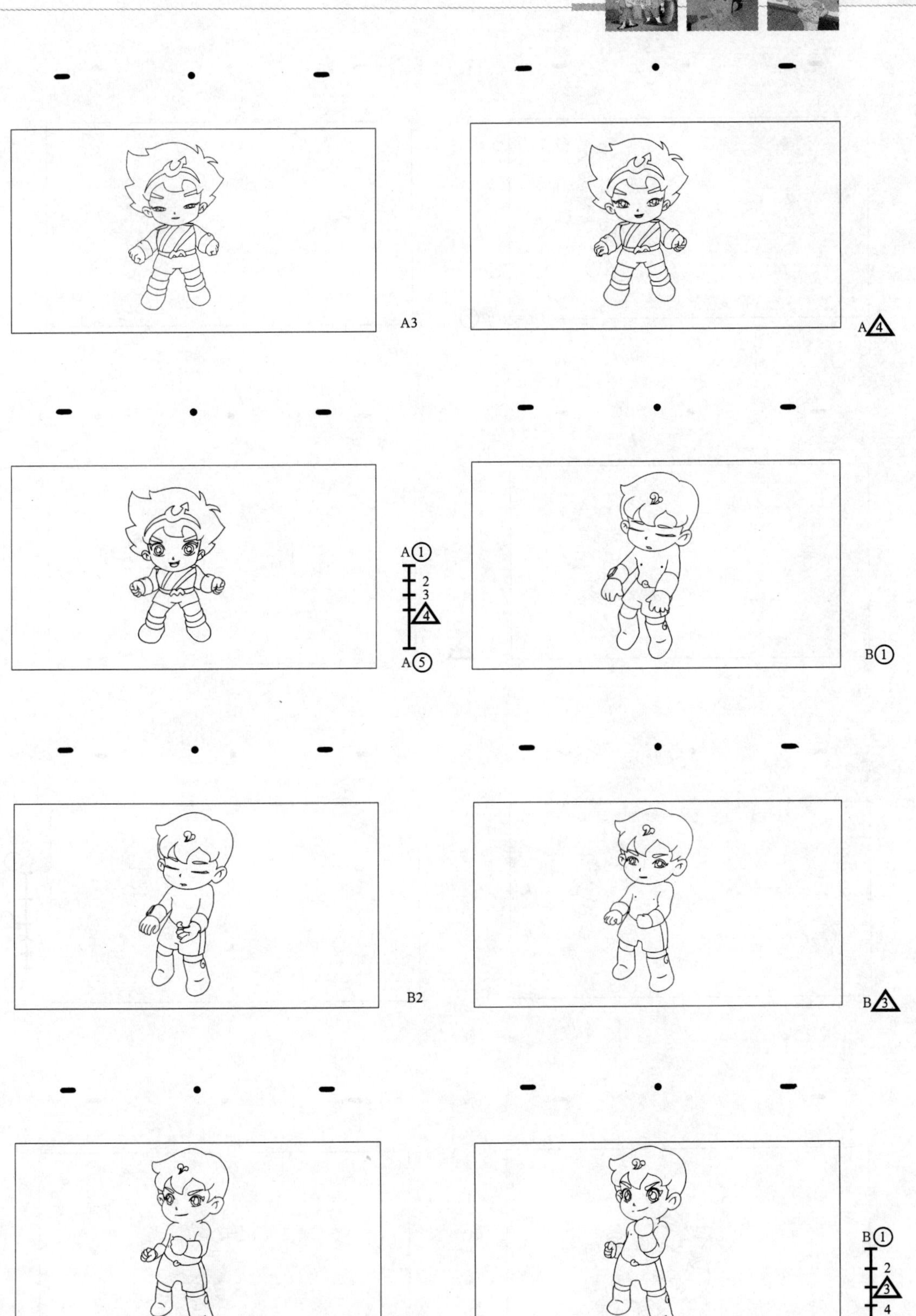
A3
A4
A1
2
3
4
A5
B1
B2
B3
B4
B1
2
3
4
B5

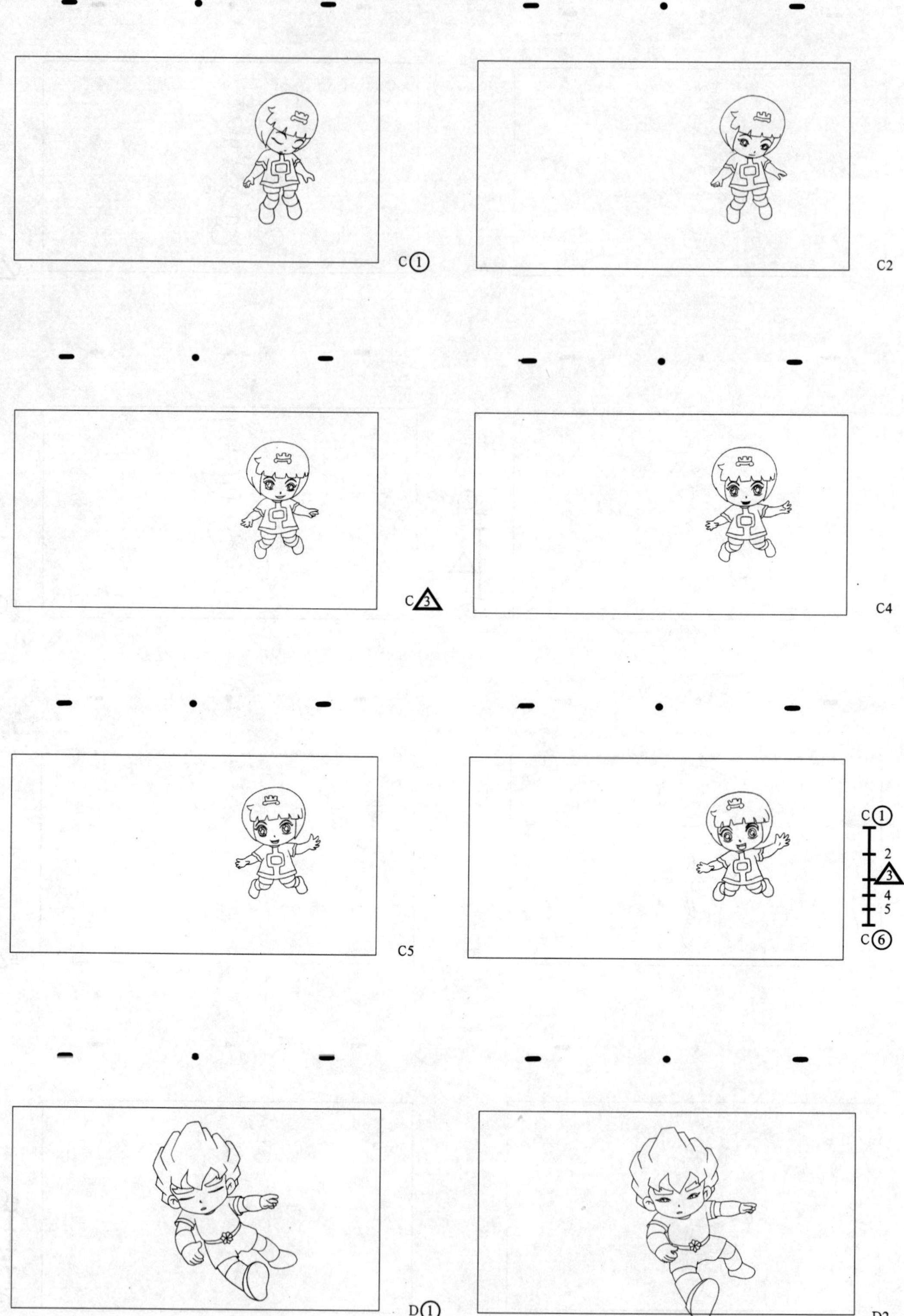
C①
C2
C③
C4
C5
C①
2
③
4
5
C⑥
D①
D2

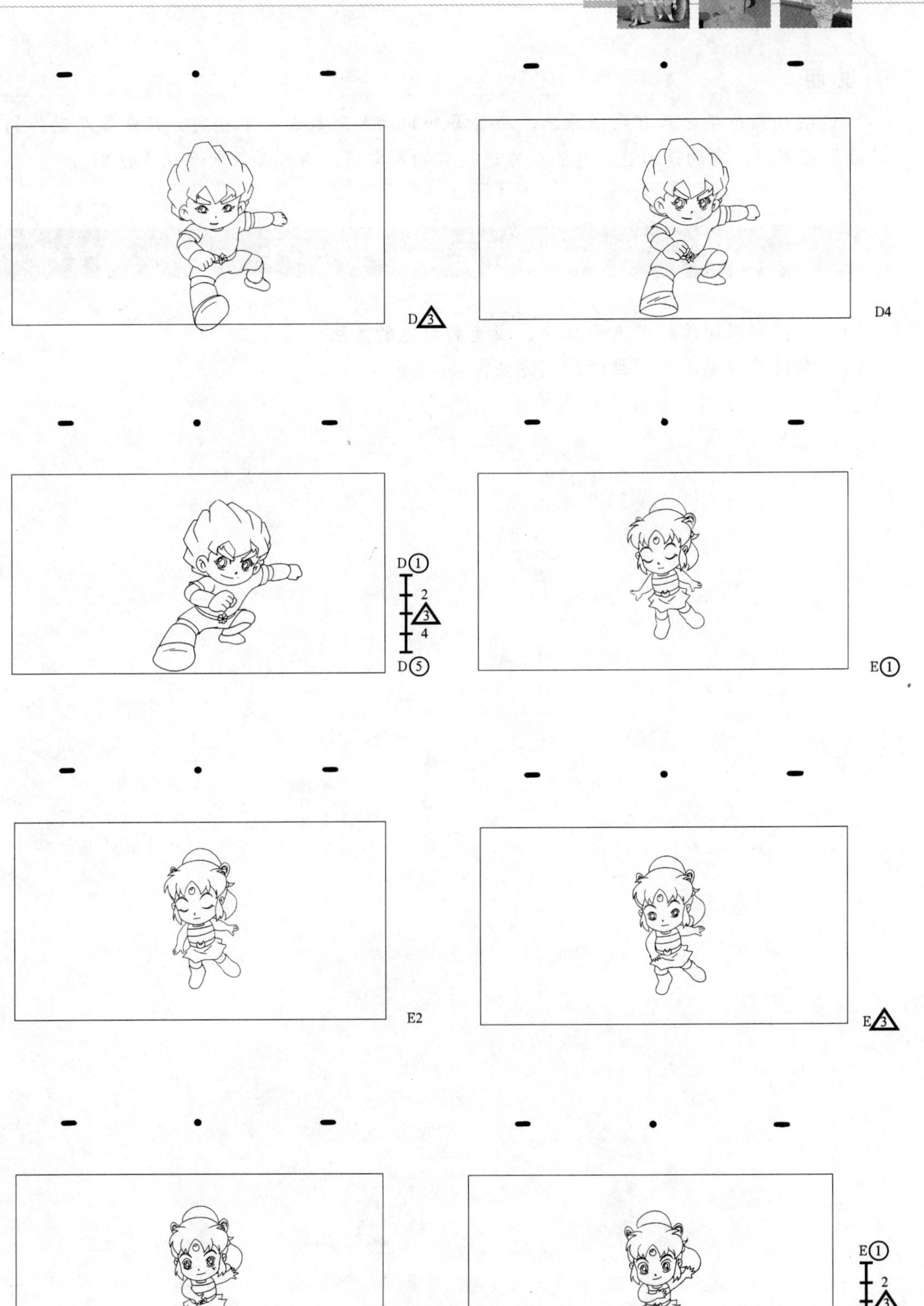
D3
D4
D1
2
3
4
D5
E1
E2
E3
E4
E1
2
3
4
E5

说明

这组动画每层都只有两张原画，所要添加的动画张数也基本相同，只是各层动作的速度各有不同，有的是加速，有的是减速，有的是匀速，再加动画时要认真区别。

课后练习

（1）掌握利用速度标来表示加速、减速和匀速的方法。

（2）掌握典型动画和原画的绘制方法。

第3章

运动规律

在动画片中，不仅有人物、动物等复杂多变的动作，而且为了剧情的需要，经常还会出现风、雨、雷、爆炸等自然现象。要制作出一部好的动画片，就应懂得各类形体的运动规律，并熟练地掌握表现这些运动规律的动画技巧。只有这样才能配合原画完成复杂多变的动画过程，制作出完美的动画片。

3.1 曲线运动动画技法

曲线运动是动画技法中的重要内容。无论是对原画进行关键动态设计，还是绘制中间画，曲线运动都是十分重要的技巧，它是动画专业人员必须掌握的技法。

生活中存在着大量的曲线运动，按照物理学的解释，曲线运动是由于物体在运动中受到与它的速度方向成角度的力的作用而形成的。动画片中关于曲线运动的概念，与物理学中所指的曲线运动虽不完全相同，但物理学中阐述的这一原理，同样可以帮助我们理解动画片中曲线运动的某些规律。

曲线运动是动画片绘制工作中经常运用的一种运动规律，它能使人物、动物的动作以及自然形态的运动产生柔和、圆滑、优美的韵律感，并能表现出各种细长、轻薄、柔软和富有韧性、弹性的物体质感，如图 3-1 所示。

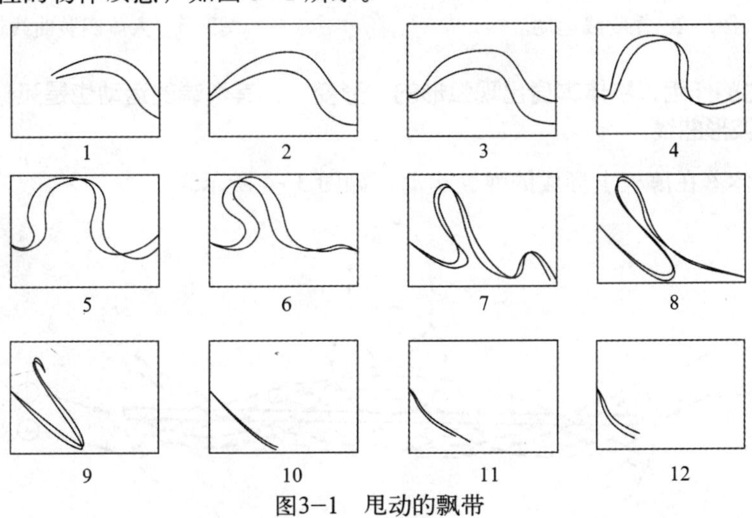

图3-1 甩动的飘带

动画片中的曲线运动，大致可以归纳为三种类型：弧形运动、波形运动和 S 形运动。其中，弧形运动很简单，所以有时不将它列入曲线运动的范畴；波形运动和 S 形运动较复杂，是研究动画片中曲线运动的主要内容。下面分别讲解上述三种类型曲线运动的基本规律。

3.1.1 弧形运动

凡物体的运动线条呈弧形时，称为弧形运动。弧形运动有三种形式：

1．抛物线

比如，用力抛出去的球、手榴弹以及大炮射出的炮弹等，由于受到重力及空气阻力的作用，被迫不断地改变其运动方向，它们不是呈直线运动的，而是按一条弧线（即抛物线）的轨迹向前运动的，如图 3–2 所示。

表现弧形（抛物线）运动的方法很简单。需要注意的是：抛物线弧度大小的前后变化；掌握好运动过程中的加减速度。

2．一端固定在一个位置，另一端受到力的作用呈弧线运动

比如，人的四肢的一端是固定的，当四肢摆动时，其运动线条呈弧形曲线而不是直线，如图 3–3 所示。

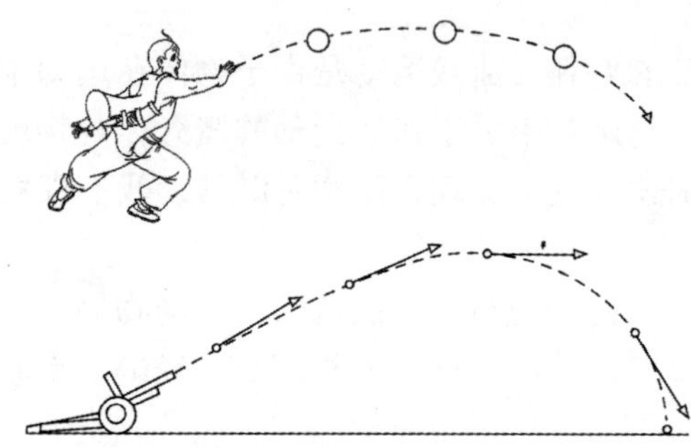

图3–2　抛物线运动

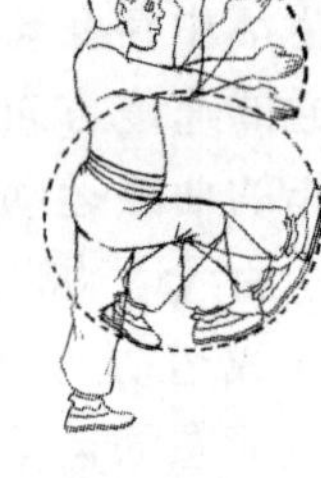

图3–3　人体四肢曲线运动

3．受到力的作用，物体本身出现弧形的“形变”，其两端的运动也是弧形曲线，但弹回时会出现波形曲线

比如，球体落在薄板上形成的弹性运动，如图 3–4 所示。

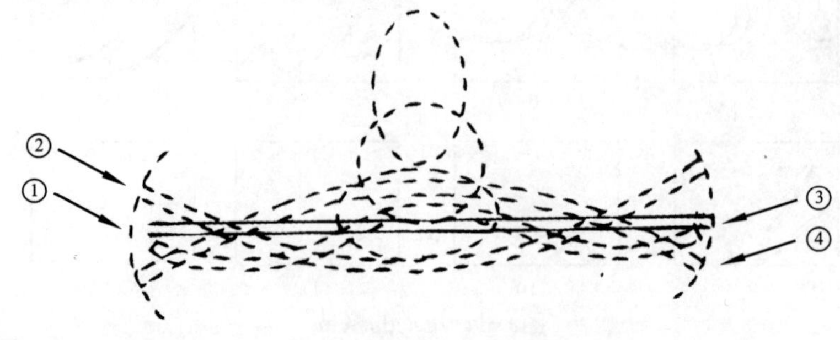

图3–4　弹性曲线运动

3.1.2 波形运动

比较柔软的物体在受到力的作用时，其运动呈波形，称为波形运动。

比如，旗杆上的旗帜，当受到风力的作用时，就会出现波形运动，如图 3-5 所示。旗帜上下两边一波接一波，从侧面看，其自上而下波动。又如，麦浪、海浪也是波形运动。

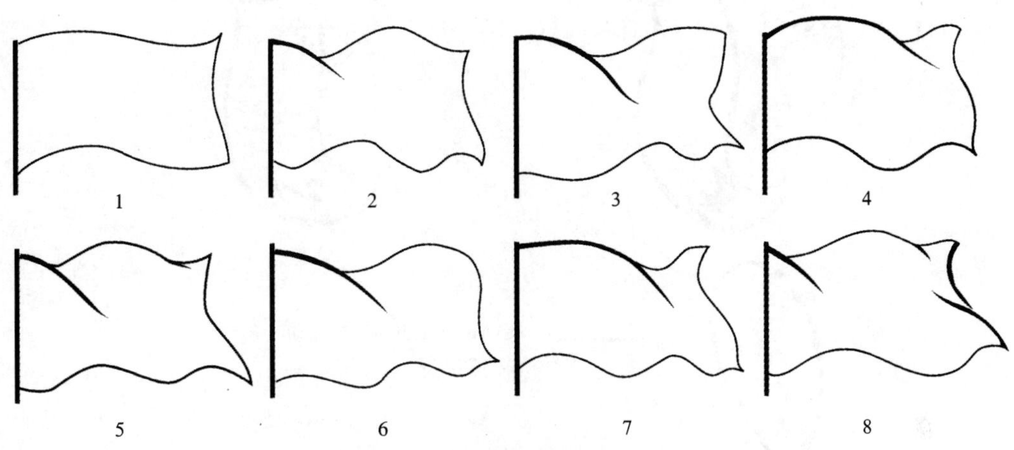

图3-5 旗帜波形运动的基本规律

在表现波形运动时，要注意顺着力的方向，一波接一波地顺序推进，不可中途改变，同时要注意速度的变化，使动作顺畅、圆滑，形成有节奏的韵律感，波形的大小也应有所变化。另外需要注意的是，细长的物体做波形运动时，其尾端顶点的运动线条往往是 S 形曲线，而不是弧形曲线，如图 3-6 所示。

图3-6 绸带的S形运动

3.1.3 S形运动

S 形运动的特点：一是物体本身在运动中呈 S 形；二是其尾端顶点的运动线条也呈 S 形。最典型的 S 形运动是动物的长尾巴。

比如，松鼠、马、猫甩动尾巴的动作，当尾巴甩出去时，是一个 S 形，再甩回来时，又是一个相反的 S 形。当尾巴来回甩动时，正反两个 S 形就连接成一个 8 字形运动线条，如图 3-7 所示。

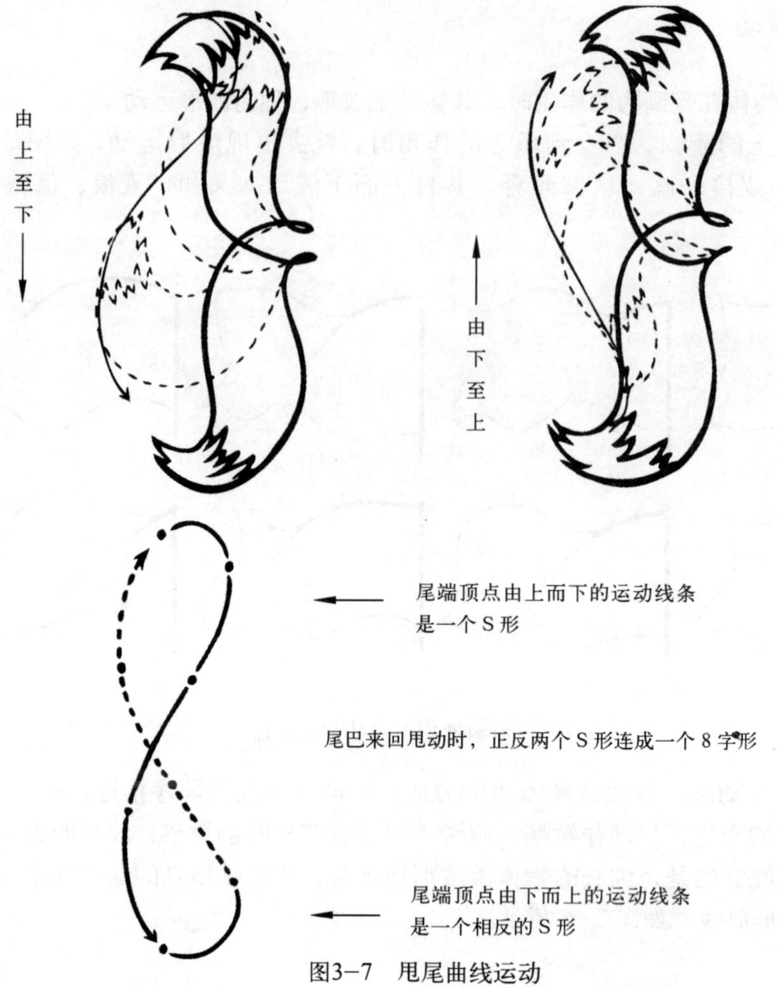

图3-7　甩尾曲线运动

课后练习

一、填空题

（1）曲线运动分为＿＿＿＿＿、＿＿＿＿＿和＿＿＿＿＿三种。

（2）球体落在薄板上形成的弹性运动属于＿＿＿＿＿曲线运动；海浪的运动属于＿＿＿＿＿曲线运动；动物长尾巴的运动属于＿＿＿＿＿曲线运动。

二、实际操作题

从简单形态的曲线运动中间画联系到复杂形态变化的曲线运动中间画训练，多做几例习题，直到熟练掌握为止。

3.2　各类动体运动规律动画技法

动画的主要任务就体现在一个“动”字上，也就是说所画的是运动中的画面。既然要动，就要动得合理、自然、顺畅，动得符合规律。在3.1节已经讲述了在动画片中使用十分广

泛的曲线运动的动画技法，它同样属于规律性运动的一部分。本节在讲述各类动体运动规律技法时，许多地方需要与 3.1 节结合起来理解才能融会贯通。

各类动体运动规律所包括的范围很广，概括起来可以分为人物的运动规律、动物的运动规律和自然现象的运动规律三个部分。

3.2.1 人物的基本运动规律

在动画片中，角色的表现占很大比例，即使是动物题材的角色，也需要大量的拟人化处理。所以，研究人物的运动规律和表现人物的活动是非常重要的。

人物的动作比较复杂，但并不是不可捉摸。由于人的活动受到人体骨骼、肌肉、关节的限制，日常生活中虽然有年龄、性别、体型方面的差异，但基本规律是相似的。比如，人的走路、奔跑和跳跃等。只要掌握了它的运动规律，再按照剧情的要求和角色造型的特点加以发挥和变化也就不难了。

1. 人的走路动作

走路是生活中最常见的人物动作之一，特点是两脚交替向前带动身躯前进，两手交替摆动，使动作得到平衡，如图 3-8 所示。

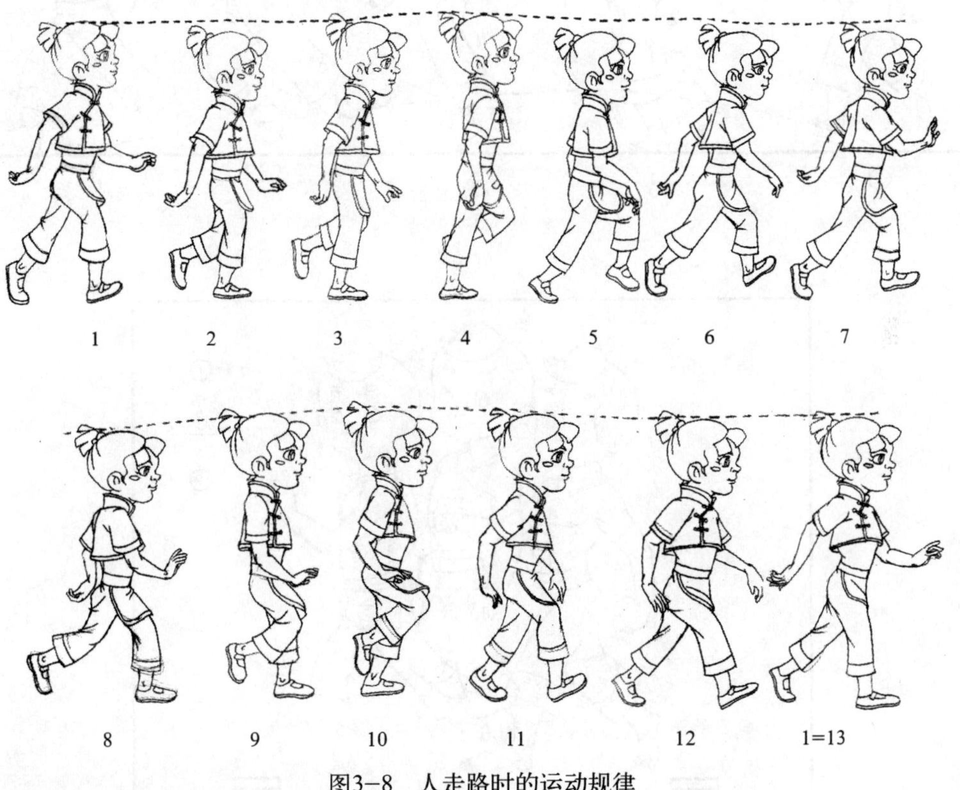

图3-8 人走路时的运动规律

（1）人走路的基本规律

人走路下肢的规律是：脚跟先着地，踏平，然后脚跟抬起，脚尖再离地，接着又是脚跟着地。人走路上肢的规律是：手掌指头放松，前后摆动，手运动到前方时，肘腕部提高，稍向内弯。

一般情况下，走得越慢，步子越小，离地悬空不高，手前后摆动的幅度不大；反之，走得越快，手脚的运动幅度越大，离地悬空也高些。

（2）不同情景下人走路的特点

上面所讲的是人走路动作的基本规律。在特定情景下，角色的走路动作根据环境和情绪的影响会有所不同。比如，情绪轻松地走路，心情沉重地踱步，身负重物地走路等。在表现这些动作时，就需要在运用走路基本规律的同时，与人物姿态的变化、脚步动作的幅度、走路的运动速度和节奏密切结合起来才能达到预期的效果。图 3−9、图 3−10 和图 3−11 为几种不同角色类型的走路姿态。

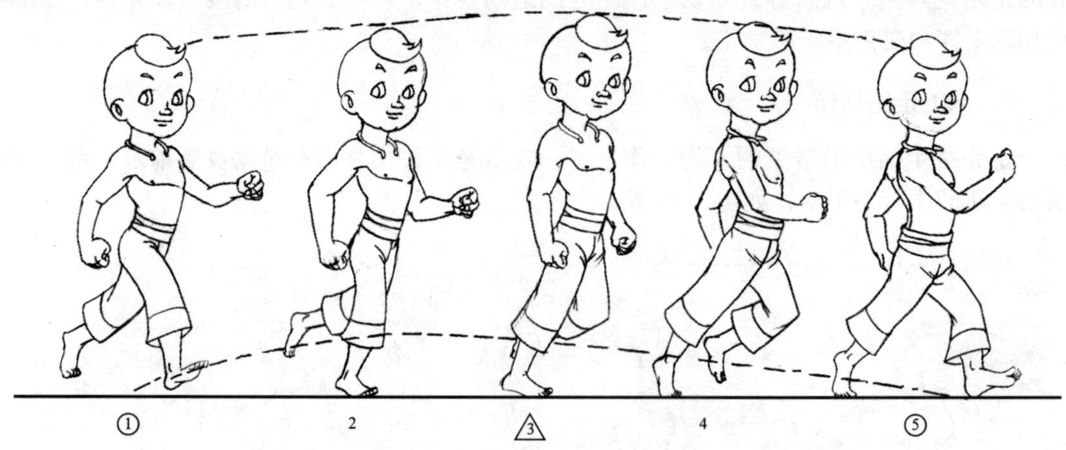

图3−9　小孩走路的原画和中间画

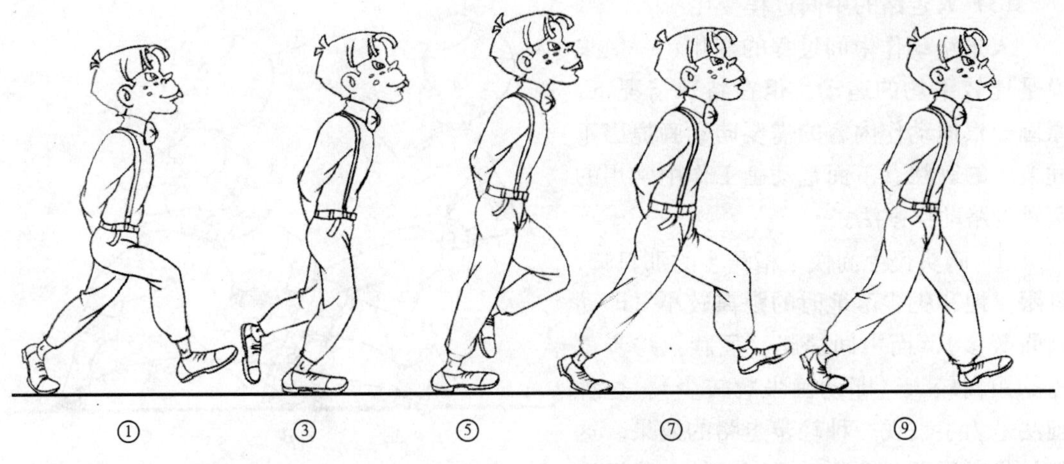

图3-10 昂首挺胸、神情得意地走路（单步）

1 2 3 4 5

6 7 8 9

图3-11 《烽火童年》中角色二虎走路

(3) 人走路的中间过程变化

人走路动作中间过程的变化，一般来说是比较平均的运动。但在特殊情况下，原画会根据动作内容的需要向动画提出不同要求的画法。下面是动画工作中常用的两种走路动作画法。

① 两头慢中间快：指跨步的那只脚，脚跟离地和脚尖落地时的距离较小（即动画张数多），而中间提腿、屈膝、跨步过程的距离较大（即动画张数较少）。这种画法是为了表现一种轻步走路的效果。这种效果适用于角色蹑手蹑脚，怕走路发出声响，如图 3–12 所示。

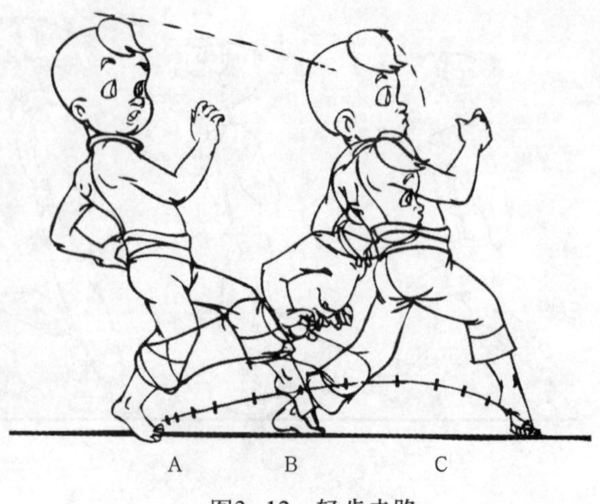

图3–12　轻步走路

② 两头快中间慢：指跨步的那只脚，脚尖离地收腿和脚跟落地的距离较大（即动画张数少），而中间过程距离较小（即动画张数略多）。这种画法是为了表现重步走路的效果。这种效果适用于角色精神抖擞的正步走，步伐稳中有力，如图 3–13 所示。

图3–13　重步走路

2．人的奔跑动作

人在跑步时的手脚交替规律和走路时基本一样，只是运动的幅度更加激烈。

(1) 人奔跑的基本规律

人奔跑的运动规律是：身体要略向前倾，步子要迈大；两手自然握拳（不要太紧），手臂要曲起来前后摆动，抬高，用力甩；腿的弯曲幅度要大，每步蹬出的弹力要强，脚一离地，就要迅速弯曲起来往前运动；身躯前进的波浪式运动曲线比走路时更大，如图 3–14 所示。

(2) 不同情景下人奔跑的特点

以上所讲的是人奔跑动作的一般规律。但是，在奔跑时由于目的、情绪、神态的不同，以及人物性格、年龄、身份、体形上的差异，奔跑时的姿态、节奏、速度以及动作的中间过程都会有所差别。在动画片中，还可以对跑步动作做各种各样的夸张，这些均需要原画、动画制作者根据实际情况正确把握。

3．人的跳跃动作

人的跳跃动作往往是指人在行进过程中跳过障碍、越过沟壑或者人在兴高采烈时欢呼跳跃等所产生的运动。

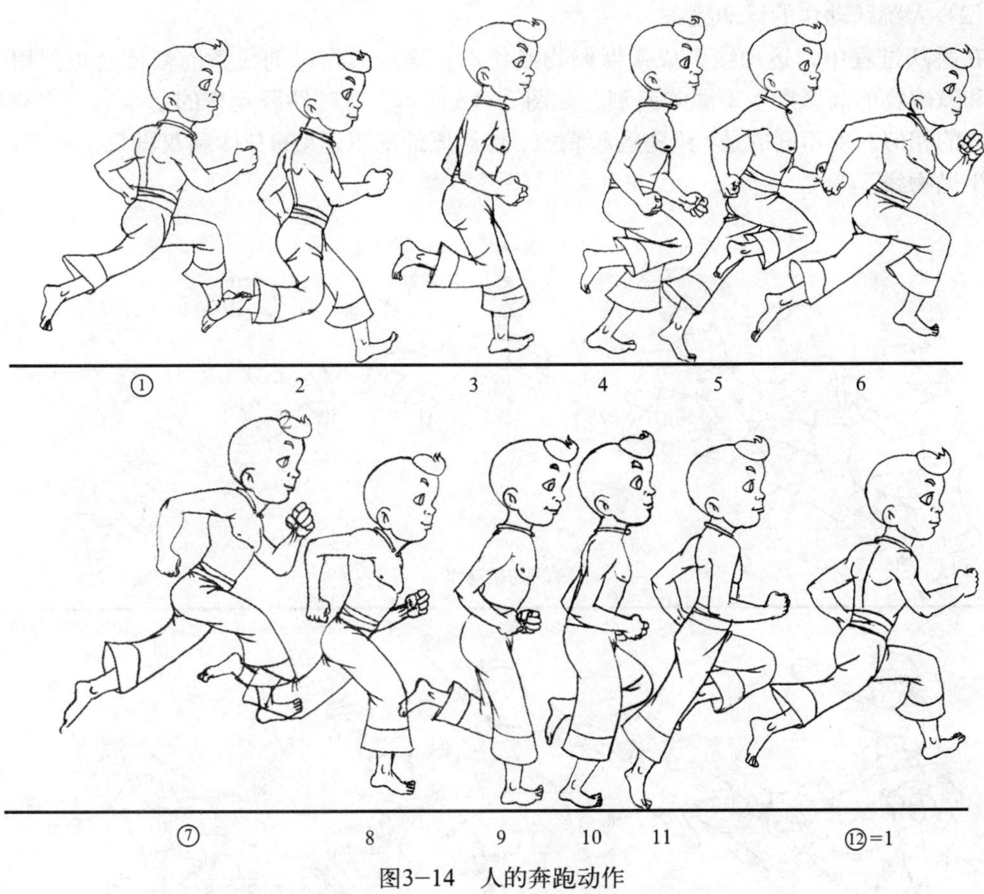

图3-14　人的奔跑动作

（1）人跳跃动作的基本规律

人跳跃动作由身体屈缩、蹬腿、腾空、着地、还原等几个动作姿态所组成。

人跳跃的运动规律是：人在起跳前身体的屈缩表示动作的准备和力量的积聚；然后，在一股爆发力下单腿或双腿蹬起，使整个身体腾空向前，接着，越过障碍之后双脚先后或同时落地；由于自身的重量和调整身体的平衡，必然产生动作的缓冲，随即恢复原状，如图 3-15 所示。

小姑娘跳起扑向蝴蝶前的准备（动作 2），然后跳起腾空双手扑蝶（动作 3 ～ 4），落下着地后的缓冲（动作 5），然后站立（动作 6）

图3-15　人跳跃的基本运动规律

(2) 人跳跃动作的运动线条

在跳跃过程中，运动线条成弧形抛物线状态。这一弧形运动线条的幅度会根据用力的大小和障碍物的高低产生不同的差别，如图 3-16 所示。欢呼跳跃动作的基本运动规律与上面所述的相似。所不同的是，蹬腿跳起腾空，然后原地落下，人的身体和双脚只是上下运动，不产生抛物线。

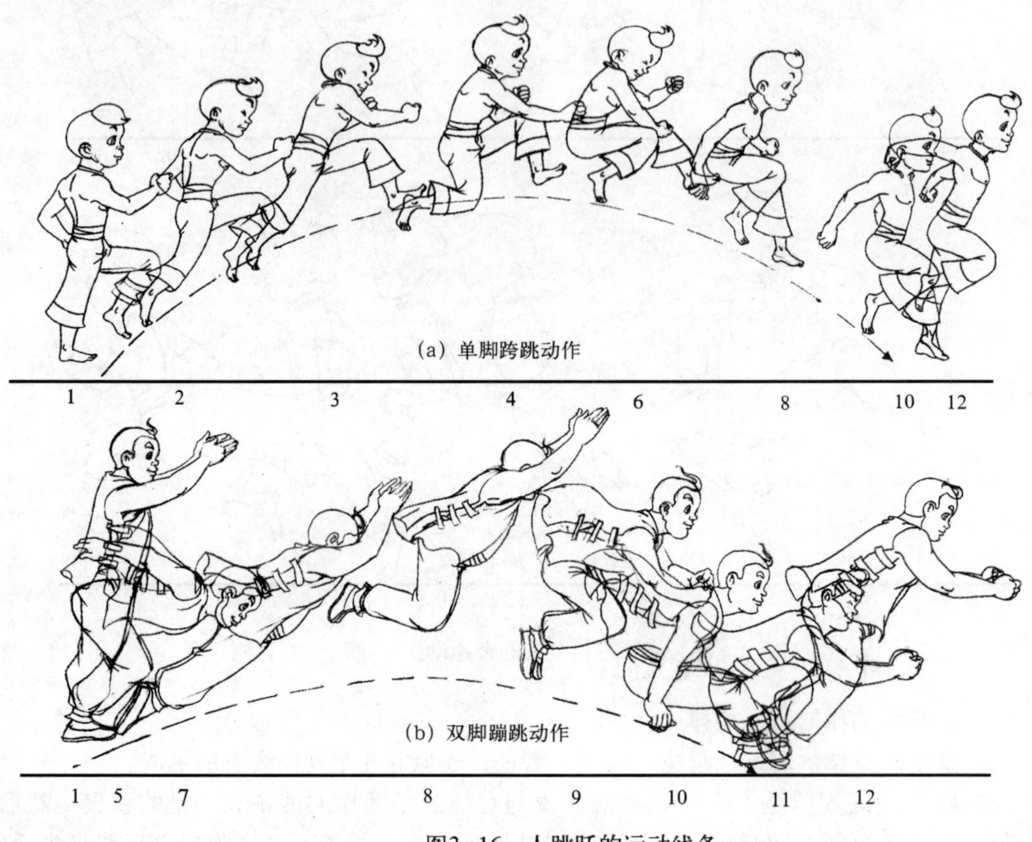

图3-16 人跳跃的运动线条

4. 预备动作

在设计动画的动作时，每一个动作都有一个“反应”，称为“预备”。预备在表现动作时有两种作用：一是力量的聚集，为力的释放做铺垫，可以更好地表现力量；二是使观众注意人物即将发出的动作，给观众一个预感。预感很重要，只有做好预感，观众才能真正领会这个动作，否则只是动作的过场，还没等观众有足够的反应，动作就已经完成了，会使观众领悟不到动作的意义。

在设计预备动作时，要注意以下两点：

(1) 动作越强，预备动作幅度越大

如果某人需要从站立进入走路的动作，走路的预备就应当微小，如图 3-17 所示；如果是跑步，角色必须用力将自己“推入”动作，因此预备动作就要大得多，如图 3-18 所示。

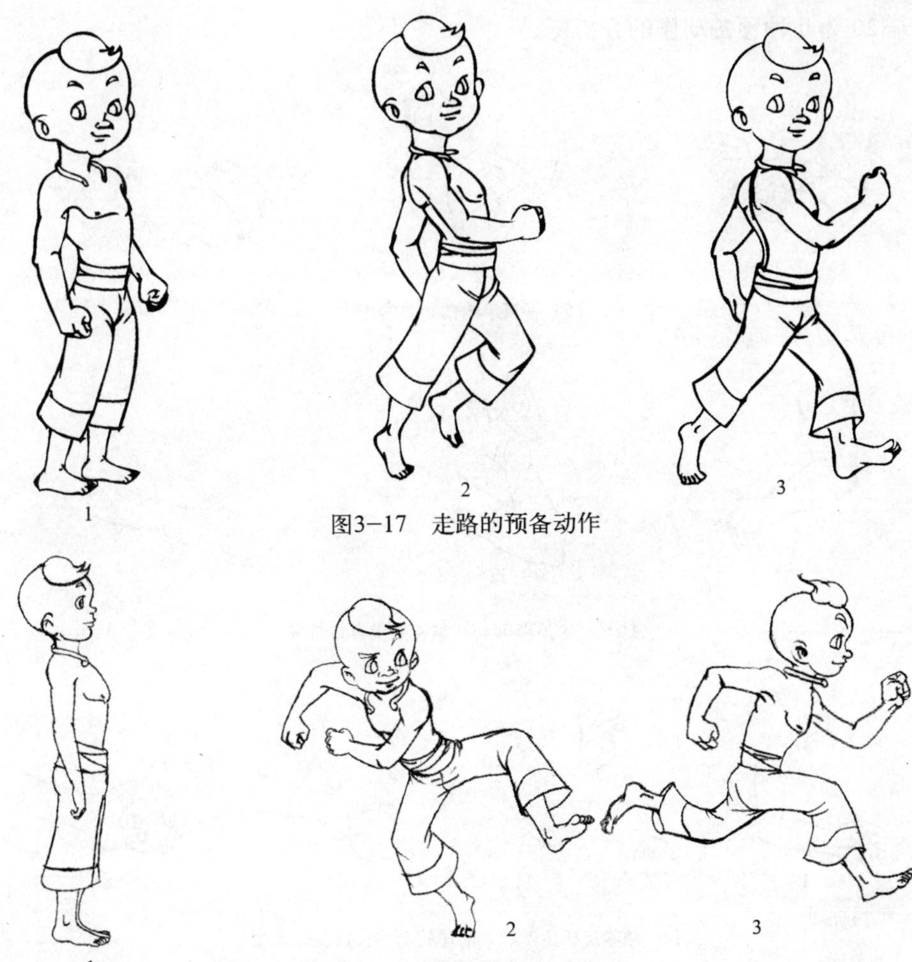

图3-17 走路的预备动作

图3-18 跑步的预备动作

（2）不同的角色，预备动作也不同

不同的角色，对于同一个预备动作，会有很大的差别。图 3-19 为女性走路的预备动作。

图3-19 女性走路的预备动作

图 3-20 为几种预备动作的分析图。

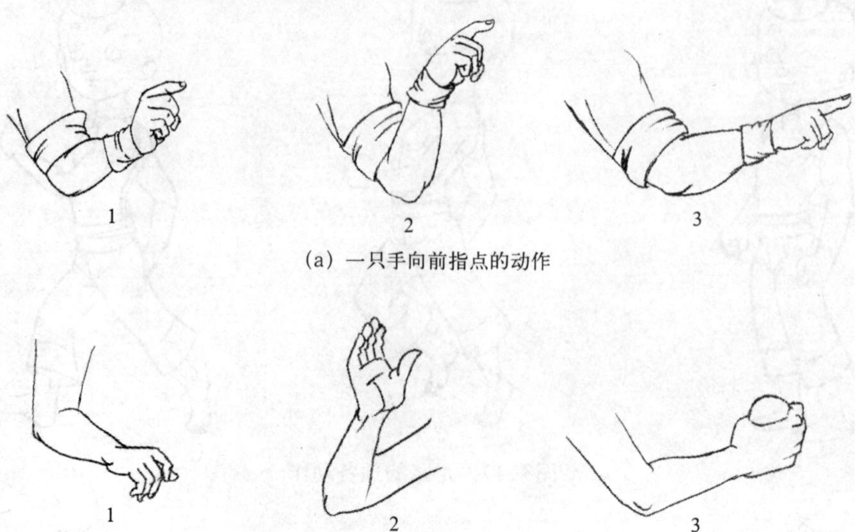

（a）一只手向前指点的动作

（b）一个抓取的动作预备就要有力得多

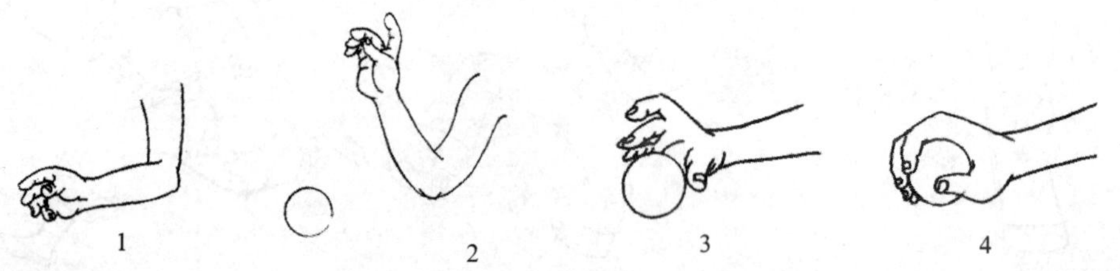

（c）拍球及抓住弹起来的球的动作，预备较为微小

（d）一个角色靠在他的伞上，当地板裂开时，他先向后预备，然后再掉进裂开的洞里。如果没有一个清楚的预备，观众将会不知道发生了什么，角色就已经不见了

图3-20　几种预备动作的分析图

3.2.2　动物的基本运动规律

1. 鸟类

鸟类按飞禽和家禽两类，分别介绍它们的运动规律。

1）飞禽

飞禽有很多共同之处，比如都能飞行，多用两条腿站立，而且用脚趾支撑身体。但也有很多不同之处，这里主要介绍几种常见飞禽的运动规律，作为动画专业研究的借鉴。

（1）大雁

大雁走路的运动规律是：身体向两侧晃动，尾部随着换脚而左右摇摆。跨步时脚提得较高，蹼趾在离地后弯曲收起，踏地时张开。图 3–21 为大雁走路的动作分析图。

图3–21　大雁走路的动作分析图

大雁飞行的运动规律是：两翼向下扑时，因翼面用力下拉过程与空气相抗，翼尖向上弯曲，带动着整个身体前进。往上收回时，翼尖向下弯曲，主羽散开让空气易于滑过。收回动作完成后再向下扑，开始一个新的循环。图 3–22 为大雁飞行的动作循环分析图。

图3–22　大雁飞行的动作循环分析图

（2）鹰

鹰飞行的运动规律是：能在空中长时间的滑翔，发现猎物后进行俯冲，抓掠而去。鹰俯冲时先收起双爪，然后直冲而下，快着地时用两翼控制下冲速度，翅膀弯曲呈环形，尾向下展开，轻轻降落，双腿动作化解了冲击力，双翼高举片刻之后才收拢起来。图 3–23 为鹰俯冲动作的分析图。

（3）燕鸥

燕鸥的翼能伸展得很宽，翼身甚薄，相当狭窄，适合长距离飞行和滑翔。

图3-23　鹰俯冲动作的分析图

燕鸥飞行的运动规律是：翅膀下扑时翼尖稍向上弯，翼“肘”下扑到 240° 左右，“腕”部继续下扑；回收时，“肘”部先提起，然后“腕”部跟着往上收回，动作结束时“肘”和“腕”差不多成 V 字形，再做新的循环，每次扇动大约用 1 秒时间。

图 3-24 为燕鸥飞行的动作循环分析图。长翼鸟类都采用这类飞行动作。

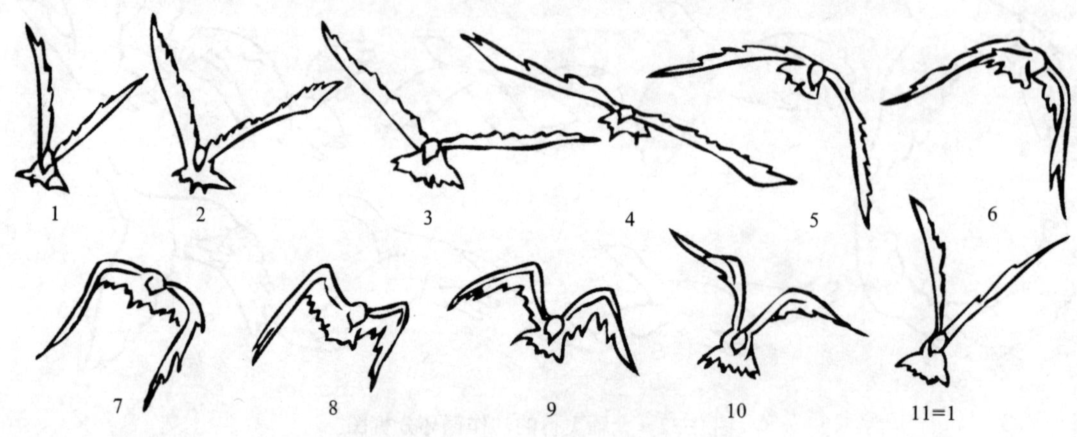

图3-24　燕鸥飞行的动作循环分析图

（4）麻雀

麻雀身体短小，羽翼不大，嘴小脖子短，动作轻盈灵活，飞行速度较快。

麻雀飞行的运动规律是：动作快而急促，常伴有短暂的停顿，琐碎而不稳定。飞行速度快，羽翼扇动频繁，每秒可扇动十余次之多，因此往往不容易看清羽翼的扇动过程。在动画片中，一般用流线虚影表示羽翼的快速扇动，如图 3-25 所示。

图3-25　用流线虚影表现麻雀飞行

麻雀能窜飞，并且喜欢跳步。图 3-26 为麻雀跳步的分析图。画眉、黄莺、山雀等小鸟的运动规律和麻雀相同。

图3-26 麻雀的跳步分析图

(5) 蜂鸟

蜂鸟身轻翼小，无法做滑翔动作，但却能向前飞或退后飞，此外还有一种很高超的飞行技巧——悬空定身。

蜂鸟飞行的动作规律是：翼向前划时，翼边缘稍倾，形成一个迎角，产生升力而无冲力；向后划时，翼做 180° 转向后方，得到相应的升力，并无前推作用，因此能悬空定身。图 3-27 为蜂鸟飞行的动作循环分析图。

图3-27 蜂鸟飞行的动作循环分析图

2）家禽

有些鸟类，比如鸡、鸭、鹅等，由于经过人类的长期驯化，已经演变成不能够长距离飞行的家禽。而只能靠双脚走路或在水中浮游，或在紧急状态下扑打翅膀做短距离的飞行。这里主要介绍几种常见家禽的运动规律，作为动画专业研究的借鉴。

(1) 鸡

鸡走路的动作规律是：双脚前后交替运动，走路时身体略向左右摇摆，为了保持身体的平衡，头和脚互相配合运动。一般是当一只脚抬起时，头开始向后收，抬起的那只脚朝前至中间位置时。当脚向前落地时，头也随之朝前伸到顶点（头和脚相差一至两格）。

提 示

在画鸡走路动作的中间画时，应当注意腿部关节运动的变化。脚爪离地抬起向前伸展时，趾关节要弯曲，同地面形成弧形运动。

图 3-28 为鸡走路的动作分析图。

(a) 鸡走路时头和脚的关系示意图

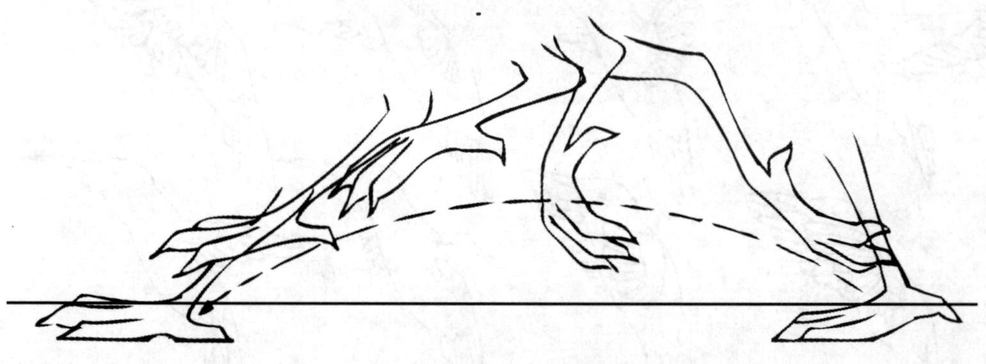

(b) 鸡走路时的脚步动作

图3-28　鸡走路的运动分析图

(2) 鸭和鹅

鸭和鹅划水的动作规律是：双脚前后交替划水，动作柔和。左脚逆水向后划水时，脚蹼张开，形成外弧线运动，动作有力。右脚与此同时向上收回，脚蹼紧缩，成内弧线运动，动作柔和，以减小水的阻力。身体的尾部随着脚在水中后划和前收的动作会略向左右摆动。图 3-29 为鹅划水的动作循环分析图。图 3-30 为鹅走路的动作循环分析图。

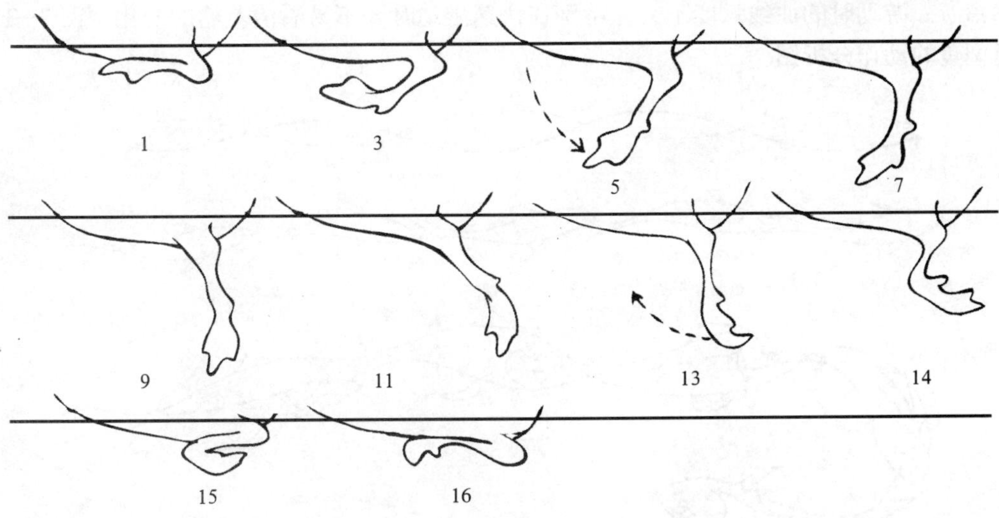

鹅脚划水动作（单右脚），脚划水有力，收脚柔软

图3−29　鹅划水的动作循环分析图

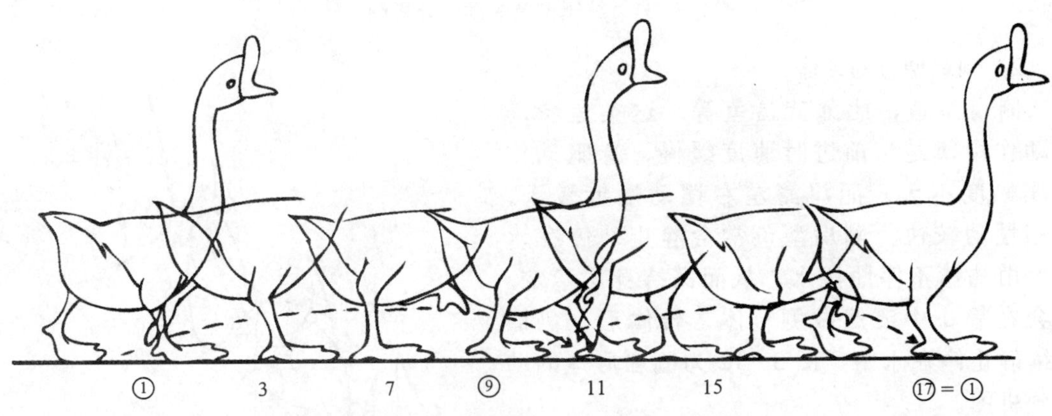

鹅行走动作，16张为两脚交替一个循环动作

图3−30　鹅走路的动作循环分析图

2．鱼类

鱼类生活在水中，它们的动作主要是运用鱼鳍推动流线型的身体，在水中向前游动。鱼身摆动时的各种变化成曲线运动状态。

鱼类的游泳动作和它的体形有很大关系，下面选择几种常见的类型来介绍鱼类的运动规律。

1）纺锤型鱼的动作规律

纺锤型鱼的动作规律是：大型纺锤型鱼，比如鲤鱼、草鱼、鲨鱼和鲸鱼等，在游动时，身体摆动的曲线弧度较大，缓慢而较稳定。身体往往可以不动或少动，靠鱼鳍缓划和鱼尾轻摆，使鱼身停在原地。当受到惊吓也会突然加速窜逃。大型纺锤型鱼身体和鱼鳍的动作，以及游动的路线均呈曲线运动状态。小型纺锤型鱼在游动时，动作节奏短促，常有停顿或突然窜游。游动时的曲线弧度不大，特别在快速游动时，不易看清鱼鳍的变化。图 3-31 为纺锤型鱼的动作分析图。

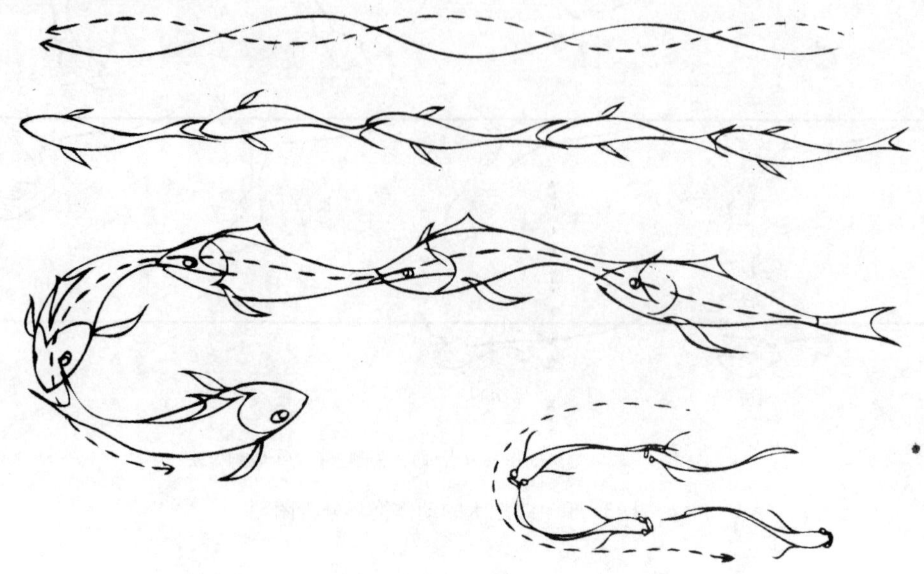

图3-31　纺锤型鱼的动作分析图

2）侧扁型鱼的动作

侧扁型鱼，比如武昌鱼等。这类鱼游动的动作规律是：前进时速度缓慢，身躯动作摇摆幅度不大，而尾鳍左右摆动幅度较大，胸鳍摆动较快。侧扁型鱼常会静止地停在水中，由胸鳍不停地拨水，从而保持身体稳定。它会在静止中突然做侧转体，转体后，仍旧继续静止停在水中。图 3-32 为侧扁形鱼的动作分析图。

3）平扁型鱼的动作

平扁型鱼，比如鳐鱼等。这类鱼游动的动作规律是：前进时速度缓慢，主要靠胸鳍由前推后的波浪式搅水运动推动身躯前进。尾部动作不明显，只有在转身时才起到舵的作用。图 3-33 为平扁型鱼的动作分析图。

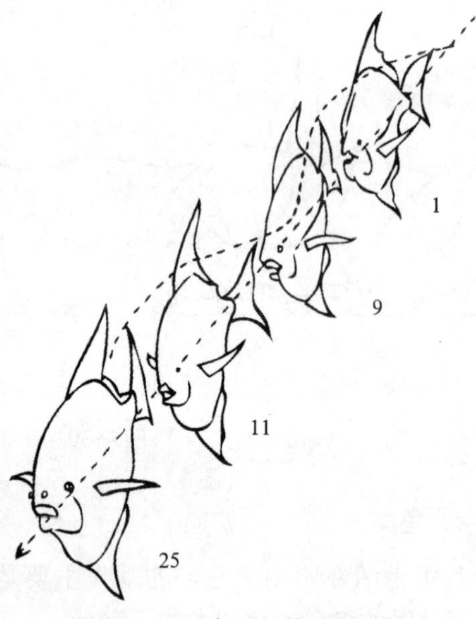

图3-32　侧扁形鱼的动作分析图

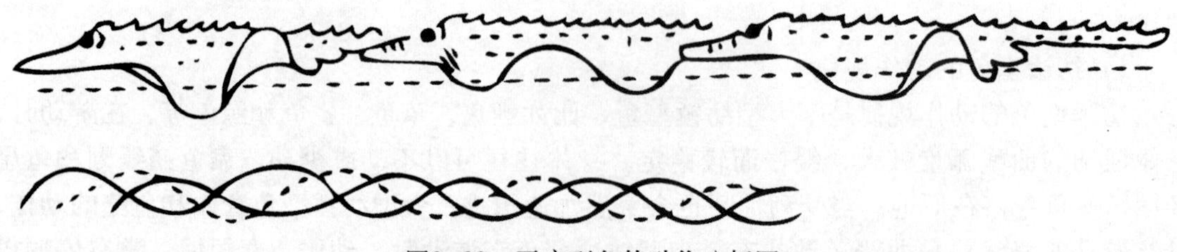

图3-33　平扁型鱼的动作分析图

4）棍棒型鱼的动作

棍棒型鱼，比如鳝鱼、泥鳅等。这类鱼游动的动作规律是：身体较长，背鳍和臀鳍也较长，主要靠侧肌肉的左右交替伸缩，全身做大波浪式地摇摆产生动力，使身体在水中曲线向前游动。背鳍和尾鳍也相应做小波浪式摆动。它的胸鳍较小，作用不大。图 3–34 为棍棒型鱼的动作分析图。

图3–34　棍棒型鱼的动作分析图

5）金鱼的动作

金鱼游动的动作规律是：动作柔和且缓慢优美，在水中身体的形态变化不是很明显。随着身体的摆动，两侧鱼鳍和轻纱般的长尾也柔软飘忽，多姿多彩。图 3–35 为金鱼的动作分析图。

图3–35　金鱼的动作分析图

6）海豚的游动和跳跃

海豚游动的动作规律是：身体靠上下拍打前进，而不是左右摆动。图 3-36 为海豚的动作分析图。

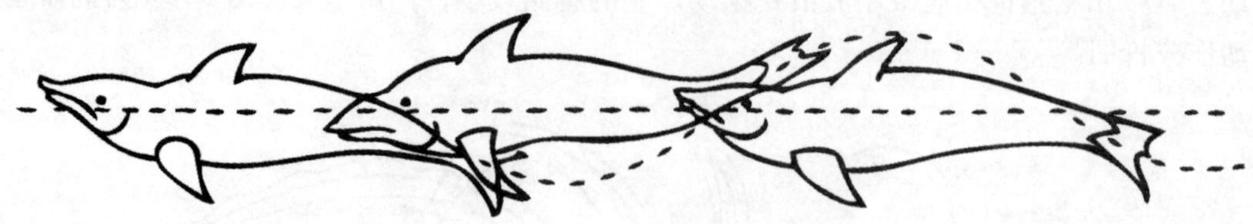

图3-36　海豚的动作分析图

海豚跳跃的动作规律是：离开水面前靠尾部有力而急速地上下拍打，产生足够的冲力，身体前部用力地挺起跳出水面，飞窜三个体长的距离后，再度投入水中。图 3-37 为海豚跳跃的动作分析图。

图3-37　海豚跳跃的动作分析图

3．兽类

兽类动物按蹄类和爪类两种来分别说明它们的运动规律。

1）蹄类

蹄类动物一般属食草类动物。脚上长有坚硬的脚壳（蹄），有的头上还生有一对自卫用的“武器”——角。性情比较温顺，容易驯养。身体肌肉结实，动作刚健、坚直、形体变化较小，能奔善跑。比如，马、牛、羊、鹿、羚羊等。下面以马为例，说明蹄类动物的动作规律。

马的动作规律分为行走、小跑、快跑和奔跑几种。

(1) 行走

马行走的动作规律是：依照对角线换步法，即左前、右后、右前、左后依次交替的循环步法。一般慢走时，每一个完步大约一秒半的时间，也可慢些或快些，视规定情景而定。慢走的动作，腿向前运动时不宜抬得过高，如果快步走，可以提高些。前肢和后肢运动时，关节弯曲方向是相反的，前肢腕部向后弯时，后肢跟部向前弯。另外，走路时头部动作要配合，前蹄跨出时头点下，前蹄着地时头抬起。图 3-38 为马行走的动作分析图。

图3−38　马行走的动作分析图

（2）小跑

马小跑的动作规律是：同样也是依照对角线换步法，和慢走稍有不同的是，对角线上的两蹄同时离地和落地。四蹄向前运动时要抬高，特别是前蹄要抬得更高些。身躯前进时要有弹跳感。对角两蹄运动成垂直线时身躯最高，成倾斜线时身躯最低。动作节奏是四蹄落地时快，运动过程中两头快、中间慢。图 3−39 为马小跑的动作分析图。

图3−39　马小跑的动作分析图

（3）快跑

马快跑的动作规律是：不用对角线的步法，而是左前、右前、左后、右后交换的步法，即两前蹄和两后蹄的交换。前进时，身躯的前后部有上下跳动的感觉。快跑时，步伐跨出的幅度较大，第一个起点与第二个落点之间的距离可达一个多身长，速度大约是每秒两个完步。图 3−40 为马快跑的动作分析图。

（4）奔跑

马奔跑的动作规律是：两前蹄和两后蹄交换。四蹄运动时充满弹性，给人以蹦跳出去的感觉，迈出步伐的距离较大，并且常常只有一只蹄与地面接触，甚至四蹄全部腾空。每个循环步伐之间的着地点距离可达身体三四倍的长度。图 3−41 为马奔跑的动作分析图，图 3−42 为马奔跑时四蹄的着地点分析图。

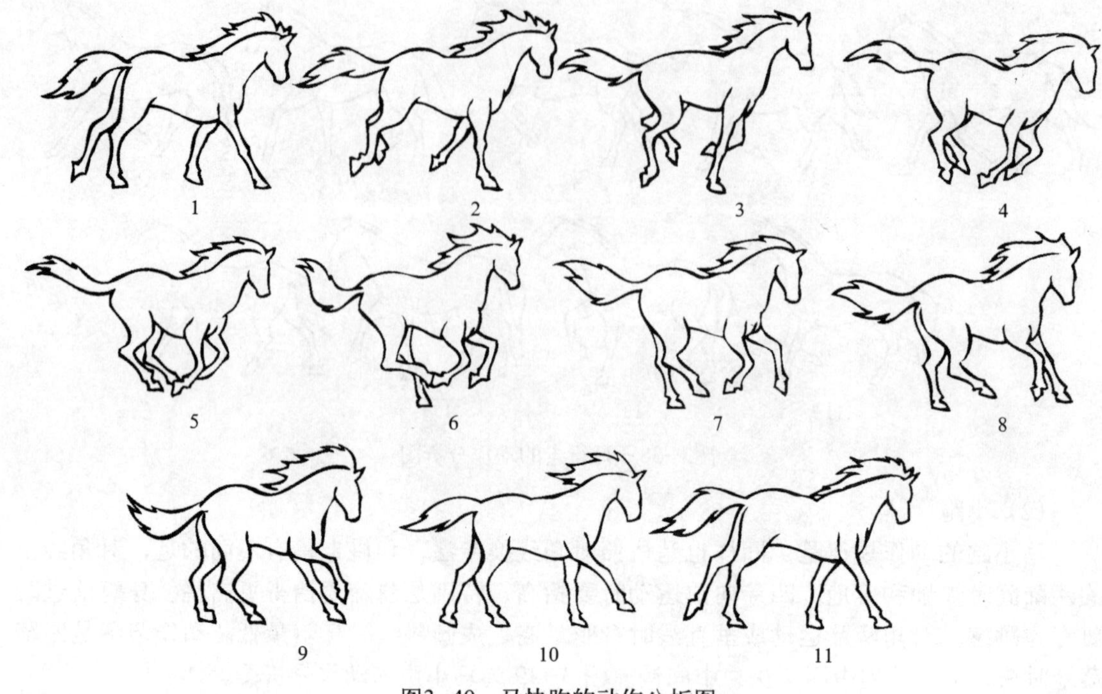

图3−40　马快跑的动作分析图

图3−41　马奔跑的动作分析图

图3−42　马奔跑时四蹄的着地点分析图

2）爪类

爪类动物一般属食肉类动物，身上长有较长的兽毛，脚上有尖利的爪子，脚底上长有弹性的肌肉，性情比较暴躁。此类动物身体肌肉柔韧、表层皮毛松软、能跑善跳、动作灵活、姿态多变，比如狮、虎、豹、狼、狐、熊、猫、狗等。

爪类动物的动作规律分为行走和奔跑两种。

(1) 行走

爪类动物行走的动作规律是：成对角线的步法。图 3−43 为虎行走的动作分析图，所有

的猫科动物都符合这一规律。

图3-43　虎行走的动作分析图

（2）奔跑

爪类动物奔跑的步法基本上和蹄类动物相同，属前肢与后肢交换的步法。图 3-44 为虎跳跃的动作分析图。

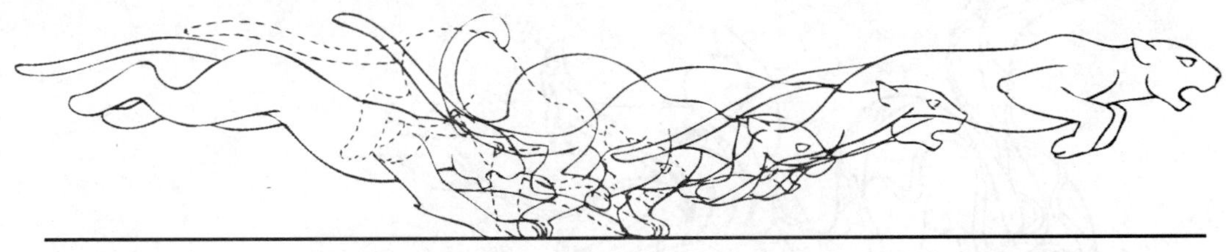

图3-44　虎跳跃的动作分析图

4．爬行类

爬行类动物分为有足和无足两种。

1）有足爬行类

有足爬行类以龟为例，它的腹背长有坚硬的甲壳，因此体态不会有任何变化（动画片中的夸张动作除外）。乌龟的头、四肢和尾巴均能缩入甲壳内。

龟的动作规律是：爬行时，四肢前后交替运动，动作缓慢，时有停顿。头部上下左右转动灵活，如果受到惊吓，头部会迅速缩入硬壳之中。图 3-45 为乌龟爬行的动作分析图。

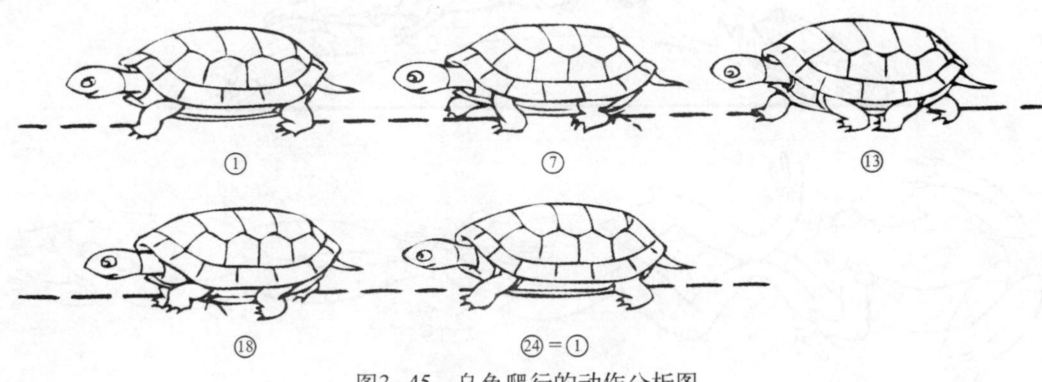

图3-45　乌龟爬行的动作分析图

2）无足爬行类

无足爬行类以蛇为例，它身圆而细长，外皮上有鳞。

蛇的动作规律是：朝前游动时，身体向两旁做 S 形曲线运动。头部微微离地抬起，左右摆动幅度较小，随着动力的增大并向后面传递，越到尾部摆动的幅度越大。蛇的形态除了游动前进外还可以卷曲身体盘成团状，当发现猎物时，迅速出击。另外，蛇还常常昂起扁平的三角形蛇头，不停地从口中吐出它的感觉器官——细长而前端分叉的舌头，使人望而生畏。图 3-46 为蛇游动和吐出舌头的动作分析图。

图3-46　蛇游动和吐出舌头的动作分析图

5．两栖类

两栖类以青蛙为例，它是冷血动物，既能用肺来呼吸，又能用皮肤来呼吸；既能在陆地上活动，又能在水中活动。青蛙的四肢是前腿短、后腿长。

青蛙的动作规律是：以跳为主，由于蛙的后腿粗大有力，所以弹跳力强。蛙在水中时，前腿保持身体平衡，后腿用力蹬水，配合协调。图 3-47 为蛙跳和游动的动作分析图。

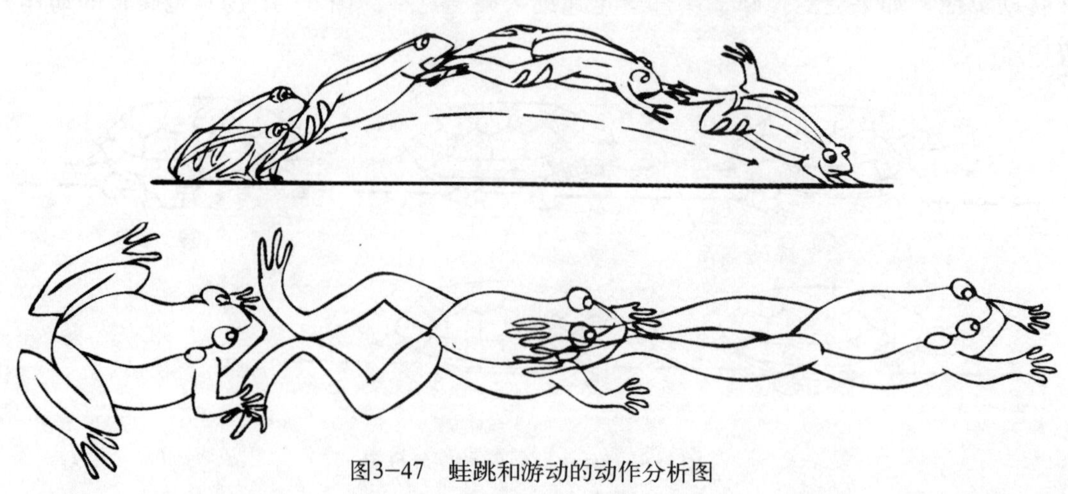

图3-47　蛙跳和游动的动作分析图

6. 昆虫

自然界中的昆虫种类繁多，从动作特点分类，可以分为以飞为主、以爬为主和以跳为主三种类型。

1）以飞为主的昆虫

下面以蝴蝶、蜜蜂、蜻蜓为例来讲解以飞为主的昆虫的运动规律。

（1）蝴蝶

蝴蝶的形态美丽，颜色鲜艳，由于翅大身轻，在飞行时会随风飞舞。绘制蝴蝶飞舞的动作，原画应先设计好飞行的运动路线，一般是翅膀一张向上，一张向下。两张之间的飞行距离，大约为一个身长。中间可以不加动画，或者只加一张中间画。绘制原画或动画时，全过程可以按预先设计好的运动路线一次完成。图 3–48 为蝴蝶飞舞的动作分析图。

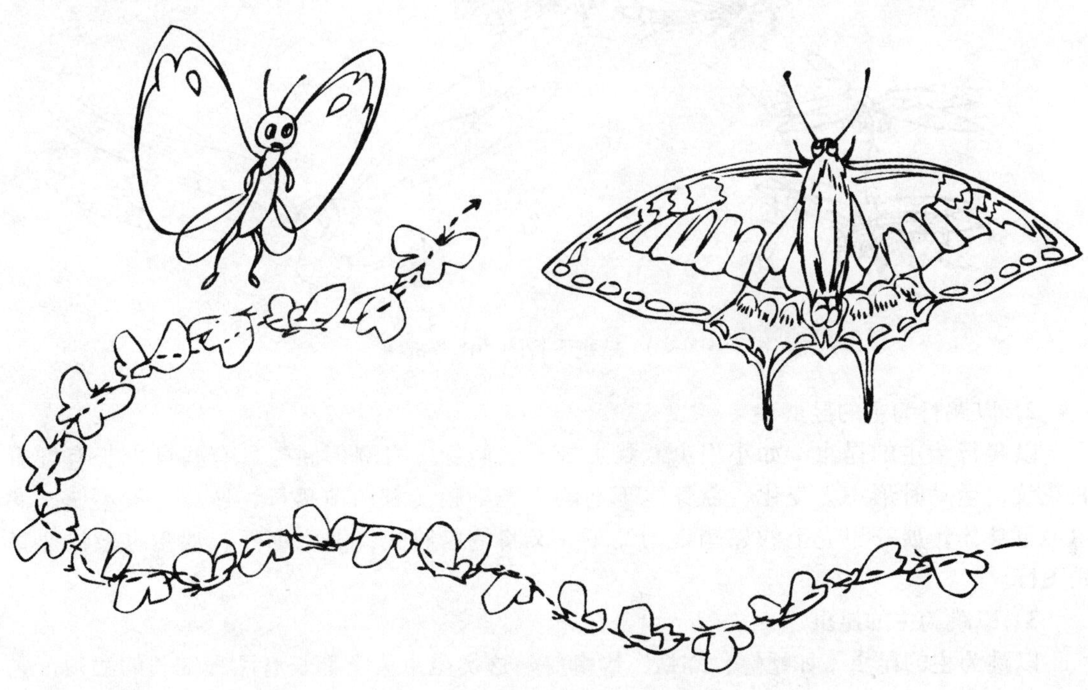

图3–48　蝴蝶飞舞的动作分析图

（2）蜜蜂

蜜蜂的形态特点是体圆翅小，只有一对翅膀。飞行动作比较机械，单纯依靠双翅的上下振动向前发出冲力。因此，双翅扇动的频率快而急促。绘制蜜蜂的飞行动作，同样应设计好飞行时弧形的运动路线，在一定距离的动作转折处画出原画，飞行过程中的身体可以画中间画。图 3–49 为蜜蜂飞舞的动作分析图。

（3）蜻蜓

蜻蜓头大，身轻翅长，左右各有两对翅膀，双翅平展在背部，飞行时快速振动双翅，飞行速度很快。蜻蜓在飞行过程中，一般不能灵活转变方向，动作姿态也变化不大。绘制它的飞行动作时，在同一张画面的蜻蜓身上，可以同时画出几对翅膀的虚影。还应注意飞行中细长尾部的姿态，不宜画得过分僵直。图 3–50 为蜻蜓飞行的动作分析图。

图3-49　蜜蜂飞舞的动作分析图

图3-50　蜻蜓飞行的动作分析图

2）以爬行为主的昆虫

以爬行为主的昆虫，如小甲虫、瓢虫等，它们身上有圆形硬壳，有些身上长有好看的花纹，运动时形态无变化，靠身体下面的六条细腿交替向前爬行，速度一般不快。偶尔停下身体，展开甲壳上的翅鞘扇动几下，又将翅膀收拢。遇到惊吓，偶尔也会快速直线飞行。

3）以跳为主的昆虫

以跳为主的昆虫，如蟋蟀、蚱蜢、螳螂等，这类昆虫头上都长有两根细长的触须，它们能几条腿交替走路，但基本动作是以跳为主。由于这类昆虫的后腿长而粗壮，弹跳有力，蹦跳的距离较远，因此跳时呈抛物线运动。除了跳的动作以外，头上两根细长的触须应做曲线运动变化。图 3-51 为蚱蜢跳的动作分析图。

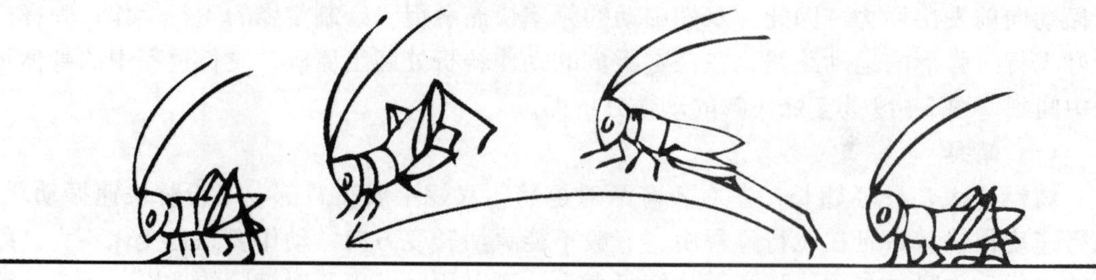

图3-51　蚱蜢跳的动作分析图

以上所述的动物分类及它们的基本动作规律，并不属于专业性动物学方面的分类标准，而是为了了解各类动物的一般特性，找出它们的动作特点，便于原画和动画制作者在表现各类动物动作时有所依据和借鉴。为了将动画片中的各种动物的动作画得更合理、更生动，平时还必须多注意观察和熟悉各类动物的形态特征及它们的动作特点，积累各种素材，才能掌握各种动物的运动规律。

3.2.3 自然现象的基本运动规律

动画片中出现的自然现象，少数可以采用特技摄影或电脑特效的方法来解决，但绝大部分还需由原画、动画制作者绘制出来。因此，原画、动画制作者应当懂得各种自然现象的运动规律，掌握表现自然现象的基本技法。

1. 风

风是日常生活中常见的一种自然现象。空气流动便形成了风。风是无形的气流，一般地讲，我们是无法辨认风的形态的。在动画片中，可以画一些实际上并不存在的流线来表现运动速度比较快的风，但在更多的情况下，是通过被风吹动的各种物体的运动来表现风的。因此，研究风的运动规律和表现方法，实际上是研究被风吹动着的各种物体的运动。

在动画片中，表现风的方法大体上有四种：

(1) 运动线(运动轨迹)表现法

凡是比较轻薄的物体，例如树叶、纸张、羽毛等，当它们被风吹离了原来的位置、在空中飘荡时，都可以用物体的运动线(运动轨迹)来表现。

在设计这类物体的运动线及运动速度时，应考虑到下面几个因素：

① 风力强弱的变化。

② 物体与运动方向之间角度的变化。成迎角时上升，反之下降。

③ 物体与地面之间角度的变化。接近平行时下降速度慢，接近垂直时下降速度快。

这些因素，使得物体在空中飘荡时的运动姿态、运动方向及速度都不断发生变化。

当我们根据剧情及上述因素设计好运动线(运动轨迹)，并计算出这组动作的时间后，可以先画出物体在转折点的动作姿态作为原画，然后按加减速度的变化确定每张原画之间需要加多少张动画，以及每张动画之间的距离。加完动画后，将原画与动画连接起来，就可以表现出物体随风飘荡的运动。这样，虽然没有具体画出风的形态，却使人们从效果中感到了风的存在。图 3−52 为利用运动线(运动轨迹)表现风的效果。

图3−52 运动线(运动轨迹)表现风

(2) 曲线运动表现法

凡是一端固定在一定位置的轻薄物体，如系在身上的绸带、套在旗杆上的彩旗等，当被风吹起迎风飘荡时，可以通过这些物体的曲线运动来表现。曲线运动的规律前面已经讲过，这里不再重复。图 3-53 为利用曲线运动表现风的效果。

图3-53　曲线运动表现风

（3）流线表现法

对于旋风、龙卷风及风力较强、风速较快的风，仅仅通过那些被风冲击着的物体的运动来间接表现是不够的，一般还要用流线来直接表现风的运动，把风形象化。

运用流线表现风，可以用铅笔或彩色铅笔按照气流运动的方向、速度，把代表风的动势的流线在动画纸上一张张地画出来。有时，根据剧情的需要，还可以在流线中画出被风卷起的沙石、纸屑、树叶或者雪花等，随着气流运动，会加强风的气势，造成飞沙走石、风雪弥漫的效果。图 3-54 为利用流线表现风的效果。

图3-54　流线表现风

（4）拟人化表现法

在某些动画片里，出于剧情或艺术风格的特殊要求，可以把风直接夸张成拟人化的形象。在表现这类形象的动作时，既要考虑到风的运动规律和动作特点，又要不受它的局限，充分发挥想象力。图 3-55 为利用拟人化表现风的效果。

图3-55　拟人化表现风

2. 火

火是可燃物体（固体、液体和气体）在燃烧时发出的光和焰。它也是动画片中常常需要表现的一种自然现象。

动画片中表现的火，主要是描绘火焰的运动。因此，要研究火焰的运动规律。

火焰除了随着物体在燃烧过程中的发生、发展、熄灭而不断变化其形态外，还会受气流强弱变化的影响，而出现不规则的曲线运动。大体上，我们把火焰的基本运动状态归纳为以下七种：扩张、收缩、摇晃、上升、下收、分离、消失。这七种基本运动状态和不规则的曲线运动，就是火焰运动的基本规律。图 3-56 为火焰的基本运动状态。

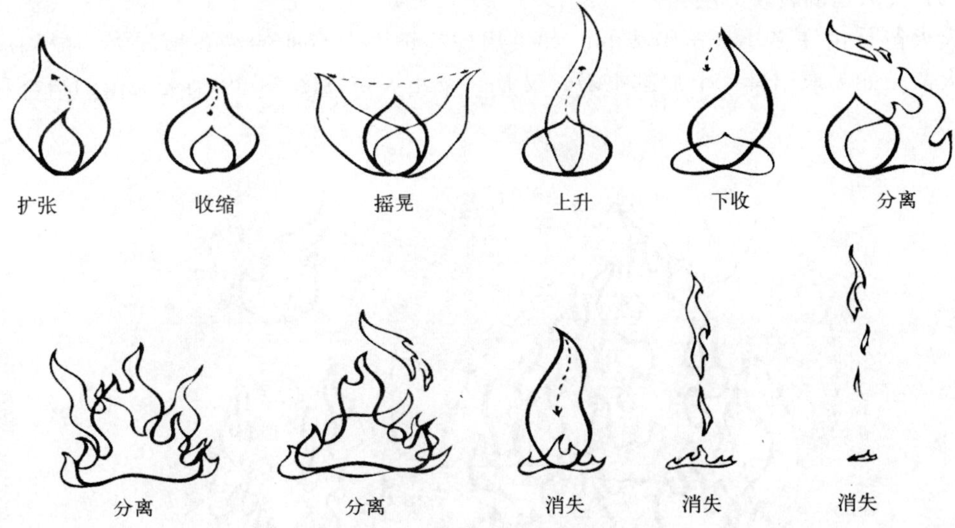

图3-56　火焰的基本运动状态

(1) 小火苗的表现方法

例如，油灯和蜡烛的火苗都是小火苗。小火苗的动作特点是：琐碎、跳跃、多变。在表现这类火苗运动时，可以由原画一张一张直接画成，不加中间画或少加；一般以 10 ～ 15 张画面做顺序循环或不规则循环。图 3-57 为蜡烛火苗的运动效果。

(2) 中火苗的表现方法

例如，柴火和炉火等的火苗是中火苗。这些稍大一点儿的火，实际上是由几个小火苗组合而成的。表现方法与小火苗基本相同，由于火的面积稍大，动作相对比小火苗稳定，变化速度也就略慢。在每张原画关键动态之间，可以各加 1 ～ 3 张中间画，顺着次序拍摄，也可以做循环动作使用。图 3–58 为中火苗的运动效果。

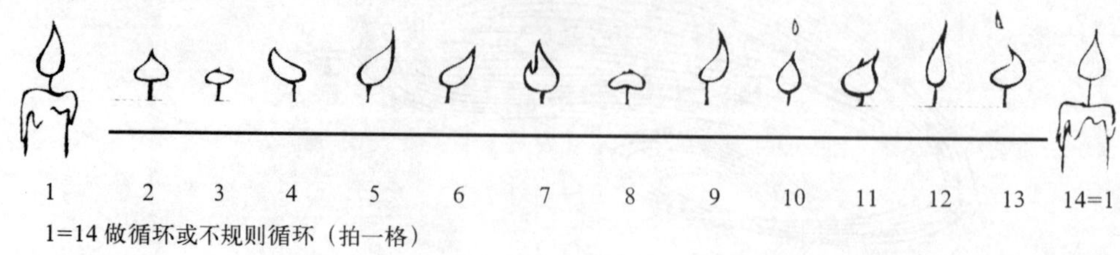

图3–57　蜡烛火苗的运动效果

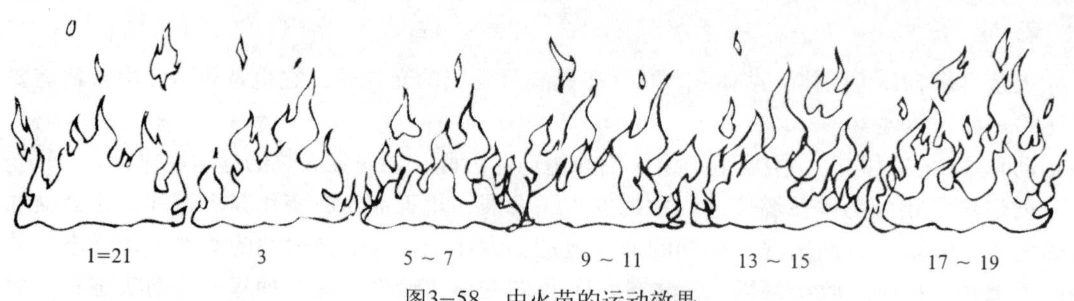

图3–58　中火苗的运动效果

（3）大火苗的表现方法

大火苗是由许多小火苗组成的。如果用虚线把许多弯曲的线条框起来，就构成了一个大火苗。如果取出某一个局部来看，又是一个小火苗。图 3–59 为大火苗的组合和分解效果。

图3–59　大火苗的组合和分解效果

在表现大火时，要注意处理好整体与局部的关系：整体的动作速度要略慢一些，局部（小火苗）的动作速度要略快一些。每个小火苗在随着总体运动时，其本身的动作变化要比总体的动作变化更多。因此，在设计关键动作（原画）时，既要注意整个外形的动作变化及速度，又要注意每一组小火苗的动作变化（扩张、收缩、摇晃、上升、下收、分离、

消失等）及速度。同时，无论原画或动画，都要符合曲线运动的规律。图 3-60 为一堆大火的设计图例。

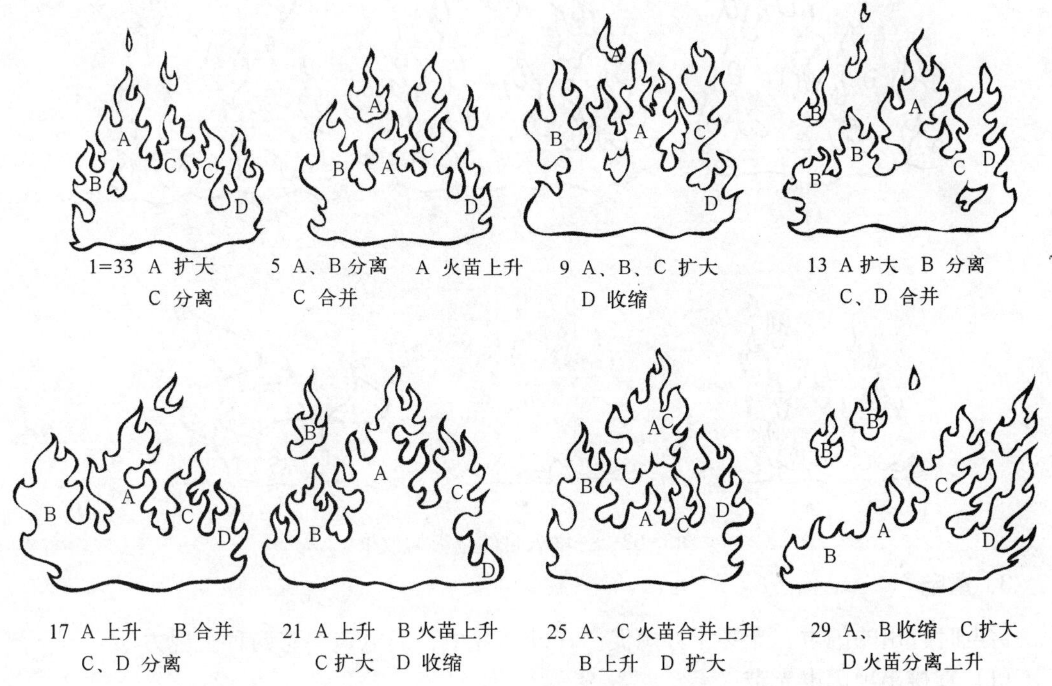

图3-60 一堆大火的设计图例

（4）火熄灭的表现方法

火在熄灭时的动作规律是：一部分火焰分离、上升、消失，一部分火焰向下收缩、消失，接着冒烟、熄灭。图 3-61 为烛火被风吹灭的效果。图 3-62 为一堆火自然熄灭的效果。

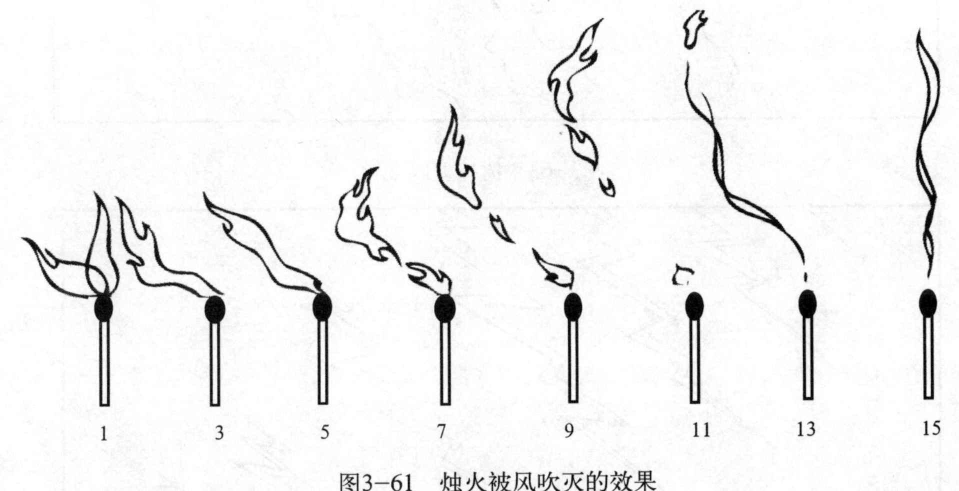

图3-61 烛火被风吹灭的效果

图3-62　一堆火自然熄灭的效果

3. 雷电

雷电时打出的闪电，光亮十分短促。在动画片中，闪电镜头有两种表现方法。

(1) 直接出现闪电光带

闪电光带一般有两种画法：一种是树枝型，如图 3-63 所示；一种是图案型，如图 3-64 所示。

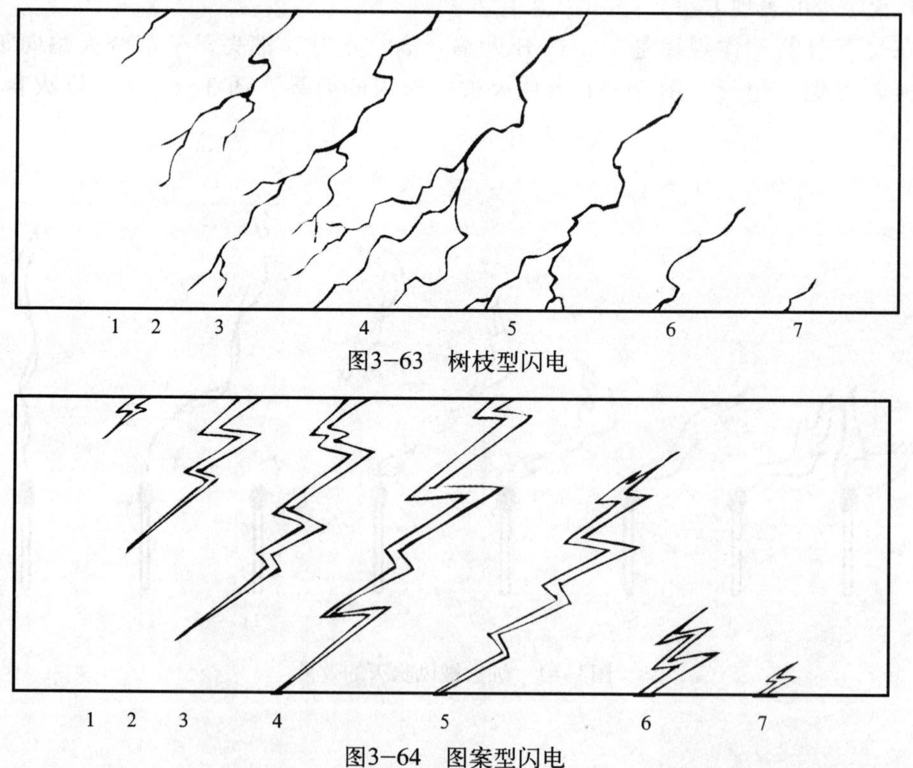

图3-63　树枝型闪电

图3-64　图案型闪电

(2) 不直接出现闪电光带

通过闪电时急剧变化的光线对景物的影响，来表现闪电的效果，如图 3-65 所示。

阴云密布的日景

前层景物边侧加白光天空及后层景物稍亮

前层景物全黑天空及后层景物全白

图3-65　通过景物表现闪电

4．雨

在动画片中经常出现下雨的镜头。下雨时，往往有一片比较广阔的雨区，为了表现远近透视的纵深感，可以分前层、中层和后层三层来绘制。

(1) 前层

前层雨用比较粗的直线来绘制，可以夹杂一些水点。前层雨应该速度很快，每张动画的间距要大一些。一般一个水点或一条短线从上面进入，穿过画面中间到全部出画面，只需 6 ~ 8 张动画。图 3-66 为前层雨效果。

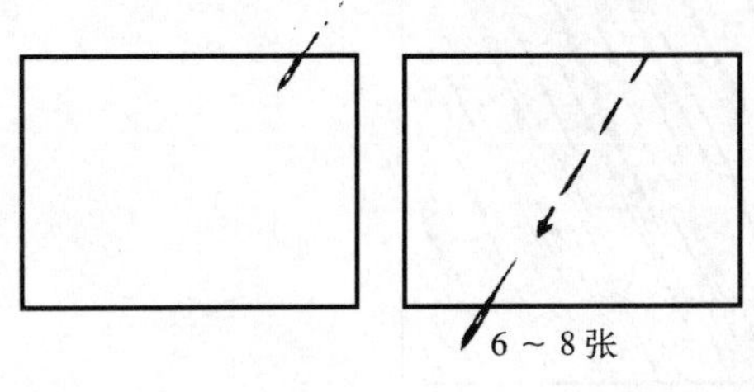

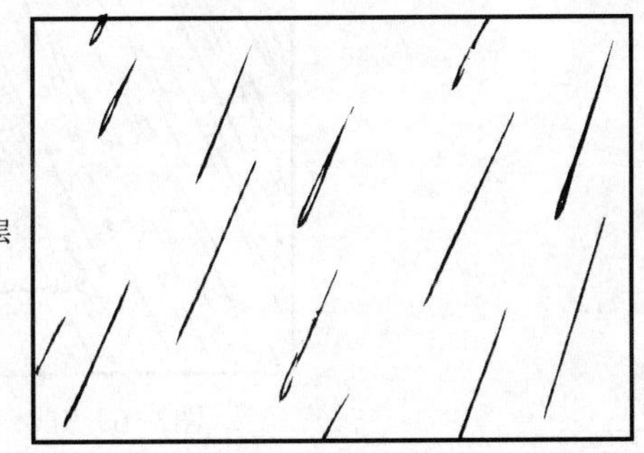

图3-66　前层雨效果

(2) 中层

中层雨用粗细适中、较长的直线来绘制，线条相对可以密一些。中层雨是中等速度的运动，雨从进入画面到落出画面，全过程只需 8 ~ 10 张动画。图 3-67 为中层雨效果。

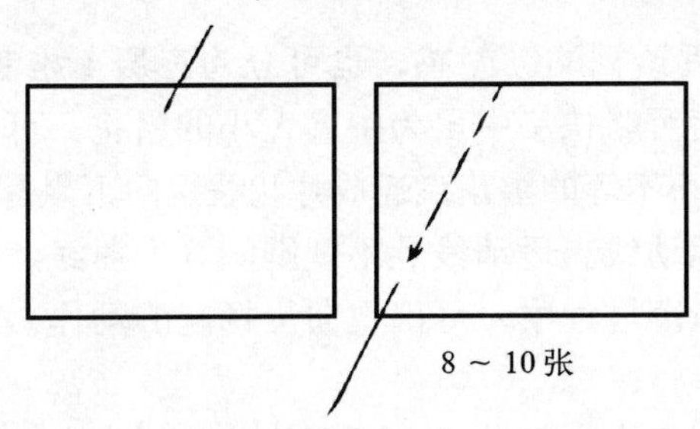

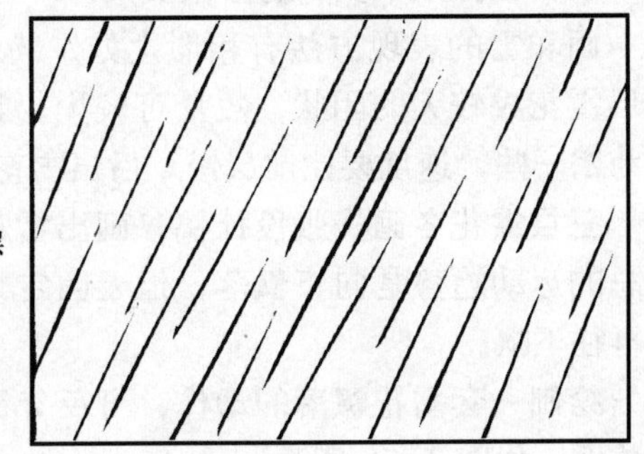

图3-67　中层雨效果

(3) 后层

后层用于表现离视线较远的雨，可以采用细而较密的直线组成片状。后层雨速较慢，一片雨线从进画到出画，需要画 12 ～ 16 张动画。图 3-68 为后层雨的效果。

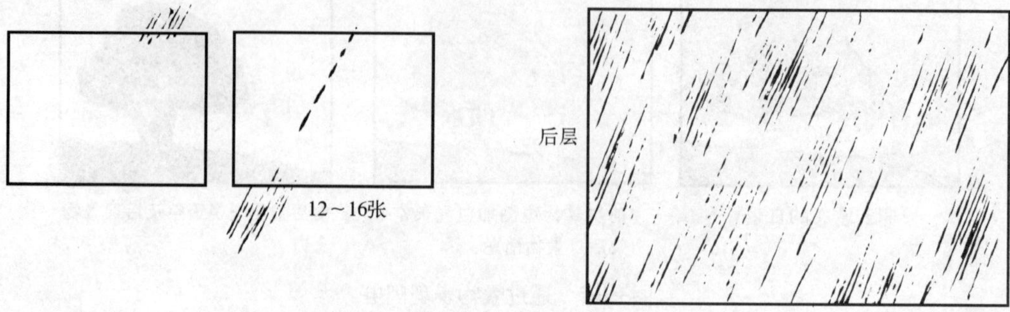

图3-68 后层雨效果

每一层雨均可反复循环使用，在拍摄时，将前、中、后三层画面合在一起，拍出来的效果就产生了远近层次，如图 3-69 所示。

图3-69 前、中、后三层雨的组合效果

5．雪

雪花的体积较大、分量轻，在飘落过程中受气流的影响会随风飘舞。下面介绍两种雪的表现方法。

(1) 在微风中飘舞的雪花效果

雨和雪的表现方法有相似之处。为了表现远近透视的纵深感，也可分为三层来绘制。前层雪花成较大的团状，数量可较少，飘落的速度可略快；中层为中等大小的雪花，可以略为密一些，速度要比前层慢；后层雪花是无数大小不等的雪花点连成片状缓缓向下飘落。

三层雪花各画一张设计稿，画出雪花飘落的运动线。运动线是不规则的 S 形曲线。雪花总的运动趋势是向下飘落，但无固定方向。在飘落过程中，可出现向上扬起的动作，然后再往下飘。

绘制一套雪花飘落的动作，可反复循环使用，每张也可做派生循环使其更加丰富，避免单调，如图 3-70 所示。

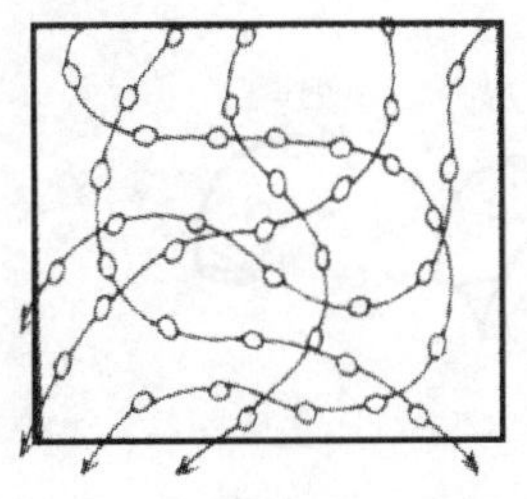

前层：可设计 5 条运动线，每朵雪花飘过画的时间约 5 秒

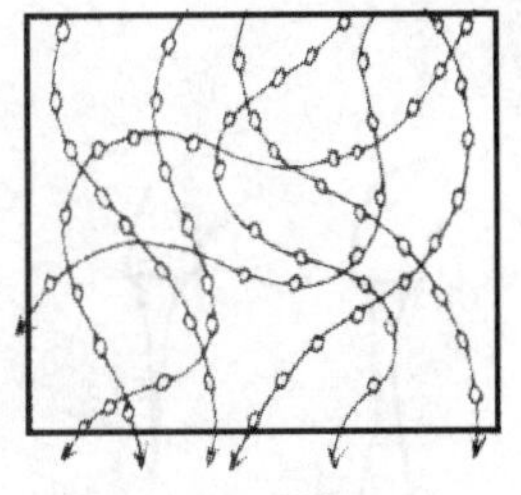

中层：可设计 7 条运动线，每朵雪花飘过画的时间约 7 秒

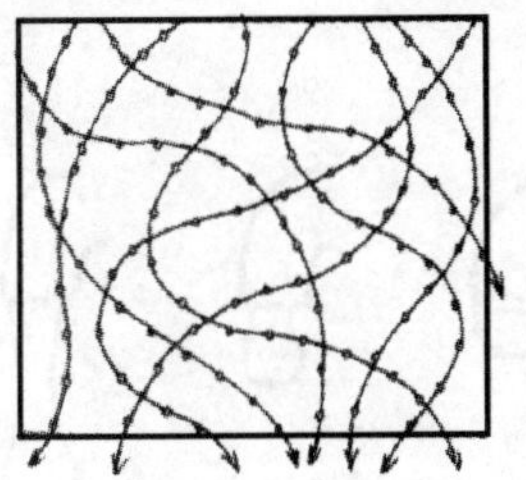

后层：可设计 9 条运动线，每朵雪花飘过画的时间约 9 秒

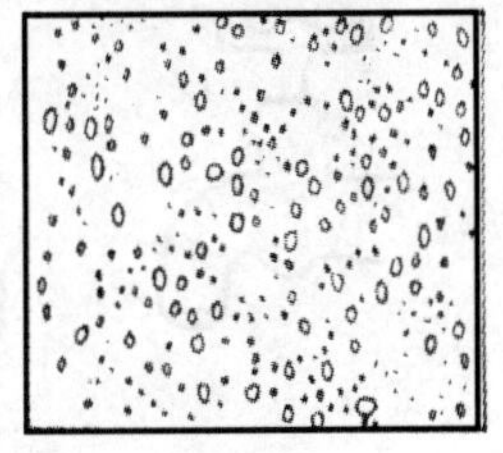

3 层合成后效果

图3−70　多层组合表现雪

原画设计好雪花的运动线，确定每朵雪花的原画位置，计算出两张原画之间的中间画张数，如图 3−71 所示。动画只要按照雪花路线顺着运动方向，一张一张画出雪花的中间画即可。

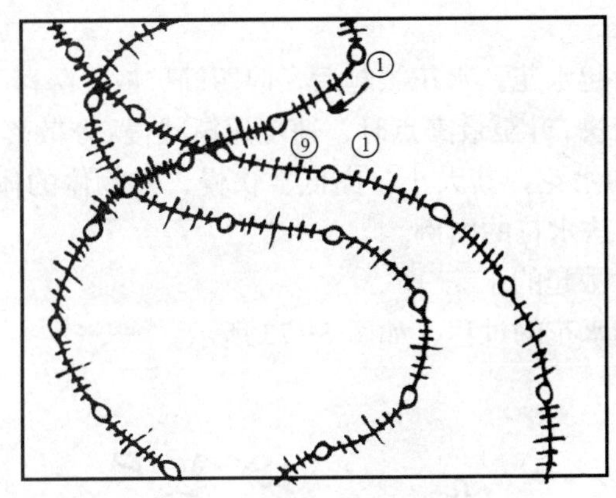

图3−71　雪花的运动规律

（2）暴风雪

暴风雪的运动速度很快，一般只需几格就可掠过画面。由于运动速度快，所以设计稿上不必画出每朵雪花的运动线，也不必标出每朵雪花的前后位置，只要设计好整个雪花的运动线及每张画面之间的距离即可。

6．水

在动画中，水是经常出现的。水的动态很丰富，从一滴水珠到一片大海的波涛汹涌，水的变化多端、气象万千。下面我们分别讲述几种水的表现方法。

1）水滴

水有表面张力，因此一滴水必须距离拉到一定程度，才会滴落下来。水滴的运动规律是：积聚、拉长、分离、收缩，然后再积聚、拉长、分离、收缩。一般地说，积聚时的速度比较慢，动作小，画的张数比较多；反之，分离和收缩时的速度比较快，动作大，画的张数则比较少。图 3−72 为水滴滴落的过程。

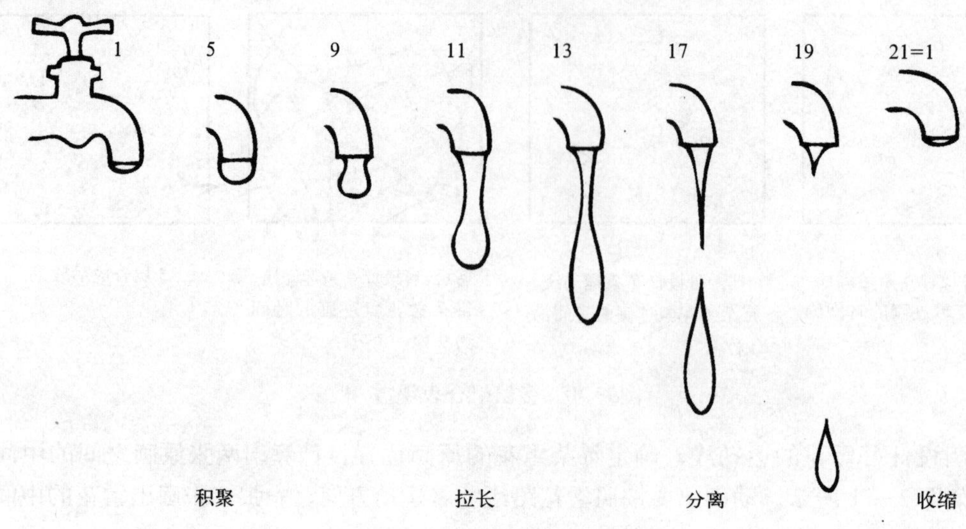

图3-72 水滴滴落的过程

2）水花

水遇到撞击时，会激起水花。水花溅起后，向四周扩散、降落。

水花溅起时，速度较快；升至最高点时，速度逐渐减慢；分散落下时，速度又逐渐加快。

物体落入水中溅起的水花，其大小、高低、快慢，与物体的体积、重量以及下降速度有密切关系。下面列举一些水花的图例。

（1）水滴落到地面时溅起的水花

水滴落到地面时溅起水花的过程，如图 3-73 所示。

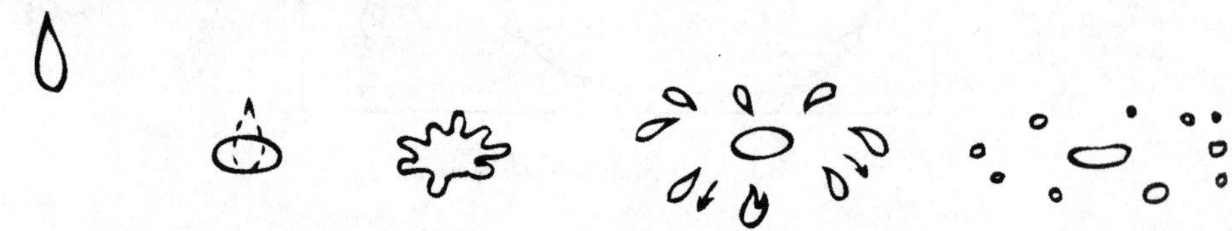

图3-73 水滴落到地面时溅起水花的过程

（2）水滴落到水面时溅起的水花

水滴落到水面时溅起水花的过程，如图 3-74 所示。

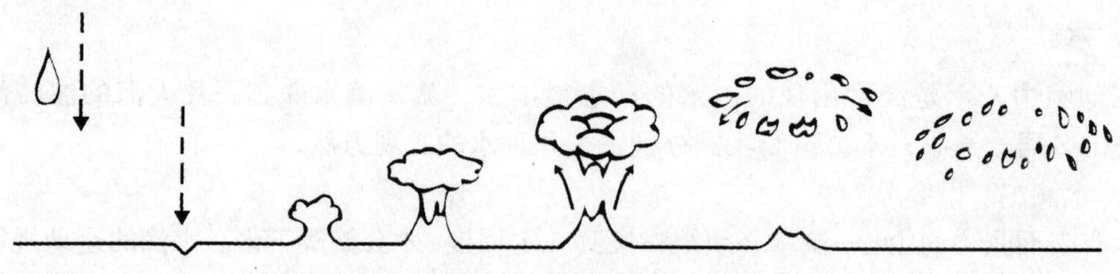

图3-74 水滴落到水面时溅起水花的过程

（3）石头落水时溅起的水花

石头落水时溅起水花的过程，如图 3-75 所示。

图3-75　石头落水时溅起水花的过程

(4) 人跳水时溅起的水花

人跳水时溅起水花的过程，如图 3-76 所示。

图3-76　人跳水时溅起水花的过程

(5) 一桶水倒入水中溅起的水花

一桶水倒入水中溅起水花的过程，如图 3-77 所示。

图3-77　一桶水倒入水中溅起水花的过程

3）水波

物体落入水中，会在水面形成一圈又一圈的波纹。水禽游动，船只行驶，会在水面形成人字形的波纹。微风吹来，平静的水面会形成美丽的涟漪。

（1）圈形波纹

物体落入水中造成的波纹，是由中心向外扩散，圆圈越来越大，然后逐渐分离消失，如图 3-78 所示。

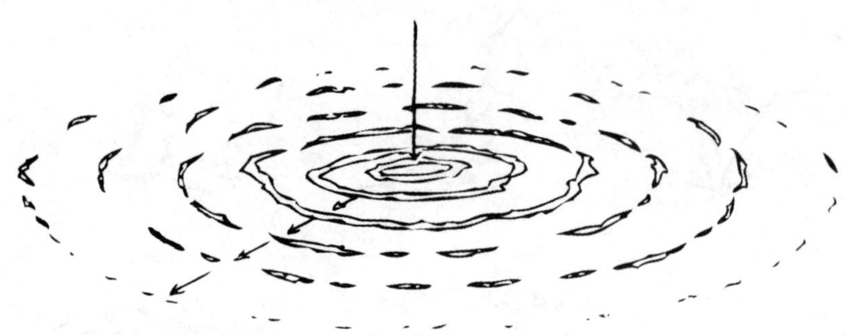

图3-78　圈形波纹

（2）人字形波纹

物体在水中行进时，划开水面，形成人字形波纹，如图 3-79 所示。

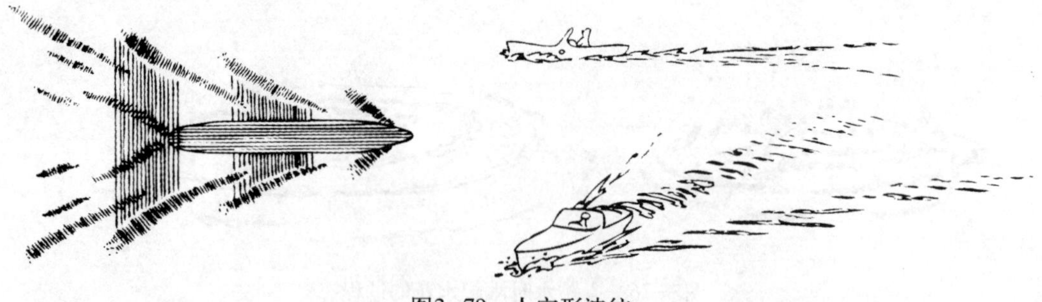

图3-79　人字形波纹

（3）涟漪

微风吹来，掠过静止的水面，风与水面摩擦，形成涟漪。如果风再吹向涟漪的斜面，

就成为小的波浪。表现这种波纹最简单的方法就是画几条波形曲线，按曲线运动的规律使a其活动起来，如图 3-80 所示。

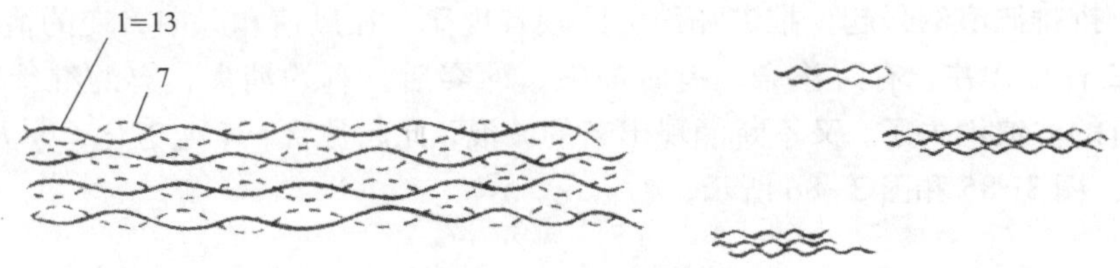

图3-80　涟漪效果

4）水流

水流的表现方法有三种，下面就来具体说明一下。

（1）通过平行波纹线的运动表现流水

为了加强其运动感，可在每一组平行波纹线的前端加一些浪花和溅起的小水珠，如图 3-81 所示。

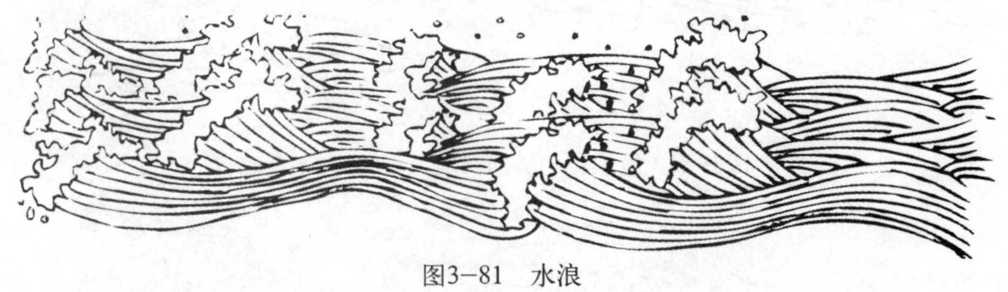

图3-81　水浪

（2）通过不规则曲线形水波的运动表现流水

通过不规则曲线形水波的运动可以表现流淌的水流，如图 3-82 所示。

（3）通过弧线及曲线形水波的运动表现流水

利用这种方法可以表现瀑布和漩涡等水流，如图 3-83 所示。

图3-82　流淌的水流　　图3-83　瀑布和漩涡

5）波浪

江河湖海中的波浪是由千千万万排变幻不定的水波组成的。在风速和风向比较稳定的情况下，一排排波浪的兴起、推进和消失比较有规律。在风速和风向多变的情况下，大大小小的波浪有时合并，有时掺杂，有时冲突。冲突后，有的消失，有的继续存在，乘风推进。原有的波浪消失了，又不断涌现出新的波浪，此起彼伏，千变万化，令人眼花缭乱，如图 3–84、图 3–85 和图 3–86 所示。

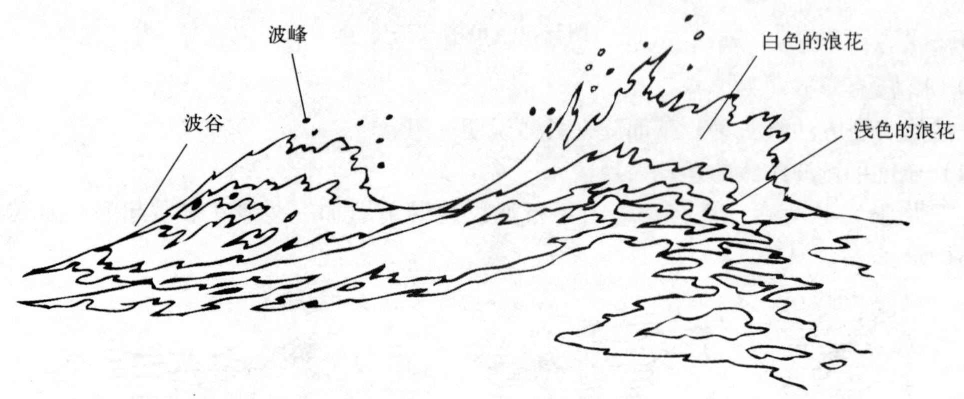

图3–84　波浪像起伏的群山，有波峰、波谷

图3–85　波浪的运动线

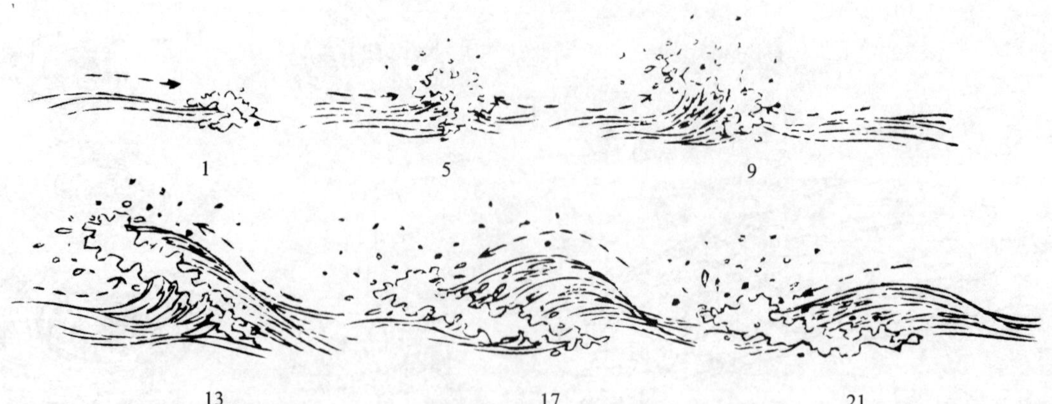

图3–86　海浪

图3−86　海浪（续图）

6）倒影

在波涛汹涌的水面上，看不见倒影。动画片中，主要是物体反映在微波荡漾的水面上的倒影。这种倒影，有两种表现方法：一种是在拍摄时用水纹玻璃的特技方法制造倒影；另一种就是用动画把倒影晃动的过程一张张地画出来，如图 3−87 所示。

图3−87　倒影

7．云和烟

1）云

云的外形可以随意变化。在一般动画片中，云大多是画在背景上的。云或雾也可以用喷笔在化学板上喷成云块，在拍摄时，逐个缓缓移动，产生浮云飘动的效果。在某些动画片中（如《大闹天宫》），因为剧情的需要，云也可以用动画来表现，云的形态可以随意变化，但必须运用曲线运动的规律。在另一些动画片中，也可以将云夸张成拟人化的角色，但动作必须柔和缓慢，如图 3−88 和图 3−89 所示。

图3-88　云团翻滚效果

图3-89　动态云

图3-89 动态云（续图）

2）烟

烟是物体燃烧时冒出的气状物。由于燃烧物的质地或成分不同，产生的烟也会有轻重、浓淡和颜色的差别。动画片中的烟分为浓烟和轻烟两种。

(1) 浓烟

如烟囱里冒出的浓烟，火车头里冒出的黑烟或排出的蒸汽，房屋燃烧时的滚滚浓烟等。浓烟的密度较大，形态变化较少，大团大团地冲向空中，也可以逐渐延长、尾部可以从整体中分裂成无数小块，然后渐渐消失。运动规律类似云，动作速度可快可慢，视具体情况而定，如图 3-90 所示。

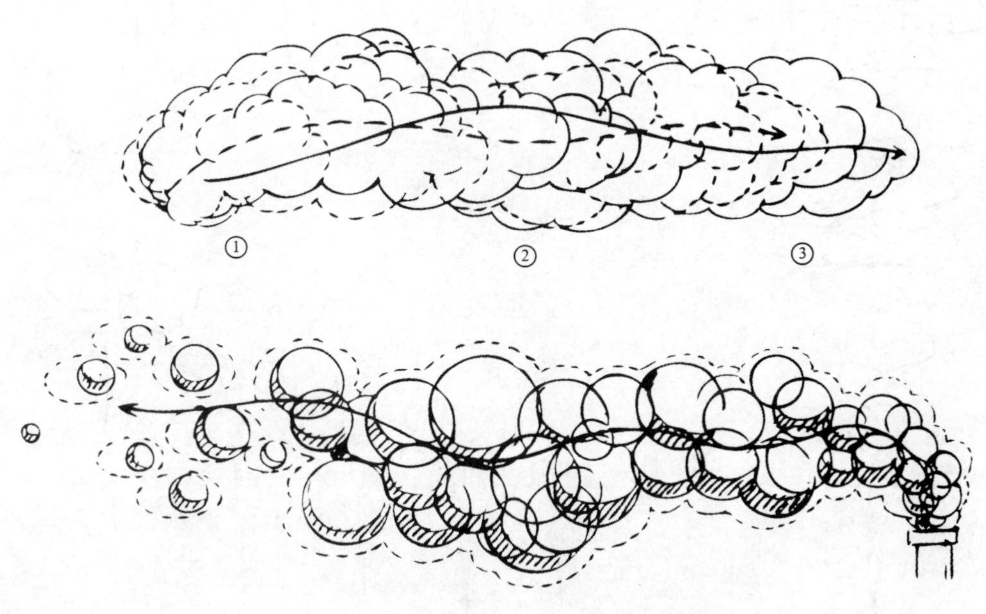

图3-90 浓烟

（2）轻烟

如烟卷、烟斗、蚊香或香炉里所冒出的缕缕青烟。轻烟密度较小，随着空气的流动形态变化较多，容易消失。画轻烟漂浮动作时，应当注意形态的上升、延长和弯曲的曲线运动变化。动作缓慢、柔和，尾端逐渐变宽变薄，随即分离消失，如图 3-91 和图 3-92 所示。

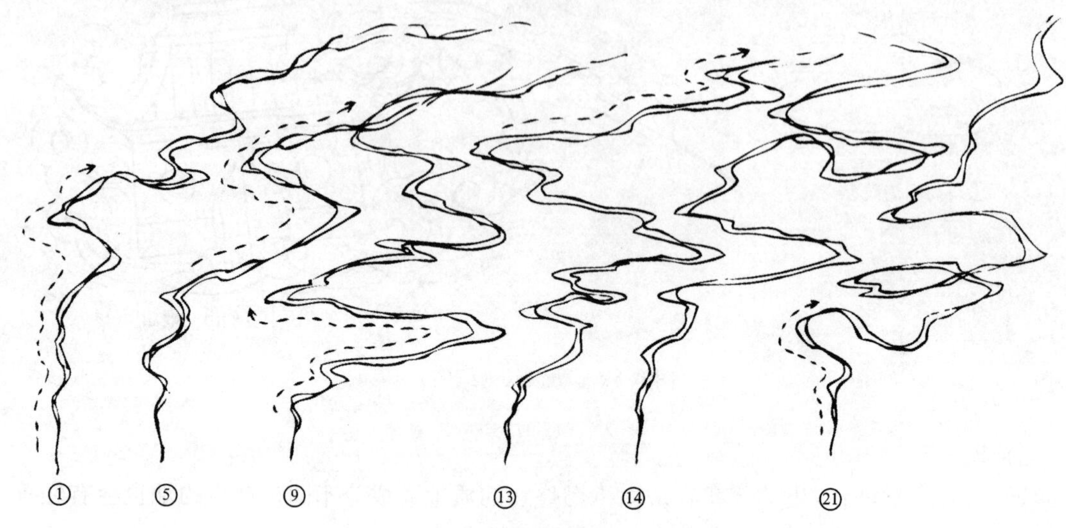

图3-91　轻烟漂浮的动画

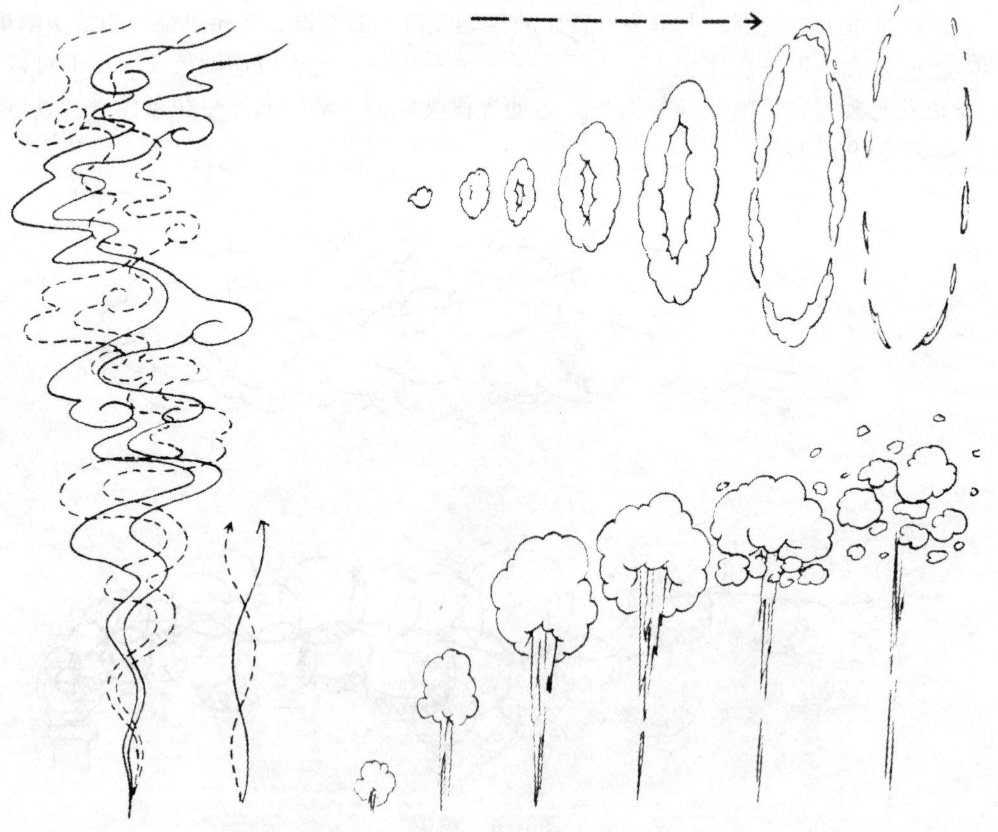

图3-92　轻烟的几种形态

8．爆炸

有些物质在受热或者燃烧时，体积突然增大千倍以上，这时就会发生爆炸。爆炸是突发性的，动作猛烈，速度很快。动画片表现爆炸，主要从以下三个方面进行描绘。

（1）强烈的闪光

闪光的过程很短，一般只需 8 ～ 12 格，表现闪光主要有三种方法：

① 用深浅差别很大的两种色彩突变，表现闪光的强烈效果。这种方法与表现闪电的方法类似，如图 3–93（a）所示。

② 放射形闪光出现后，从中心撕裂、迸散，也可表现散光的强烈效果，如图 3–93（b）所示。

③ 用扇形扩散的方法表现闪光，可分为浓淡几个层次。闪光的色彩由于爆炸物所含的成分不同而各异，有白沙色、黄色、蓝紫色等，如图 3–93（c）所示。

图3–93　表现闪光的三种方法

（2）炸飞的各种物体

炸飞的各种物体包括爆炸物本身的碎片、沙石尘土以及剧情规定的被炸物体等。

炸飞的各种物体由爆炸中心沿抛物线向四周扩散。其速度除因各种物体本身的体积、重量不同而有差别外，开始飞出时速度都比较快，接近最高点时速度减慢，降落时又逐渐加快。场面大、距离远时速度慢，往往长达数秒才降落下来；场面小、距离近时速度快，只需几格就可以飞出画面。

设计动作时，可以先画出炸飞的主要物体的运动线，并确定飞起的先后顺序。为了表现纵深感，还要确定哪些物体飞起时由小到大，哪些由大到小，如图 3–94 和图 3–95 所示。

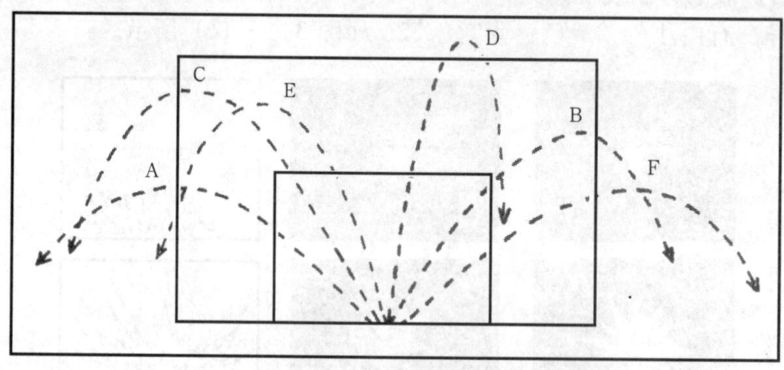

图3–94　被炸物的运动轨迹

图3–95　被炸物的运动示意图

(3) 爆炸时的烟雾

由于爆炸物内所包含的产生烟的物质不同，爆炸时烟雾的颜色也不一样，有白色、黄色、青灰色等。烟雾的运动规律是在翻滚中逐渐扩散、消失，速度比较缓慢，如图 3-96 和图 3-97 所示。

图3-96 爆炸后烟雾的变化

图3-97 一组爆炸的动画图例

通过从“爆炸的闪光”、“被炸物体”和“弥漫的烟雾”三方面来表现爆炸，就可以达到完整的爆炸效果。要注意三者之间时间速度上的合理搭配。

课后练习

一、填空题

(1)人走路的特点是________。

(2)人跳跃动作由________、________、________、________、________等几个动作姿态所组成。

(3)在动画片中，表现风的方法大体上有________、________、________和________四种。

(4)大体上，把火焰的基本运动状态归纳为________、________、________、________、________、________和________七种。

(5)可以通过________、________和________三方面来表现爆炸，从而达到完整的爆炸效果。

二、实际操作题

(1)练习人走路动作中间画(一般的走路和不同情绪走路的动画)。

(2)练习人奔跑动作的动画(快跑和慢跑)。

(3)练习人跳跃动作的动画(朝前跳跃和原地跳跃)。

(4)练习鸡走路的动画。

(5)练习麻雀飞行和跳步的动画。

(6)练习火的动画。

(7)练习水的动画。

(8)练习爆炸的动画。

3.3 力学原理在动画中的应用

自然界的一切物体都是因为受到力的作用才会产生运动。同时，物体在运动过程中又会受到各种反作用力的影响和制约，使其运动状态发生各种各样的变化。

人体的运动是自身使用力量所产生的。当人(包括动物)的作用力支配肌肉收缩时，便产生了动力，人就能做出各种动作姿态。可是人体在运动时，由于受空气的阻力、地心引力、地面摩擦力及惯性、弹性等反作用力的影响，人的动作形态和速度就会发生变化。动画片中就是根据力学原理，把作用力和反作用力、加速度与减速度等物理现象具体运用到动作设计中去，并且加以充分地发挥，使画出来的动作产生特殊的效果，形成了动画片中动作本身的特性。

3.3.1 作用力与反作用力

在实际生活中，当一个物体受到力的作用时就会从静止状态开始产生运动。在运动过程中的物体又会受到阻力、引力、摩擦力等反作用力的影响产生运动方式和运动速度上的改变。例如，被人用力抛出去的皮球受到作用力支配，便会在空中朝前运动。但皮球在空

中因为受到空气阻力（反作用力）的影响，前进的动力就会减弱，速度就会减慢。当作用力逐渐消失，球体受到地心引力（反作用力）的制约，便沿抛物线运动方向落向地面。

又例如，打台球时，台球球体被球杆用力推出，便会沿直线向前滚动（作用力）。由于受到桌面摩擦力（反作用力）的影响，球体前进速度就会逐渐减慢。如果碰到桌子边框的阻挡（反作用力），便会终止前进产生反弹（反作用力），球体会改变角度向另一方向弹出，如图 3–98 所示。

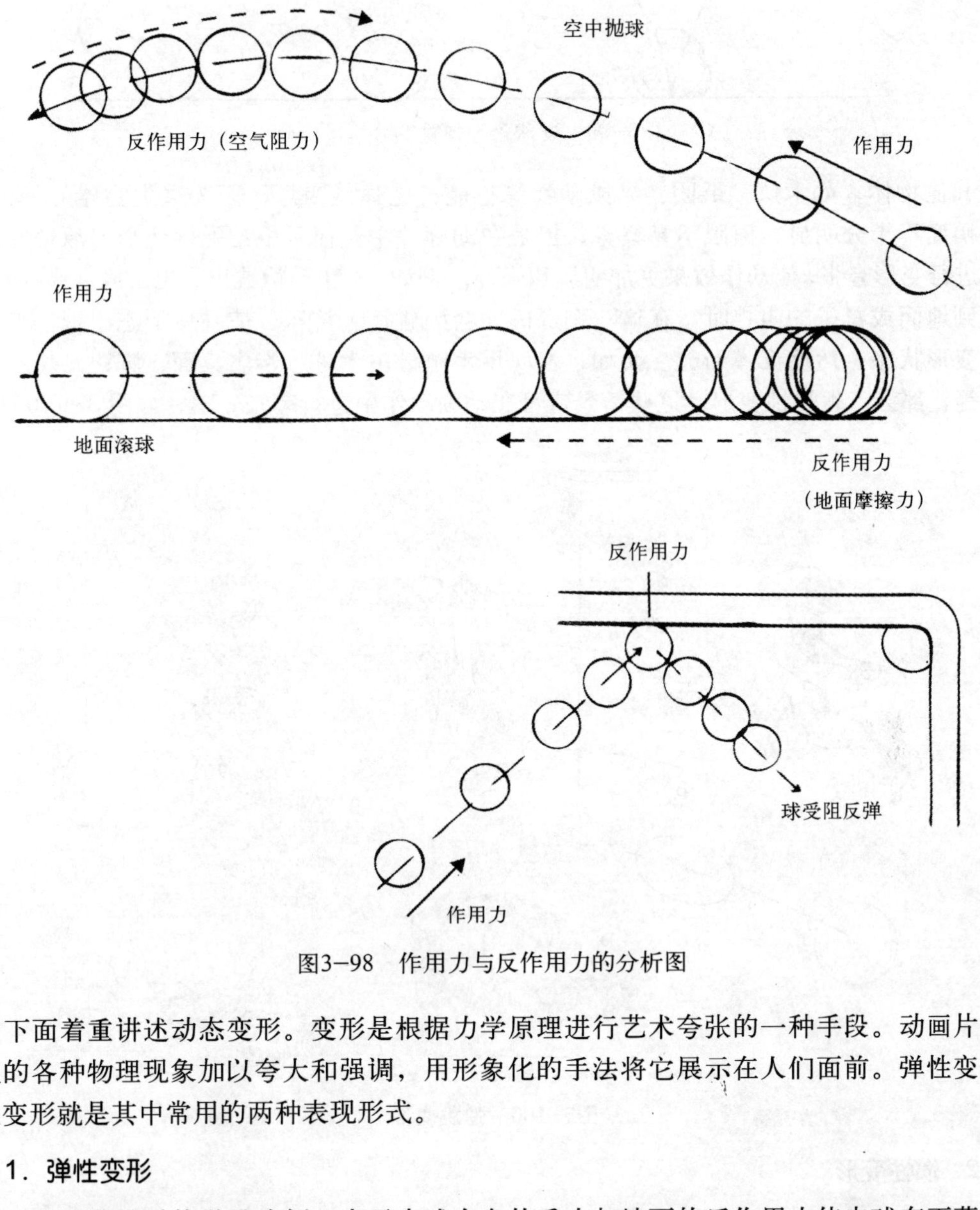

图3–98　作用力与反作用力的分析图

下面着重讲述动态变形。变形是根据力学原理进行艺术夸张的一种手段。动画片把生活里的各种物理现象加以夸大和强调，用形象化的手法将它展示在人们面前。弹性变形和惯性变形就是其中常用的两种表现形式。

1. 弹性变形

以皮球落地时的弹跳为例，由于皮球自身的重力与地面的反作用力使皮球在下落着地时产生弹跳运动。皮球受到地面的撞击，在弹跳过程中就会改变原有的形态，产生压扁、拉长等变形状态，即弹性变形。弹性变形又由于物体的质地、重量和受力的大小不同，所产生的弹跳力及变形幅度也会有差异。皮球是橡皮质地，里面又充足了气体，在运动中突然受阻之后，所产生的弹力大、弹得高，并且可以连续弹跳多次后才会停止，如图 3−99 所示。

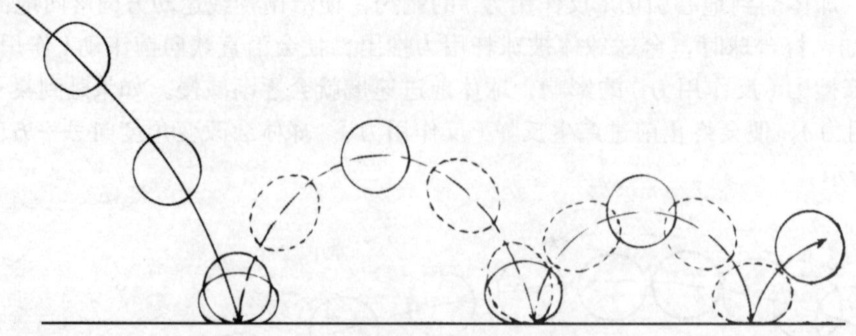

图3−99　皮球落地弹跳的分析图

其他物体，如木块、纸团、人或动物等也能产生弹性变形，因为这类物体的弹力小，变形幅度不十分明显，肉眼不易察觉。但是在动画片中，便可根据弹性变形的原理对动作姿态进行变形夸张，使动作效果更加明显和强烈。例如，人和动物被用力甩出或从高处跌落，当受到地面或桌子的阻挡时，在这一刹那间便会因碰撞、挤压，使身体形态出现压扁、膨胀等变形状态，然后反弹而起。又如，表现用木锤敲击木桩、拳击桌面、脚踢足球、碰撞墙壁等，都会产生弹性变形。这些情景皆可在动画动作中进行夸张处理，如图 3−100 所示。

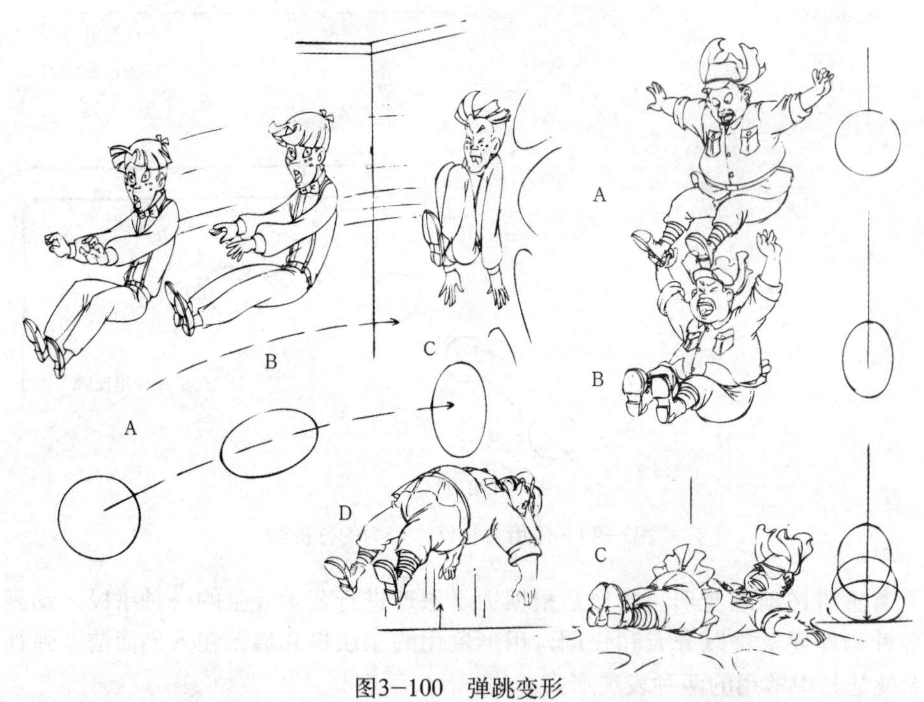

图3−100　弹跳变形

2．惯性变形

一个物体突然受力的作用，从静止状态开始运动，或运动着的物体突然静止，这时便会产生惯性。根据力学的惯性原理，夸张形象动态的某些部分称为惯性变形。在动画片中，常常运用惯性变形手法强调运动特征，突出动作效果。例如，大小相叠的两块木块，当快速向前运动着的大木块突然受阻终止运动，上面那块小木块由于惯性作用便会继续按原来的方向朝前冲出。又如，一辆急驰中的汽车突然急刹车，由于轮胎与地面产生的摩擦力使车轮变成朝前倾斜的椭圆形，车身的顶部由于惯性的作用便会向前倾斜，产生变形状态，这就是在动画片的动作中运用惯性变形造成急刹车时的强烈效果。还有，人或动物在奔跑中突然停止，身体也会由于惯性产生一股冲力，先前倾，然后停止。飞出的匕首突然插入木板，匕首柄便会产生压缩、膨胀的惯性变形，然后恢复常态。惯性动作和惯性变形的图例，如图 3-101 所示。

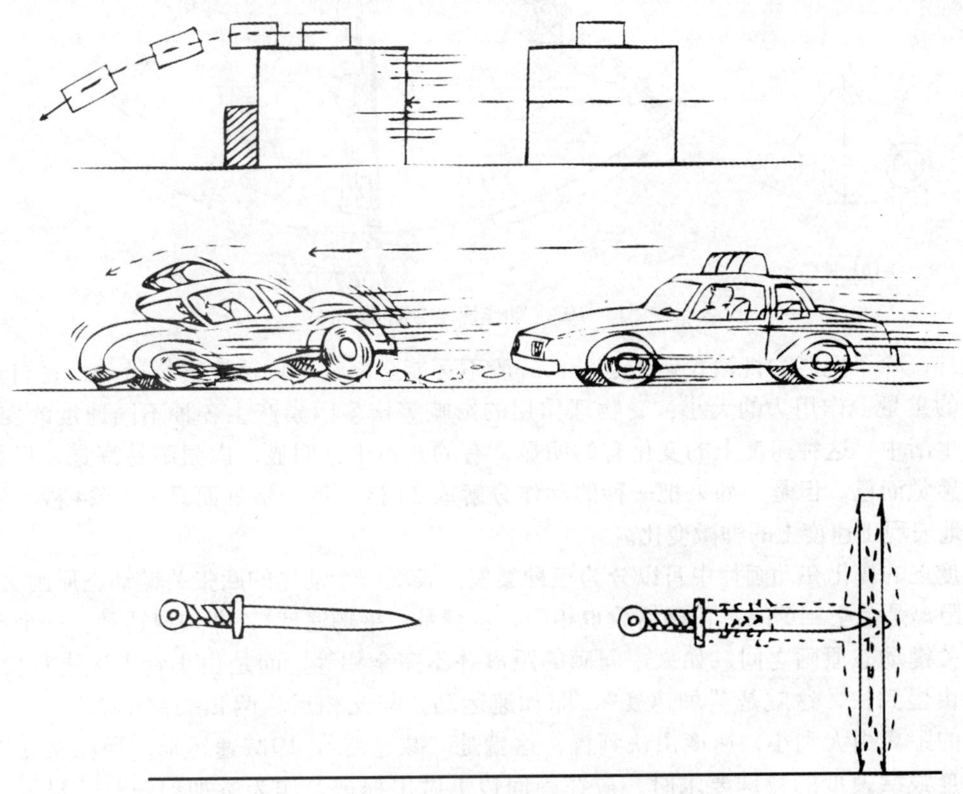

图3-101　惯性动作和惯性变形图例

以上这些例子说明了在动画片动作设计中，如何应用弹性和惯性等力学原理，采取夸张、变形这一特殊的手段以求强调动作效果，突出运动特征，给人产生强烈的印象，使动画片中的动作更生动、更有特色。

3.3.2　加速度与减速度

运动物体受力的支配，受力大的物体运动速度就快；受力小的物体运动速度就慢。另外在相同距离中，运动物体所占用的时间短，它的速度就快；相反，占用的时间长，速度就慢。在动画片中，以每秒24格作为计算标准，物体运动速度快，占用的格数就少；物体运动速度慢，占用的格数相对就多。

对于动作速度的研究和掌握是原画设计动作时必不可少的一门学问。应当了解自然界各种力量在相互影响、消长过程中，当某一种主要作用力在消失，另一种作用力又将起主要作用时，其中一刹那间，各种作用力暂时平衡，然后又是一种作用力替代前一种作用力起主要作用，平衡是短暂的。例如，钟摆及荡秋千的运动就是这种现象的例子，如图 3-102 所示。

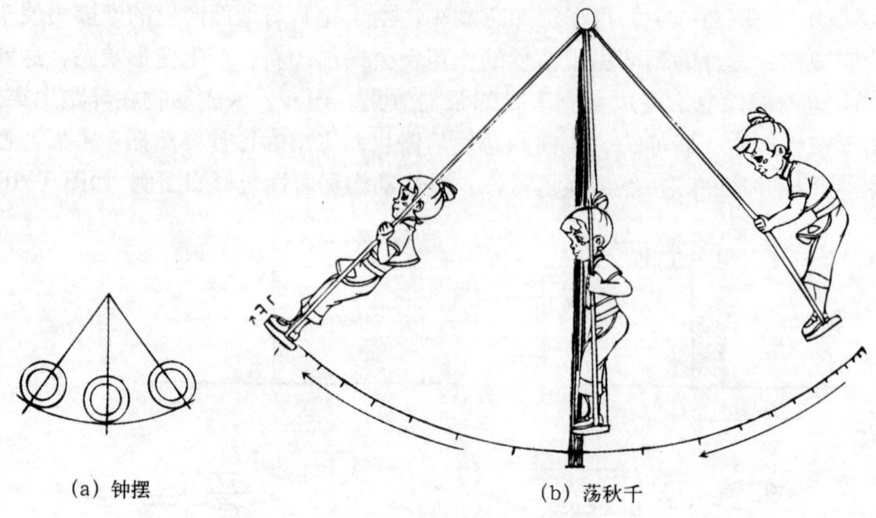

(a) 钟摆　(b) 荡秋千

图3-102　动作速度分析图

此外，除了机器的机械式运转之外，一般不可能全部是平均速度进行运动。它们会根据自身的重量、作用力的大小、受物理作用的影响等诸多因素产生各种不同速度的变化。在日常生活中，这种速度上的变化有的明显，有的并不十分明显，肉眼不易察觉，只是产生一些感觉而已。但是，如果把一秒的动作分解成 24 格，每一格画面只占 1/24 秒，就可以充分地表现出速度上的细微变化。

速度上的变化在动画片中可以分为三种类型。表现一个动作的两张关键动态原画之间，中间画距离是完全相等的，拍摄格数也相同，这就是“平均速度”，即匀速运动。一个动作的两张关键动态原画之间，如果中间画的距离并不完全相等，而是由小到大地进行变化，速度是由慢到快，这就是“加速度”，即加速运动。与此相反，两张关键动态原画之间，中间画的距离由大到小，速度由快到慢，这就是“减速度”，即减速运动。原画在处理动作加速度或减速度的特殊要求时，应在画面边上做出标记，作为添加动画时的提示，如图 3-103 所示。

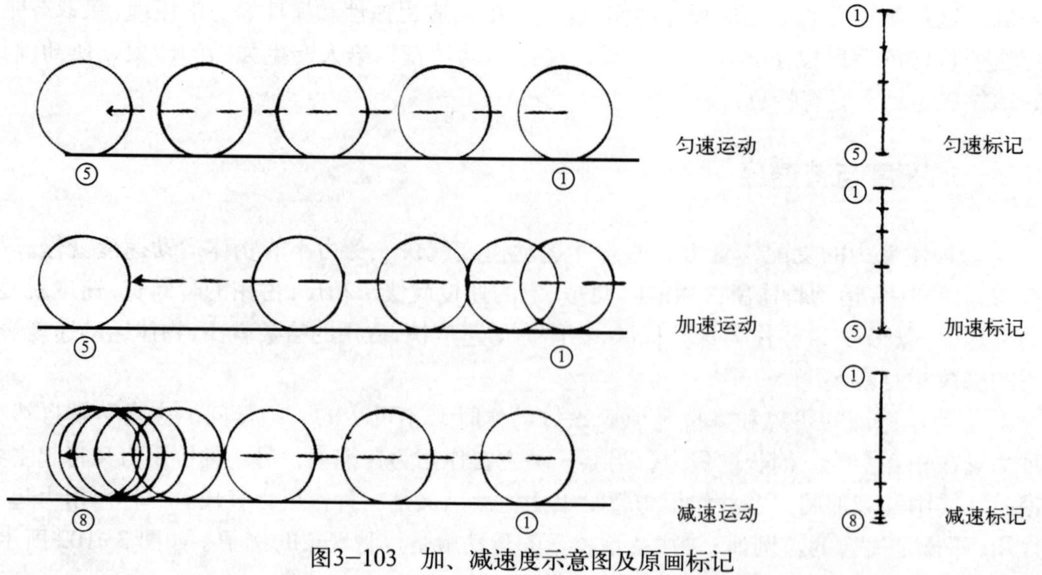

图3-103　加、减速度示意图及原画标记

1．加速度

表现一个自由落体下落到地面，由于物体自身重量及地心引力的作用就会产生加速运动。如果直立的一根木块向地面倾倒，它的速度就会逐渐加快，直到倒在地面上才停止。一个跳水运动员从高台跳入游泳池中，他的动作就是加速运动。在动画片中，凡是表现使用力量较大的某些动作，强调力的突然增长，速度均为由慢到快。例如，人的突然起跳、用力出拳击打目标、举起斧头劈柴，以及狮子猛扑猎物、兔子突然逃窜等，都应运用加速度的处理方法，动作效果才会显得有力度。加速度动作如图 3-104 所示。

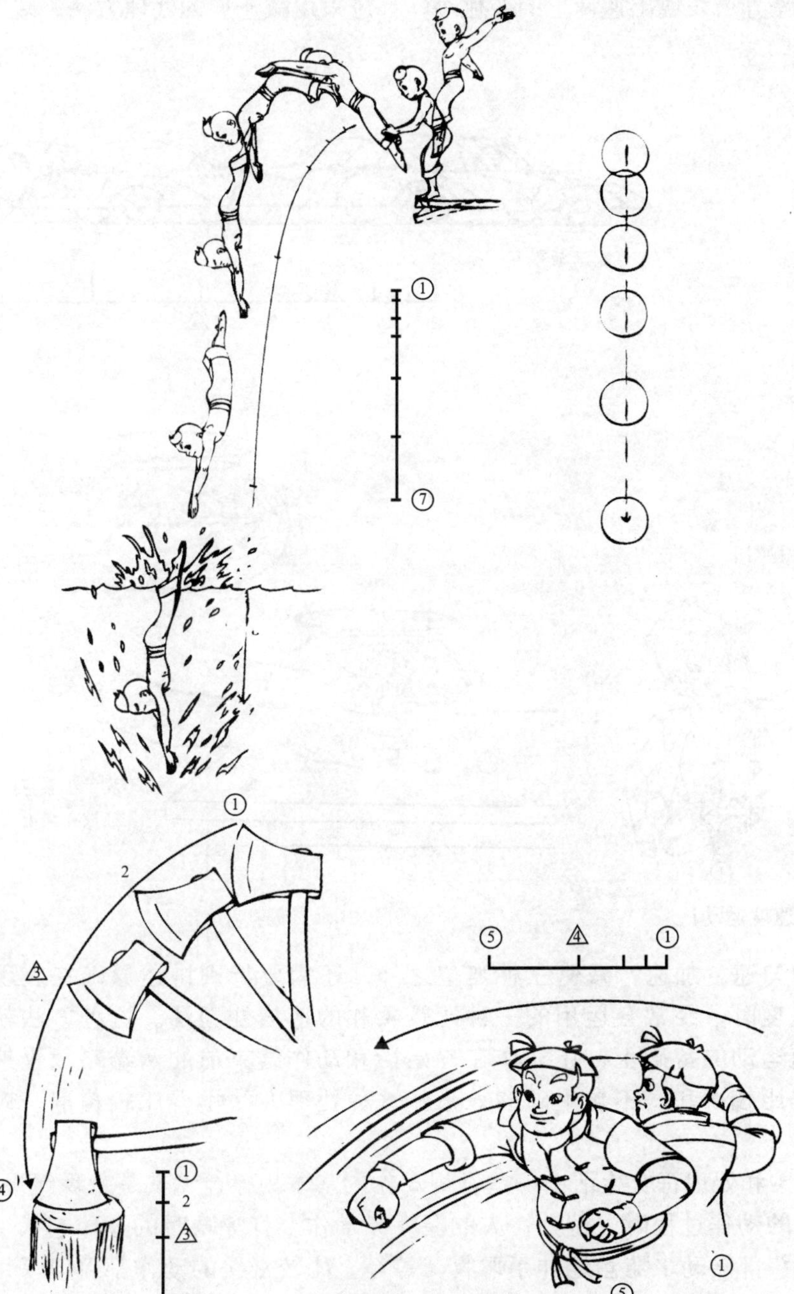

图3-104　加速度动作

2. 减速度

一个球体被抛出之后在地面上向前滚动，由于受到空气阻力及地面摩擦力的影响，运动速度就会逐渐减慢，直到作用力消失而停止运动。用力向上抛出的帽子由于受到地心引力的作用，运动速度便会逐渐减弱，就是减速运动，如图 3-105 所示。

动画片中所表现的减速运动常常运用于一个强烈动作开始之前的积聚力量阶段，或者表现一个大的动作在即将结束之时，力量渐渐减退到完全停止运动的状态，以及一个人十分小心地用双手放下一件易碎物品时的动作。另外，用于处理运动物体由近而远的透视变化，或者显示距离上差异所表现出速度上的变化等，都应采用减速度的处理方法。减速度运动如图 3-106 所示。

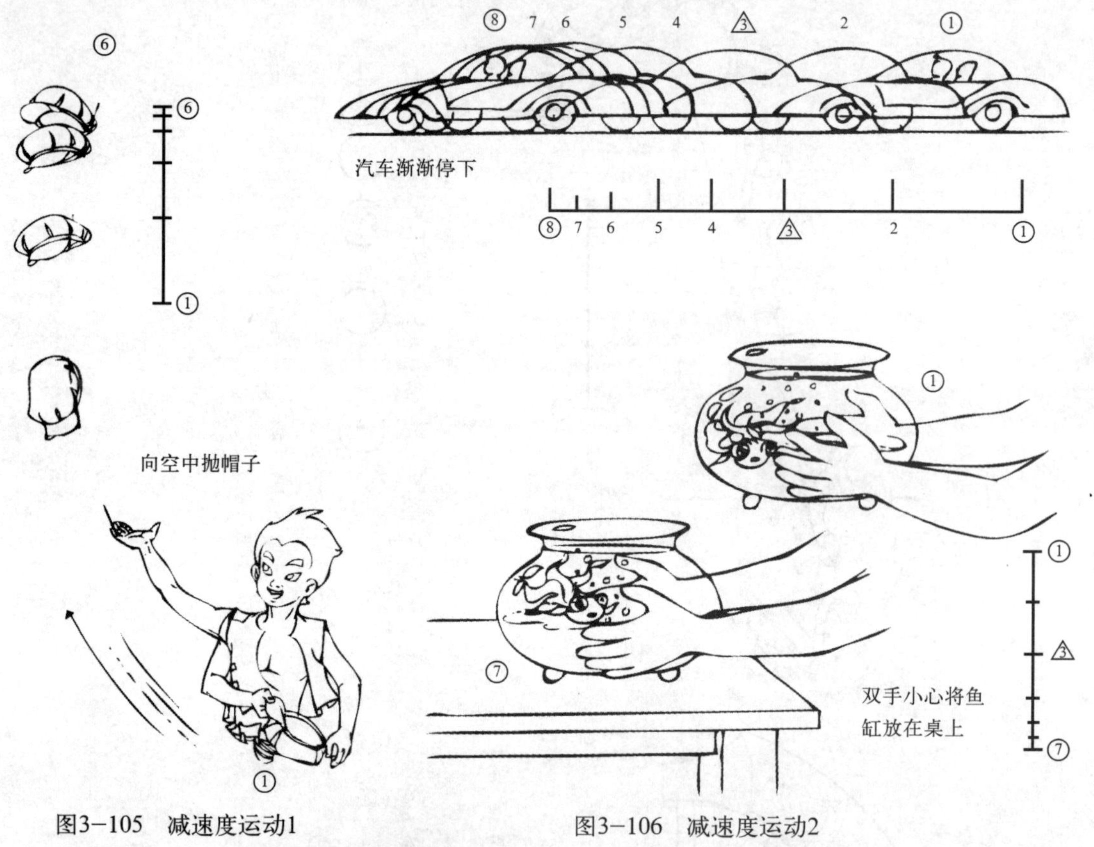

图3-105　减速度运动1　　图3-106　减速度运动2

除了动作的匀速、加速、减速三种类型之外，还需要特别讲述原画在表现某些动作的中间过程速度时，经常会运用的一种比较柔和的速度处理法。这种方法就是一个动作过程在匀速运动的基础上，让动作在开始后和动作结束前的两端略放慢速度，以求达到动作进程比较柔和、不显生硬的效果。这种处理方法用得比较普遍，应该熟练掌握。

动作速度的柔和处理符合生活中一些常规动作的基本规律，尤其是表现缓慢、柔和、随意等非强烈性的动作过程时。例如，人的深呼吸动作；打呼噜时的身体起伏；欣赏景色时举目四望的头部转动；随意地伸手取物，等等。比较舒缓的动作都可以采用这种处理方法。具体做法是：如果是一个较快的动作，两张原画为①和⑦，中间需加五张动画，

便可运用中间先加三张等分动画，然后再在靠近原画的两头再各加一张等分动画，如图 3−107（a）所示。表现一个稍慢的动作，如两张原画①和⑨之间需加七张动画，可以先加三张等分中间画，然后在靠近原画的两头，再各增加两张两次等分的动画，如图 3−107（b）所示。又如一个较慢的动作，两张原画是①和⑩，中间需加九张动画，便可先加七张等分中间画，然后在靠近原画的两头再各增加一张等分中间画，如图 3−107（c）所示。

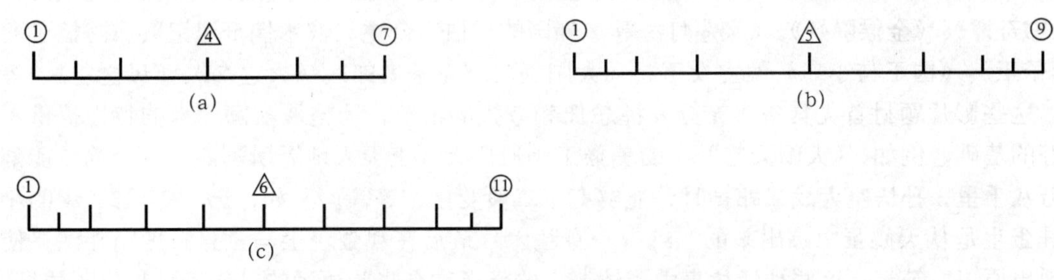

图3−107　柔和速度处理的3种标记

总之，原画准确地运用了速度上的各种变化，便能使动作强弱分明，快慢有序，更有节奏感和感染力。

课后练习

一、填空题

（1）动画片把生活里的各种物理现象加以夸大和强调，用形象化的手法将它展示在人们面前。________和________就是其中常用的两种表现形式。

（2）在动画片中，速度上的变化可以分为________、________和________三种类型。

二、实际操作题

通过一组动作来理解加减速度，区分它们在时间节奏上的不同，如乒乓球的弹跳等。

3.4　动画片中的特殊技巧

动画片是一种假定性的电影艺术。它不追求逼真性，而是运用虚构、幻想、神似、变形、夸张等手法，反映人们的生活、理想和愿望。因此，动画片常常是以表现生活中人们的意愿和想像为题材，经过提炼加工从而得到升华。

由于动画片经常采用神话、童话、寓言、民间传说、科学幻想、幽默小品等各种样式的文学作品，通过夸张或怪诞的形式加以体现，所以剧情和动作的虚拟与夸张便成为动画艺术的一种特殊手段，使影片生动活泼、妙趣横生，博得广大观众的喜爱。原画制作者作为影片的动作设计和主要绘制者，应当懂得夸张和想像在动画片中所起的作用，掌握并运用夸张这一特殊技巧，将动作设计得更有特色。

3.4.1 夸张

动画片中的夸张，大体上可以分为以下六种。

1. 情节的夸张

动画片导演在选择题材确定剧本时，一般都挑选适合发挥动画特性的故事内容，将它拍摄成动画影片，国内外都基本如此。以一些动画片为例：我国的《大闹天宫》、《哪吒闹海》、《天书奇谭》、《金猴降妖》、《宝莲灯》等；外国的《白雪公主》、《木偶奇遇记》、《阿拉丁》、《狮子王》、《国王与小鸟》、《雪女王》、《太阳剑》、《龙子太郎》、《火之鸟》、《风之谷》，等等。这些影片题材首先具备了充分发挥想像和夸张的情节，为施展动画艺术的特性提供了良好的基础。例如，《大闹天宫》中的美猴王神通广大，上天入地无所不能，一个筋斗能翻十万八千里，孙悟空大战二郎神时，能够七十二般变化，等等。又如，《天书奇谭》中的小娃娃蛋生是从天鹅蛋中蹦出来的，练得一身法术，最后在观景台上与三只狐狸精斗法，使其现出原形，等等。这些神话故事中，情节上的怪诞和夸张为原画的动作设计提供了依据，打开了创作思路。这就需要原画充分运用夸张的技巧，将剧情内容和角色动作丰富生动地表现出来，如图 3-108 所示。

图3-108　孙悟空跃身变仙鹤的原画

2. 构思的夸张

原画根据剧本中的文字描述和导演要求，如何运用形象化的手段来表现，这就要在创作构思上运用想像和夸张的技巧进行二度创造。例如，在《大闹天宫》中，表现孙悟空从百丈瀑布后的水帘洞中出场。如何运用夸张的特性表现这一情景呢？为了显示猴王出场的神奇和威武，原画经过构思设计了一群小猴分别站立在瀑布前的石梁上。为首的两个猴兵手中各执一把月牙长叉，从中心将飞流直下的瀑布挑起，然后两股水流像幕帘一样，顺着月牙叉口齐齐朝两旁分开，逐渐显露出瀑布后面的水帘洞口。这一构思既符合剧情的要求，又充分发挥了动画片的特性，为美猴王的出场增添了神奇的色彩。又如，在《金猴降妖》中，白骨精变成村妇愚弄猪八戒的演变，在舞台上角色的当场演变，一般是采用燃放一股烟火，然后在烟雾中更换另一个角色上场。用“障眼法”是出于舞台变幻的局限，而在动画片中

形象的变幻则是自身的优势，但要变得新奇而不同一般，就必须在构思上进行夸张。原画在表现这段变化过程时运用了自然环境中一块石面覆盖着薄薄水流，好似一面镜子的巨石，白骨精站在镜石前不时舞姿弄态，石镜中映现出变幻无穷的怪异形象，时而分散，时而聚拢，犹如现代派的抽象绘画，光怪陆离，最后聚变成一位妖艳少妇。这段处理显示了变幻的神秘色彩，颇有新意，如图 3–109 所示。

图3–109 《金猴降妖》中白骨精在石镜前的变幻镜头

3．形态的夸张

这是原画在动作设计中常用的一种夸张技巧，为了表达角色动作的力量和精神状态上的鲜明效果，将形象姿态的局部或大部分夸大到常人难以做到的极限，在画面上表现出刹那间的强烈变形状态，给人留下较深的印象。例如，小孩用足力气拔萝卜，却无法将埋在土里的萝卜拔起，这时便可夸大其身体后仰，双臂的拉长变形，显示出用力过度的特殊效果。如图 3–110 所示。

图3–110 小孩拔萝卜，夸张双臂的极度拉长

又如，表现一个角色气壮如牛、不可一世的神态时，便可夸张他的上身极度膨胀，胸和肩超出常态几倍的宽度，如图 3-111 所示。当一个角色受到惊吓时，可夸张表现其体态拉长、脸形变窄、双眼圆睁。当表现一个体态肥胖的角色理亏词穷时，他的神态和体形可以像泄了气的皮球一样，迅速萎缩、瘫软、变形缩小。以上所举的几种例子都是说明在特定情景下，原画为了充分表现角色神情、体态上的强烈变化，运用形态夸张的动画技巧进行设计处理，以求得良好的效果。

图3-111　人物发怒，夸张上身极度膨胀

4．速度的夸张

除了上述在形态上的夸张之外，为了表现角色在动作速度上的特殊变化，动画片里不应拘泥于生活的真实，可以根据剧情的要求及动作设计的需要，超出真实动作所需时限的常规，快的更快、慢的更慢，以显示速度上的强烈对比，突出动作的效果。例如，表现角色像飞一样的奔跑或逃窜，画面上的角色不仅是画两条腿在奔跑，还可以出现无数条腿的虚影，夸张飞奔动作的极度快速。甚至还可以更为夸张地将它处理成角色身后拖着一股尘烟滚滚而去，角色形象淹没在一片烟雾之中。正如在文字中所描述的“一溜烟逃之夭夭”在动画动作中的形象化体现。慢的更慢同样是速度夸张的一种技巧。例如，表现角色醉酒之后，或者表现一个角色自我陶醉于飘然得意之中，那么他的身体站立不稳、左右摇晃的动作速度，可以夸张成比常规慢了几倍，甚至像完全失去了自身的重量，晃晃悠悠呈飘浮状态慢慢升起，最后突然摔落在地。上面几个例子说明原画在设计动作中，如何巧妙地运用速度上的夸张烘托和强化某些动作的特殊效果。速度上的夸张如图 3-112 所示。

5．情绪的夸张

动画片中常常会表现角色喜、怒、哀、乐等情绪上的各种变化。原画在处理感情上的变化时，除了对角色的动作姿态及脸部表情、外部形象进行夸张之外，还可以运用动画的特殊技巧，以比喻性或象征性的夸张手法进行处理。例如，文字上所形容的“怒发冲冠”，一个角色在情绪极度愤怒时，不仅表现怒目而视的表情，还可以形象化地将角色的头发顿

时竖起，同时将头上的帽子也高高顶起，然后落下。又如，形容“火冒三丈”，在动画片的动作中，表现一个角色大发脾气时，不仅在动作上挥动双拳，同时在他的脑袋上突然升起一团火苗，向上扩散。还有，表现一个角色极度悲伤时的嚎啕大哭，便可将他夸张成眼中泪水哗哗直流，或者泪水像洒水车那样从眼角里向两侧喷洒而出，等等。情绪上的夸张如图 3-113 所示。

表现小孩受惊后突然逃窜，为了强调动作的快速，可以夸张她窜逃时身后冒出一股烟尘，人物只需画一张就可以逃出画面，身后的尘烟可用 5 ~ 8 张动画消失

图3-112　速度上的夸张

(a) 人物火冒三丈。火的动画从升起到消失约 3 ~ 5 张，速度较快

(b) 小孩嚎啕大哭。眼泪从眼角喷洒而出，形成图上形态后，可画一套循环，使眼泪不停地喷出

图3-113　情绪上的夸张

6. 意念的夸张

另外，附带讲述与此有相似之处的意念夸张。意念上的夸张是为了表现角色主观意识

中的想像，在动画片中运用形象化的一种表达形式。例如，一个角色被某一目标深深地吸引，为了形象化地表现他的心态，便夸张地将角色的眼珠从眼眶中跳出，围着目标四面转悠，如图 3-114 所示。

小地主被眼前姑娘的美貌所吸引，夸张他的眼珠夺框而出，围着美女的脸四面转悠

图3-114　意念夸张技巧

又如，一个角色厌恶地看着对方滔滔不绝的讲话，此时，角色意念中感到对方从内心到外貌都像狼一样险恶，这时便可运用夸张的技巧把角色主观视线所看到的讲话人渐变成狼的外貌还在继续说话，然后再恢复常态，这就是意念的夸张。

上面所讲述的一些例子都是原画在创作中如何发挥动画片的特性，运用夸张的技巧加强表现情绪上的变化和意念中的想像所产生的特殊效果，而这种效果会使动画片的动作更加生动有趣、特点鲜明。

3.4.2 流线

在动画片里，流线作为夸张形象动作的速度或效果的一种特殊技巧，是原画在设计动作时经常运用的表现手法。流线一般可以分成两种类型。

1．速度性流线

这是根据生活中的实际现象加以夸张的一种流动线条。在日常生活里，物体在速度极快的运动过程中，人们的眼睛往往不易看清楚其具体的形象，只能看到物体模糊的虚影。例如，电风扇在快速转动的情况下，人们就看不清风扇叶的具体形状，只能看到扇叶飞转的虚影。动画片中表现运动的快速就是根据这一现象，运用流线的办法来处理的。例如，表现孙悟空快速挥舞棍棒，画面上可以出现无数根棍棒的虚影。表现小鸟急速扇动翅膀、人快速奔跑的双脚以及急驰中的摩托车风卷地面的沙土等，都可以采用速度性流线，如图 3–115 所示。

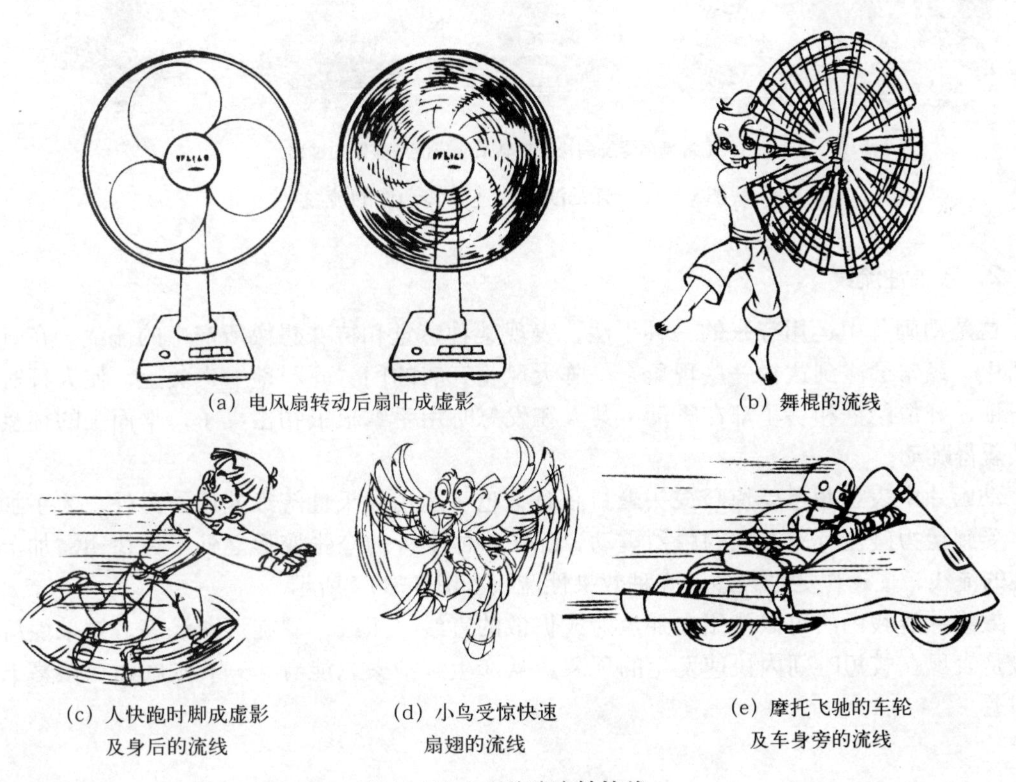

(a) 电风扇转动后扇叶成虚影　(b) 舞棍的流线

(c) 人快跑时脚成虚影及身后的流线　(d) 小鸟受惊快速扇翅的流线　(e) 摩托飞驰的车轮及车身旁的流线

图3–115　几种速度性流线

在原画进行动作设计时，速度性流线使用的范围比较广。例如，表现舞蹈演员快速转动身体时，在演员形象上逐步加上流动的线条，转动的形态由实到虚，逐渐消失，完全被夸张成一团彩色流动的线条所替代。这个由实到虚的变化过程一般需要 3 ~ 5 张画面，变虚之后还应该有若干张表现快速旋转的流线运动画面组成循环，反复使用，才能造成不断地反复旋转的效果，如图 3-116 所示。

(a) A 正常舞蹈姿态形象
B 变成流线后的虚影

(b) 从正常舞蹈姿态到快速旋转后变成流线虚影的过程

图3-116 舞蹈演员快速旋转动作的流线

2. 效果性流线

这是动画片中运用夸张的一种手法，表现某种感觉和特殊想像所产生的流线。在日常生活中，经常会碰到这样一些现象：一阵大风将开着的门“砰”地一声关上，使人顿时感到一怔，好像门框和房子都在震动；某人在发怒时用手掌狠狠拍击桌子，桌面上的杯盘器皿被震得跳动。

动画片中表现角色受惊吓或头晕目眩时，也可运用效果性流线处理。另外，为了加强物体受到猛力碰撞时所造成的强烈震动，除了形体本身的夸张变形之外，往往还需加上效果性的流线，使动作更加强烈。几种效果性流线如图 3-117 所示。

效果性流线画法可以使用向外放射或扩散的直线、弧线、螺旋形曲线等。效果性流线一般是表现在较短时间内快速发生的现象。从产生到消失只能有 4 ~ 6 张画面在银幕上一闪即逝。

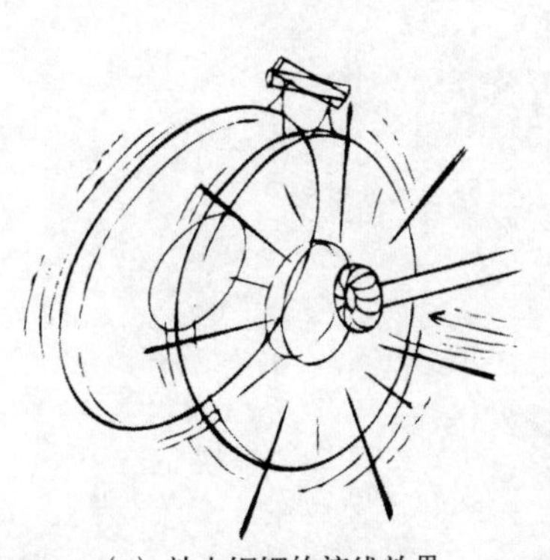

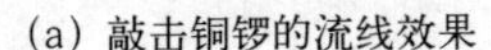

(a) 敲击铜锣的流线效果　　(b) 头晕昏倒的流线效果　　(c) 木棍击头的流线效果

图3-117　几种效果性流线

课后练习

一、填空题

（1）动画片中的夸张，大体上可以分为＿＿＿＿＿＿、＿＿＿＿＿＿、＿＿＿＿＿＿、＿＿＿＿＿＿、＿＿＿＿＿＿和＿＿＿＿＿＿六种。

（2）在动画片里，流线作为夸张形象动作的速度或效果的一种特殊技巧，是原画在设计动作时经常运用的表现手法。流线一般可以分成＿＿＿＿＿＿和＿＿＿＿＿＿两种类型。

二、实际操作题

通过一组动作来理解动画片中的夸张效果。

第4章 原画技法

原画（动画）制作者在一部动画片的绘制中担负着十分重要的创作任务，是每个角色动作的主要设计者。原画制作者不但要具有绘画和表演的才能，更重要的是必须熟练掌握原画创作的技法和理论，才能胜任这项复杂而又繁重的工作。本章将具体讲解这方面的内容。

4.1 原画创作的顺序

原画制作者在导演的统一领导下进行创作和绘制工作，工作的顺序可以分为“研究分镜头画面台本”、“熟悉角色造型和人物性格”、“掌握镜头画面的设计稿”、“领会意图和创建构思”、“动画分析和原画起草”、“计算时间并填写摄影表”、“动画检测和修正”和“导演通过”八个步骤。下面就来具体说明一下。

4.1.1 研究分镜头画面台本

导演的分镜头画面台本是设置动画片各道工序的工作蓝本。原画在绘制工作开始前，首先要仔细阅读分镜头画面台本，了解影片主题、故事情节、人物性格、艺术风格和镜头处理等导演的总体构思。对每一场戏、每一个角色的创作意图有一个全面的认识。然后，对导演所分配给自己的一场戏或一组镜头进行认真思考，构思一个较为完整的创作设想。经过同导演的交流和磋商，取得认可后方能进入具体的绘制过程。下面为动画片《烽火童年》中的一系列连续的分镜头台本。

SC（镜号）1　BG（背景）1　T（时间）8″　SC（镜号）　BG（背景）　T（时间）　SC（镜号）　BG（背景）　T（时间）

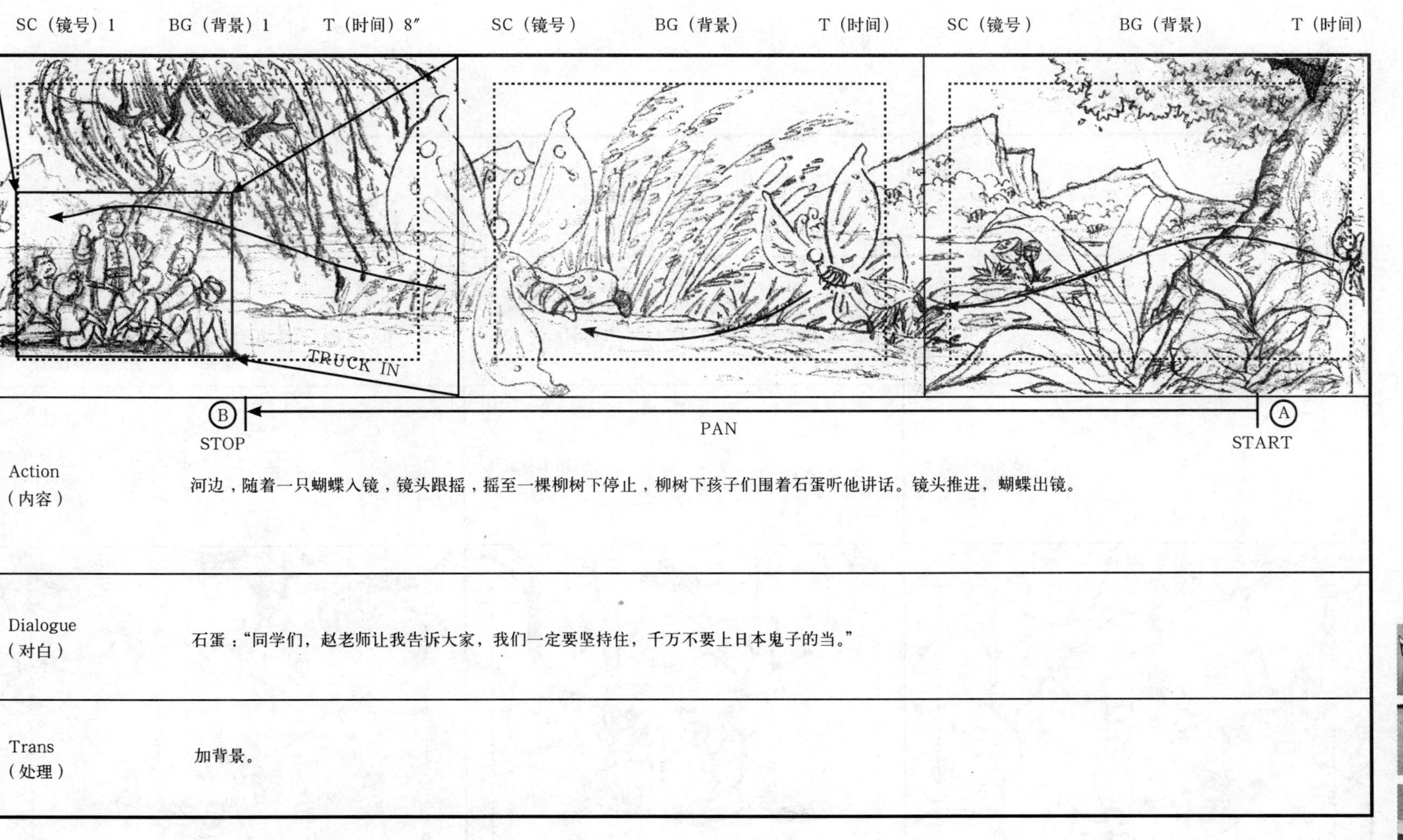

Action（内容）	河边，随着一只蝴蝶入镜，镜头跟摇，摇至一棵柳树下停止，柳树下孩子们围着石蛋听他讲话。镜头推进，蝴蝶出镜。
Dialogue（对白）	石蛋："同学们，赵老师让我告诉大家，我们一定要坚持住，千万不要上日本鬼子的当。"
Trans（处理）	加背景。

8″

SC（镜号）2　BG（背景）2　T（时间）3″	SC（镜号）3　BG（背景）3　T（时间）3″	SC（镜号）4　BG（背景）　T（时间）2″

Action（内容）　石蛋一本正经地说话。	石蛋继续说。	杏花激愤地说。
Dialogue（对白）　石蛋："要想办法继续学习我们中国人自己的文化，鬼子让我们学习日语。"	石蛋："学他们日本的文化，是想让我们忘掉自己是中国人，成为亡国奴，受他们奴役。"	杏花："妄想！"
Trans（处理）		

8″

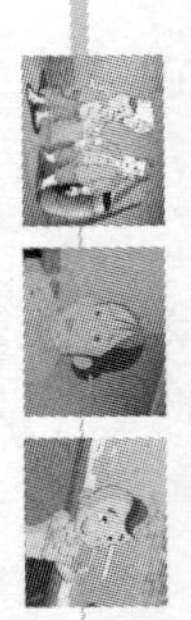

向上 SC（镜号）5　BG（背景）5　T（时间）1.5″	SC（镜号）6　BG（背景）6　T（时间）1.5″	SC（镜号）7　BG（背景）7　T（时间）4″
Action（内容）泥鳅也愤然地说。	二虎瞪大眼睛怒道。	石蛋激动地继续说。
Dialogue（对白）泥鳅："办不到！"	二虎："坚决不当亡国奴！"	画外其他同学的声音："对。" 石蛋："赵老师说，越是这样，我们就越不能丢掉我们中华民族自己的文化。"
Trans（处理）		后期 1.5″，加背景。

8.5″

	SC（镜号）8　BG（背景）8　T（时间）6″	SC（镜号）9　BG（背景）9　T（时间）1.5″	SC（镜号）10　BG（背景）10　T（时间）3″
Action（内容）	石蛋继续说。	众人点头。	石蛋兴奋地说，镜头随着拉开。
Dialogue（对白）	石蛋：“往后，我们要是不能像从前那样坐在教室里上课，也要想尽办法利用一切可以利用的机会抓紧学习，绝不能被小鬼子吓倒，大家听明白了吗？”	众人：“听明白了！”	石蛋：“那好！明天我们还照常到学校去上课。”
Trans（处理）	后期4″，加背景。	上色。	加背景，淡出画面。

SC（镜号）11　BG（背景）11　T（时间）7″　SC（镜号）　BG（背景）　T（时间）　SC（镜号）　BG（背景）　T（时间）

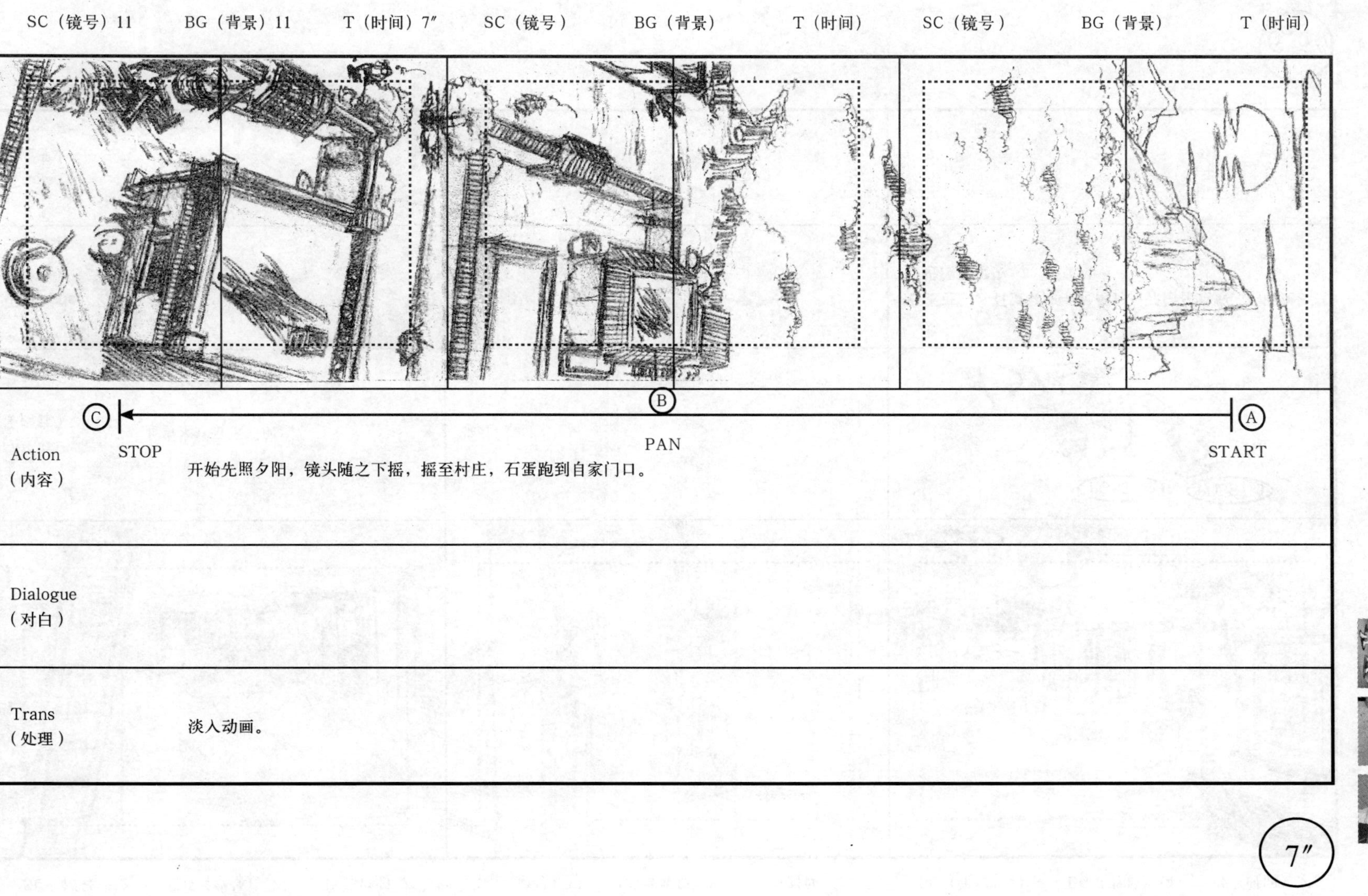

Ⓒ STOP　　Ⓑ PAN　　Ⓐ START

Action（内容）：开始先照夕阳，镜头随之下摇，摇至村庄，石蛋跑到自家门口。

Dialogue（对白）：

Trans（处理）：淡入动画。

7″

	SC（镜号）12 BG（背景）12 T（时间）2″	SC（镜号）13 BG（背景）13 T（时间）1.5″	SC（镜号）14 BG（背景）14 T（时间）3″
Action（内容）	石蛋来到自家门前。	推开门。	POSE 2 POSE 3
Dialogue（对白）			石蛋进门，石蛋家的半大花狗一开始在睡觉，后听见石蛋进门竖起头。
Trans（处理）			

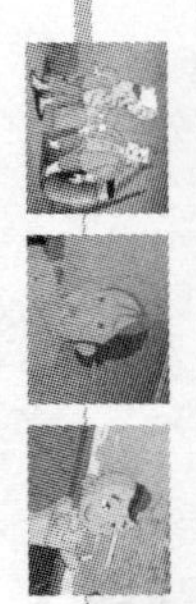

SC（镜号）14　BG（背景）　T（时间）	SC（镜号）15　BG（背景）15　T（时间）2.5″	SC（镜号）15　BG（背景）　T（时间）
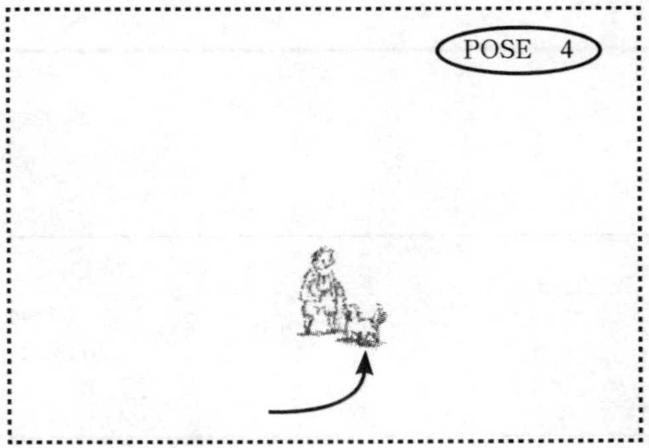 POSE 4		 POSE 2
Action（内容）花花跑向石蛋。	花花来到主人面前摇尾巴。	石蛋低下身子去摇花花，花花一边用舌头舔石蛋的手，一边摇着尾巴。
Dialogue（对白）		
Trans（处理）		

2.5″

	SC（镜号）16　BG（背景）16　T（时间）2″	SC（镜号）17　BG（背景）17　T（时间）3″	SC（镜号）　BG（背景）　T（时间）
			POSE　2
Action（内容）	石蛋爱抚地拍拍狗的头。	接着快步向屋门走去。	花花紧随其后。
Dialogue（对白）	石蛋：“好花花，好花花。”		
Trans（处理）			

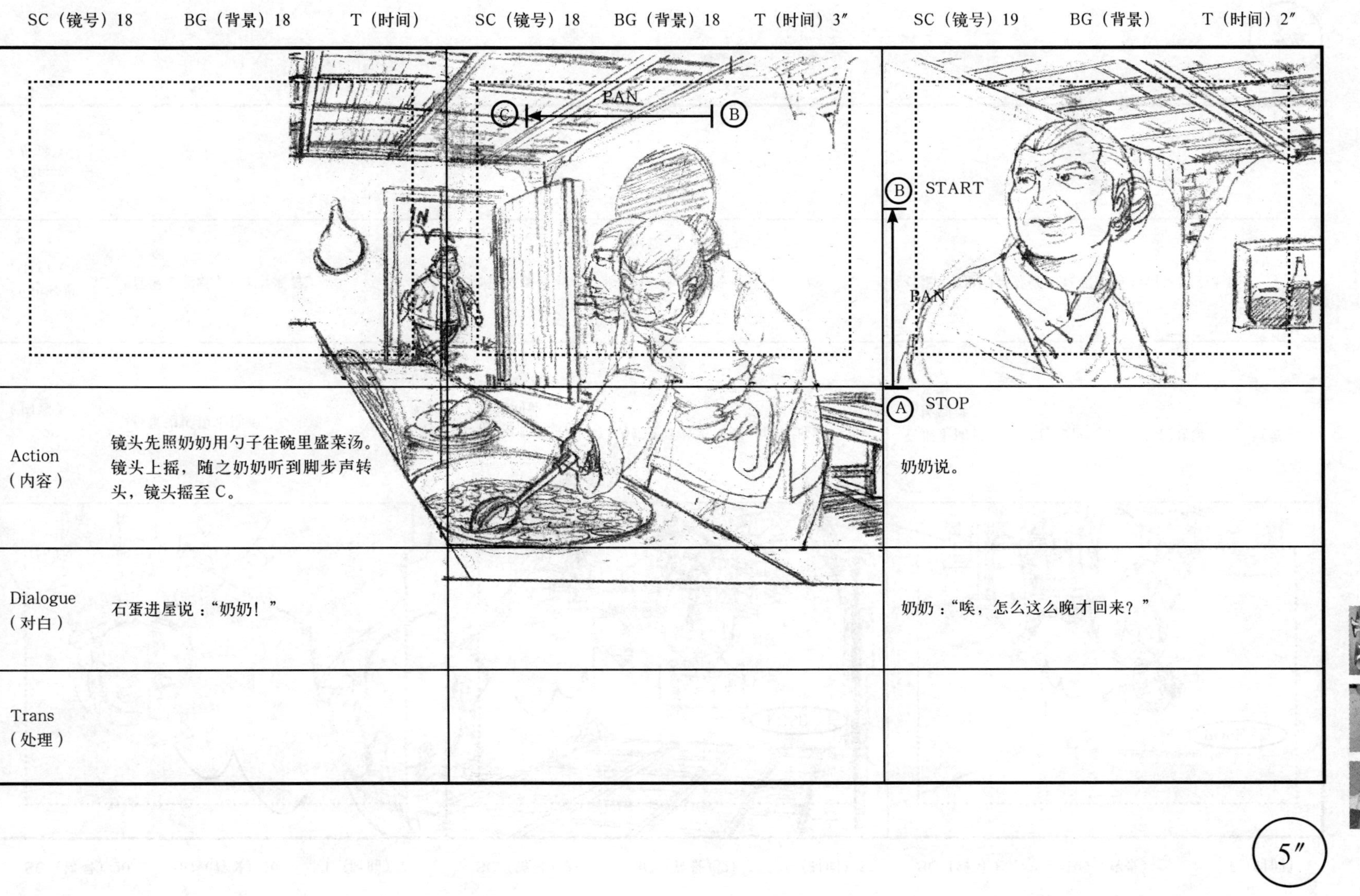
SC（镜号）18
BG（背景）18
T（时间）
SC（镜号）18
BG（背景）18
T（时间）3″
SC（镜号）19
BG（背景）
T（时间）2″
PAN
C
B
B
START
PAN
A
STOP
IN
Action
（内容）
镜头先照奶奶用勺子往碗里盛菜汤。镜头上摇，随之奶奶听到脚步声转头，镜头摇至C。
奶奶说。
Dialogue
（对白）
石蛋进屋说：“奶奶！”
奶奶：“唉，怎么这么晚才回来？”
Trans
（处理）
5″

	SC（镜号）20 BG（背景）20 T（时间）2″	SC（镜号）21 BG（背景）21 T（时间）5″	SC（镜号） BG（背景） T（时间）
		 POSE 1	 POSE 2
Action（内容）	石蛋边说边走向前。	石蛋入画，走向奶奶，奶奶把手里盛好菜汤的碗递给石蛋，关心地问他。	石蛋走向桌子（设计稿注意，桌上有贴饼子），把菜汤放到桌上。
Dialogue（对白）	石蛋：“我们商量事来着。”	奶奶：“商量事？”	石蛋：“我们商量好，赶明天还要到学校去上课。”
Trans（处理）		图层。	

7″

	SC（镜号）22 BG（背景）22 T（时间）6″	局部 SC（镜号）23 BG（背景）S/A 21 T（时间）2″	局部 SC（镜号）24 BG（背景）S/A 21 T（时间）2″
			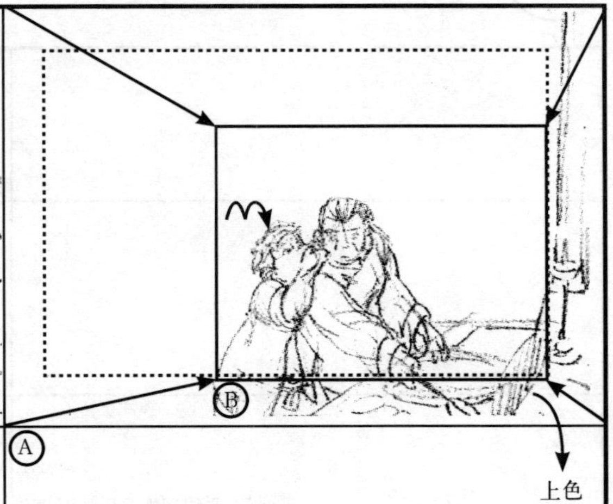 Ⓐ Ⓑ 上色
Action（内容）	奶奶转身皱着眉说。	石蛋边说边走向奶奶。	石蛋凑到奶奶身边耳语。
Dialogue（对白）	奶奶："石蛋子，咱们可千万不能学什么日本鬼子的话呀！我看这个学校你就别上了，咱们宁可不识字也不能跟鬼子学什么文化，咱们是中国人！"	石蛋："奶奶，您听我说！"	
Trans（处理）	后期。		图层。

10″

局部

SC（镜号）25　BG（背景）S/A 21　T（时间）5″	SC（镜号）　BG（背景）　T（时间）	SC（镜号）　BG（背景）　T（时间）
 POSE 1	 POSE 2	 POSE 3
Action（内容）　奶奶的眉头舒展了。	石蛋走到桌前拿了一块饼子。	走向画外，奶奶笑着看他。
Dialogue（对白）　奶奶："好！好！一定要当心呀！" 石蛋："您放心吧！"		
Trans（处理）		

5″

	SC（镜号）26　BG（背景）26　T（时间）3″	SC（镜号）27　BG（背景）27　T（时间）1″	SC（镜号）28　BG（背景）28　T（时间）2″

Action（内容）	石蛋走到屋门口，冲外边叫着，花花立刻出现在屋门口，摇着尾巴看着主人。	花花兴奋的样子。	石蛋抬起手，做抛物状。
Dialogue（对白）	石蛋："花花。"		
Trans（处理）			

6″

	SC（镜号）28　BG（背景）　T（时间）	SC（镜号）　BG（背景）　T（时间）	SC（镜号）29　BG（背景）29　T（时间）3″
	POSE 2	OUT	POSE 1
Action（内容）	石蛋将饼子抛出。	花花跟出画。	饼子被抛进院子，花花跟过去。
Dialogue（对白）			
Trans（处理）			

3″

SC（镜号）29　BG（背景）　T（时间）	SC（镜号）　BG（背景）　T（时间）	SC（镜号）　BG（背景）　T（时间）
POSE 2	POSE 3	黑
Action（内容）花花含住饼子，兴奋地向前跑。	冲画。	屏幕黑。
Dialogue（对白）		
Trans（处理）		

SC（镜号）30　BG（背景）30　T（时间）5″　SC（镜号）　BG（背景）　T（时间）　SC（镜号）　BG（背景）　T（时间）

Ⓑ　PAN　Ⓐ　START　POSE 2

長　武　久　運

Action

开始先照窗户，PAN 到 B，看到“武运长久”四个字。最后镜头拉开展现整个阪本次郎办公室，阪本次郎不可一世地坐在办公桌后，随后站起说。

Dialogue
（对白）

阪本：“苟十，对这里的孩子一定要严加（说道此站起）管教。”

Ⓒ

Trans
（处理）

	SC（镜号）31　BG（背景）31　T（时间）4″	SC（镜号）32　BG（背景）32　T（时间）3″	SC（镜号）　BG（背景）　T（时间）
	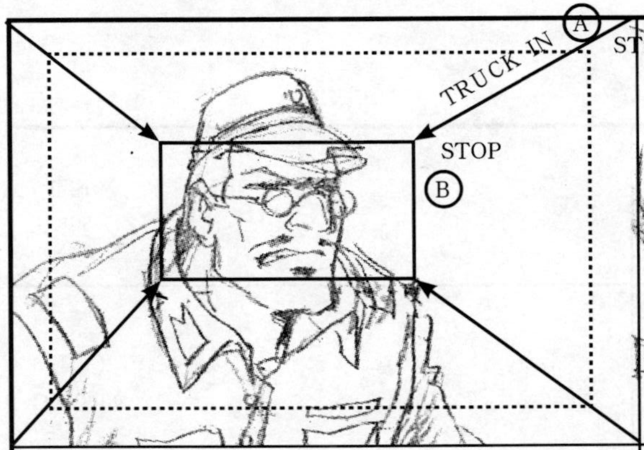 TRUCK IN Ⓐ START STOP Ⓑ	 POSE 1	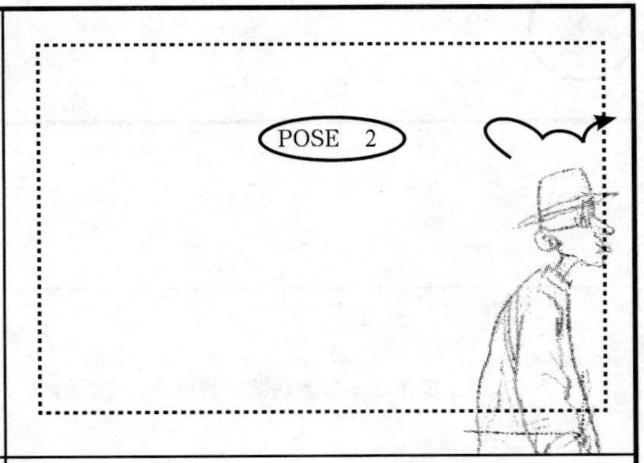 POSE 2
Action（内容）	阪本继续说，快速推镜。	苟十诚惶诚恐地鞠躬。	说完走出画面。 镜头黑（渐黑）
Dialogue（对白）	阪本："对于不肯学习大日本帝国文化的人（说到这里推镜），一定要严惩不贷！"	苟十："哈咿！"	
Trans（处理）			

7″

	SC（镜号）33 BG（背景）33 T（时间）2″	SC（镜号）34 BG（背景）34 T（时间）3″	SC（镜号）35 BG（背景）35 T（时间）3″
	 POSE 1		
Action（内容）	渐现，学校外景，赵老师走向教室。	学生们坐好，赵老师走上讲台。	 POSE 2 连字 赵老师气愤地说。
Dialogue（对白）		赵老师："同学们，从今天起……"	赵老师："老师就不能够来给你们上课了！"
Trans（处理）			

8″

	SC（镜号）36 BG（背景）36 T（时间）1.5″	SC（镜号）37 BG（背景）37 T（时间）2.5″	SC（镜号）38 BG（背景）38 T（时间）2″
Action（内容）	学生们都大吃一惊。	石蛋焦急地问。	二虎焦急地问。
Dialogue（对白）	众人："啊！"	石蛋："为什么啊？老师？" 画外："为什么呀！"（众同学）	二虎："老师，您要到什么地方去呢？"
Trans（处理）			

6″

	SC（镜号）39　BG（背景）S/A 35　T（时间）5″	SC（镜号）　BG（背景）　T（时间）	SC（镜号）40　BG（背景）40　T（时间）2.5″
	 POSE 1	 POSE 2	
Action（内容）	赵老师没有直接回答，只是坚定地说。	苟十的声音从画外传来，赵老师转头。	苟十进门，一进门就差点摔倒，手里拿的教材掉了一地。
Dialogue（对白）	赵老师：“你们放心，老师会一直在学校里陪着你们的。”	（画外音）苟十：“别再啰嗦了，你快出来吧！”	苟十：“唉……！”
Trans（处理）			

7.5″

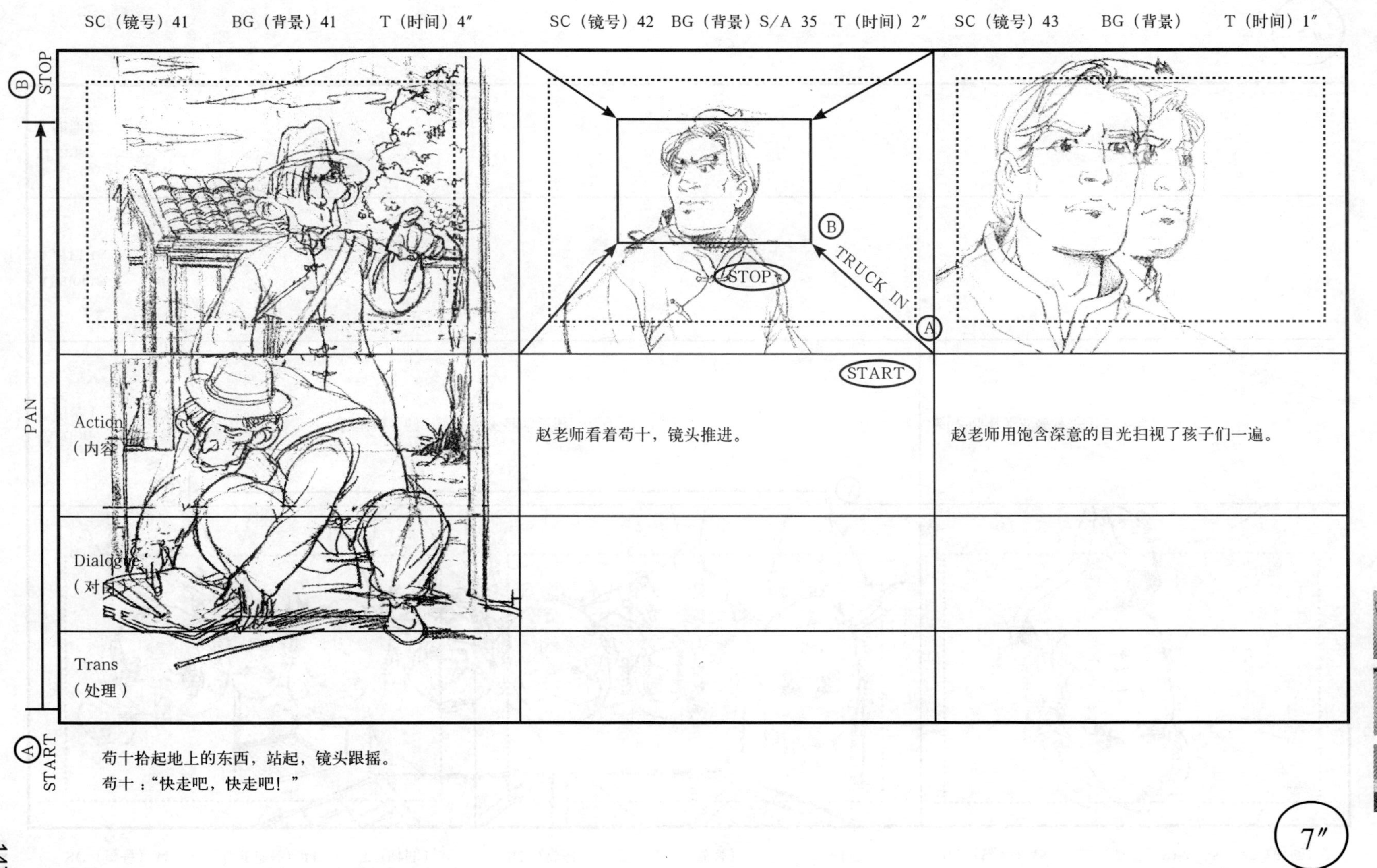
SC（镜号）41 BG（背景）41 T（时间）4″
SC（镜号）42 BG（背景）S/A 35 T（时间）2″
SC（镜号）43 BG（背景） T（时间）1″
Ⓑ STOP
PAN
Ⓐ START
Action（内容）
Dialogue（对白）
Trans（处理）
Ⓑ
STOP
TRUCK IN
Ⓐ
START
赵老师看着苟十，镜头推进。
赵老师用饱含深意的目光扫视了孩子们一遍。
苟十拾起地上的东西，站起，镜头跟摇。
苟十："快走吧，快走吧！"
7″

SC（镜号）44 BG（背景）44 T（时间）3″
SC（镜号） BG（背景） T（时间）
SC（镜号）45 BG（背景）S/A 35 T（时间）2″
B STOP
PAN
A START
Action（内容）
扫视孩子们，孩子们不舍的表情。
赵老师看完后转身走出。
Dialogue（对白）
Trans（处理）
5″

SC（镜号） BG（背景） T（时间）	SC（镜号） BG（背景） T（时间）	SC（镜号）46 BG（背景）46 T（时间）2″
POSE 2	POSE 3	
Action（内容） 赵老师转身。	出画。	赵老师昂首从苟十身边走过，苟十看赵老师。
Dialogue（对白）		
Trans（处理）		

2″

	SC（镜号）47 BG（背景）47 T（时间）2.5″	SC（镜号）48 BG（背景）48 T（时间）2″	SC（镜号）49 BG（背景）S/A 35 T（时间）3″

Action（内容）	赵老师走出画面，苟十走向讲台。	孩子们走出画面愤恨和对赵老师不舍的表情。	苟十假装没看见，假斯文地笑笑。
Dialogue（对白）			苟十：“同学们，从今天开始由我来给大家上课。”
Trans（处理）			

7.5″

	SC（镜号）50　BG（背景）50　T（时间）2″	SC（镜号）51　BG（背景）51　T（时间）4″	SC（镜号）52　BG（背景）S/A 35　T（时间）1.5″
Action （内容）	泥鳅指着苟十问。	苟十得意地用手拍着胸脯说，孩子们冷冷地笑起来。	苟十不解地问。
Dialogue （对白）	泥鳅："你是谁呀？"	苟十："我是大日本皇军的翻译官，我叫苟十。" 众人："哈，嘻……"	苟十："笑什么？"
Trans （处理）			

7.5″

SC（镜号）53　BG（背景）53　T（时间）3″	SC（镜号）　BG（背景）　T（时间）	SC（镜号）54　BG（背景）54　T（时间）2″
POSE 1　PAN　A　B	POSE 2	

Action（内容）	石蛋边笑边说，镜头推进一些。		孩子们大笑，苟十气得说不出话来。
Dialogue（对白）	石蛋：“狗食？狗是吃屎的啊。”	众人：“哈……”。	
Trans（处理）			

5″

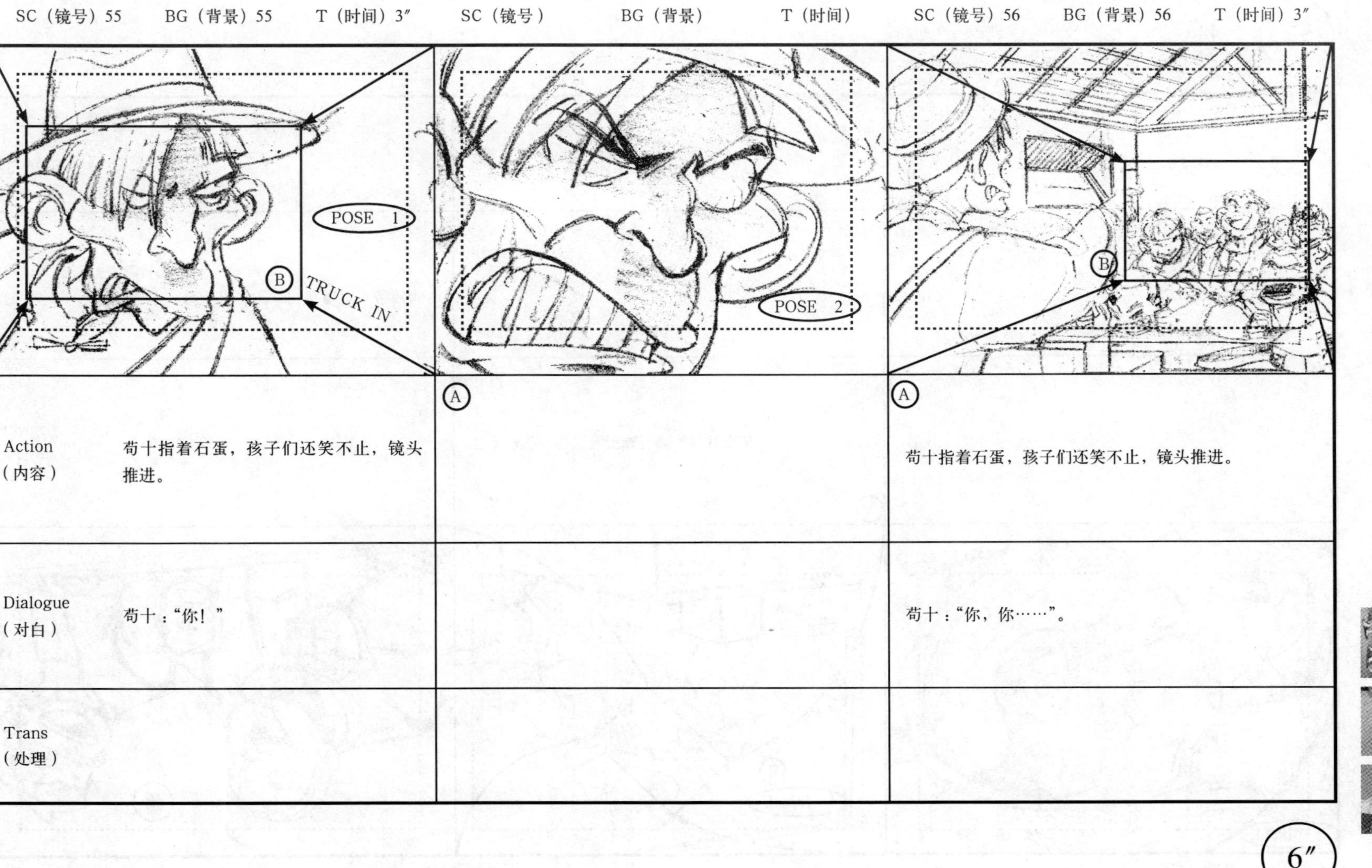

SC（镜号）55 BG（背景）55 T（时间）3″	SC（镜号） BG（背景） T（时间）	SC（镜号）56 BG（背景）56 T（时间）3″
POSE 1 Ⓑ TRUCK IN	POSE 2 Ⓐ	Ⓑ Ⓐ

	SC 55	SC	SC 56
Action（内容）	苟十指着石蛋，孩子们还笑不止，镜头推进。		苟十指着石蛋，孩子们还笑不止，镜头推进。
Dialogue（对白）	苟十：“你！”		苟十：“你，你……”。
Trans（处理）			

6″

	SC（镜号）57　BG（背景）57　T（时间）3.5″	SC（镜号）58　BG（背景）58　T（时间）2″	SC（镜号）　BG（背景）　T（时间）
	墙	POSE 1 B TRUCK IN A	POSE 2
Action （内容）	二虎故意说。	苟十恼羞成怒，大声喊！镜头旋转推进。	
Dialogue （对白）	二虎：“你听错了吧？不是狗食，是狗屎吧！”	苟十：“混蛋！！！”	
Trans （处理）	画外：众人哄堂大笑。		

5.5″

	SC（镜号）59 BG（背景）59 T（时间）2″	SC（镜号）60 BG（背景）60 T（时间）2.5″	SC（镜号）61 BG（背景）61 T（时间）7″
	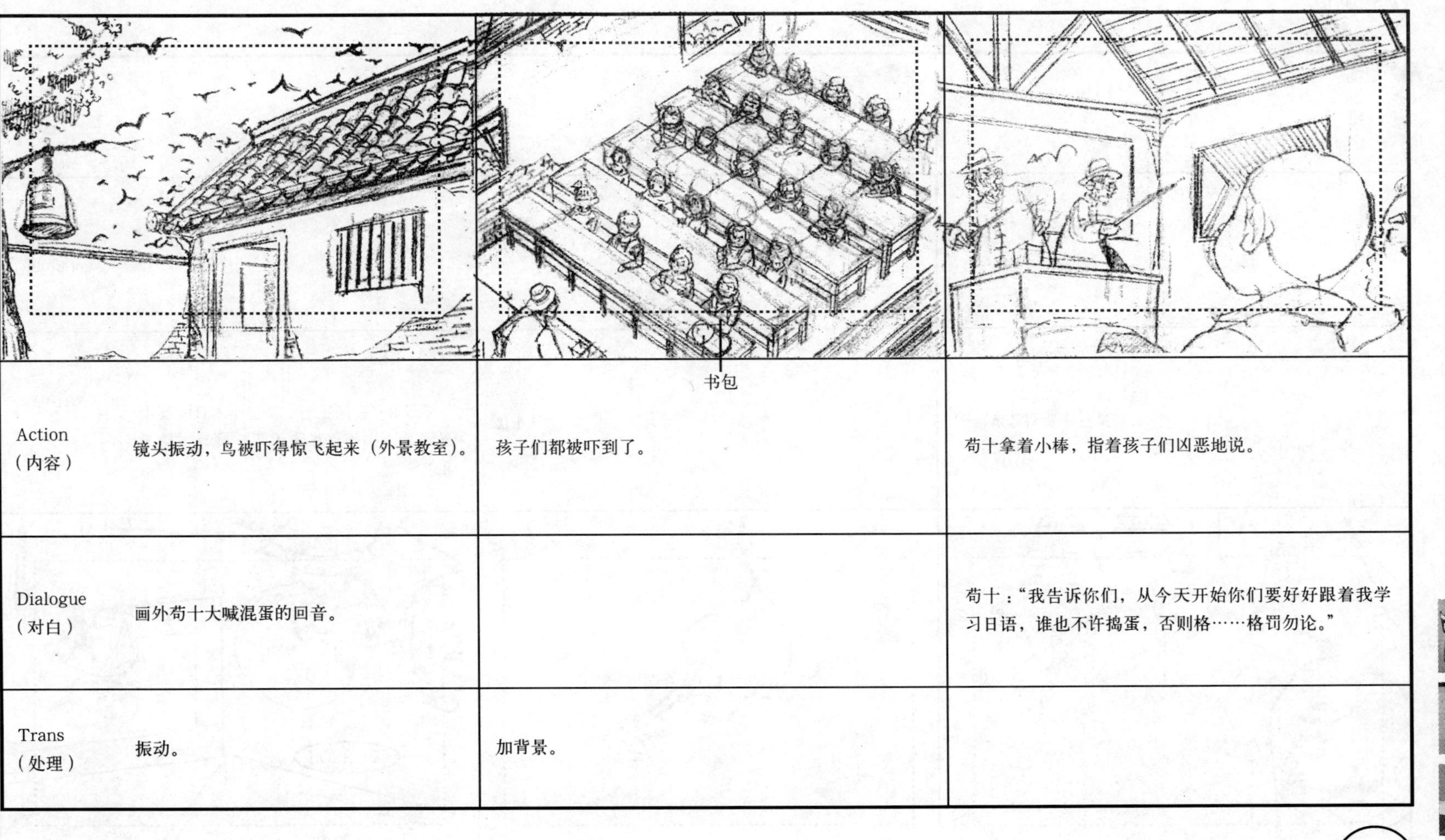		
Action（内容）	镜头振动，鸟被吓得惊飞起来（外景教室）。	孩子们都被吓到了。	苟十拿着小棒，指着孩子们凶恶地说。
Dialogue（对白）	画外苟十大喊混蛋的回音。		苟十：“我告诉你们，从今天开始你们要好好跟着我学习日语，谁也不许捣蛋，否则格……格罚勿论。”
Trans（处理）	振动。	加背景。	

11.5″

	SC（镜号）61　BG（背景）　T（时间）	SC（镜号）62　BG（背景）62　T（时间）2.5″	SC（镜号）63　BG（背景）63　T（时间）2″
	 POSE 2	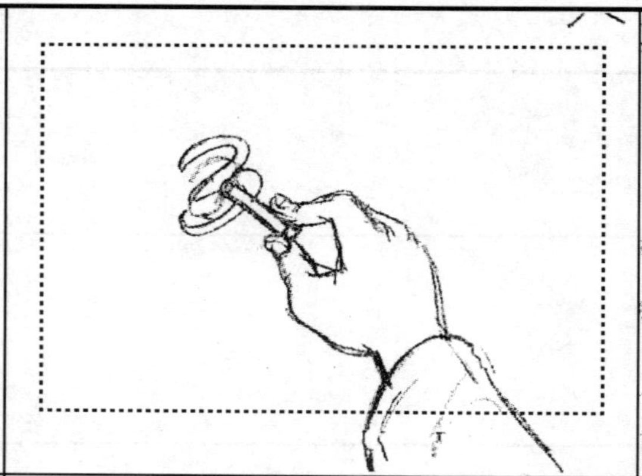	
Action（内容）	说着，拿起一支粉笔背对着学生在黑板上写起日文字母来，孩子们十分焦急。	荀十写着。	泥鳅焦急地看着石蛋。
Dialogue（对白）			
Trans（处理）			

4.5″

SC（镜号）64 BG（背景）64 T（时间）4″	SC（镜号） BG（背景） T（时间）	SC（镜号） BG（背景） T（时间）
POSE 1	POSE 2	POSE 3
Action（内容） 石蛋转着眼珠想办法。	猛然间计上心来。	对着泥鳅做了一个拉弹弓的手势，泥鳅笑。
Dialogue（对白）		
Trans（处理）		

4″

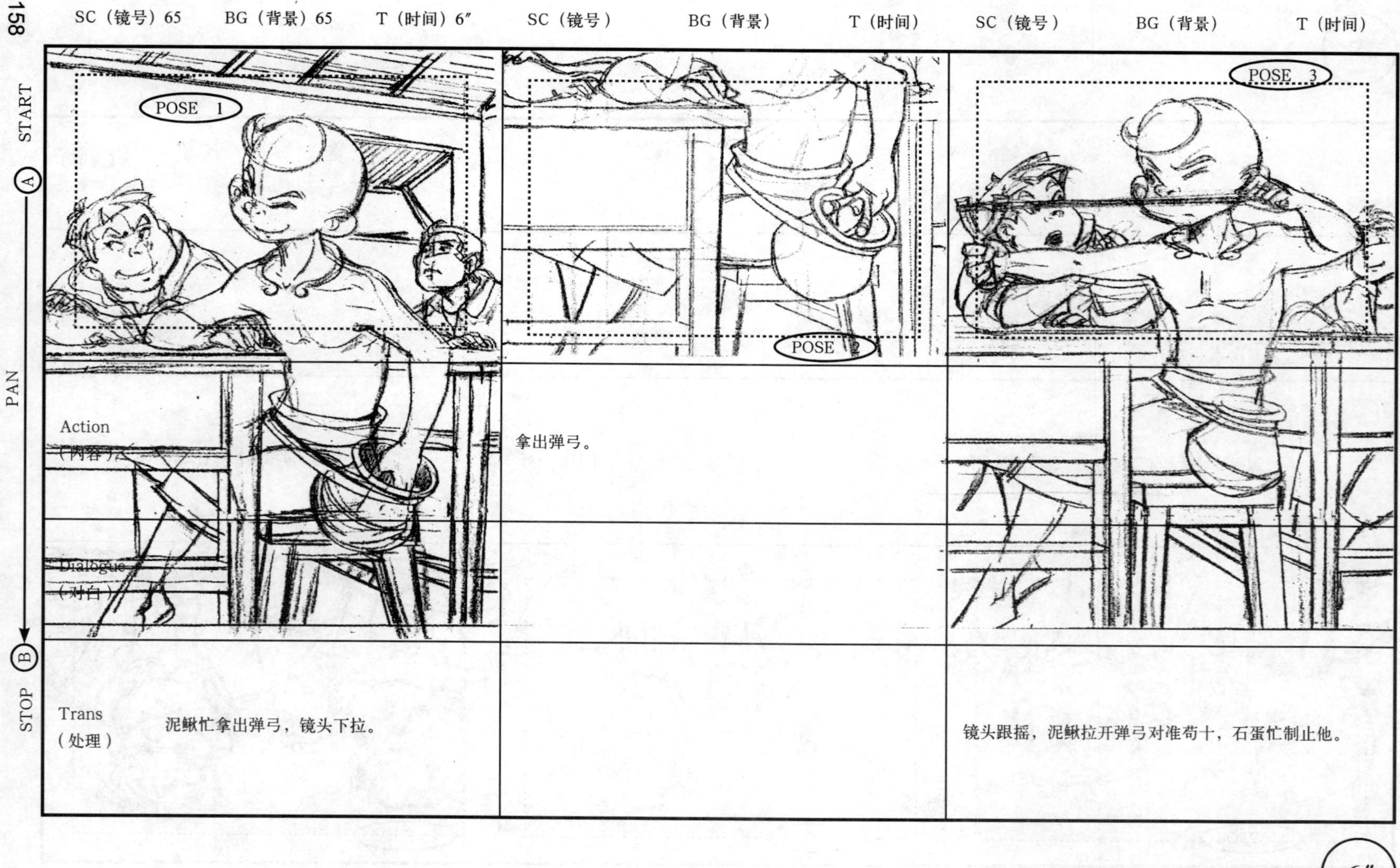
SC（镜号）65
BG（背景）65
T（时间）6″
SC（镜号）
BG（背景）
T（时间）
SC（镜号）
BG（背景）
T（时间）
POSE 1
POSE 2
POSE 3
START
A
PAN
B
STOP
Action
（内容）
拿出弹弓。
Dialogue
（对白）
Trans
（处理）
泥鳅忙拿出弹弓，镜头下拉。
镜头跟摇，泥鳅拉开弹弓对准苟十，石蛋忙制止他。
6″

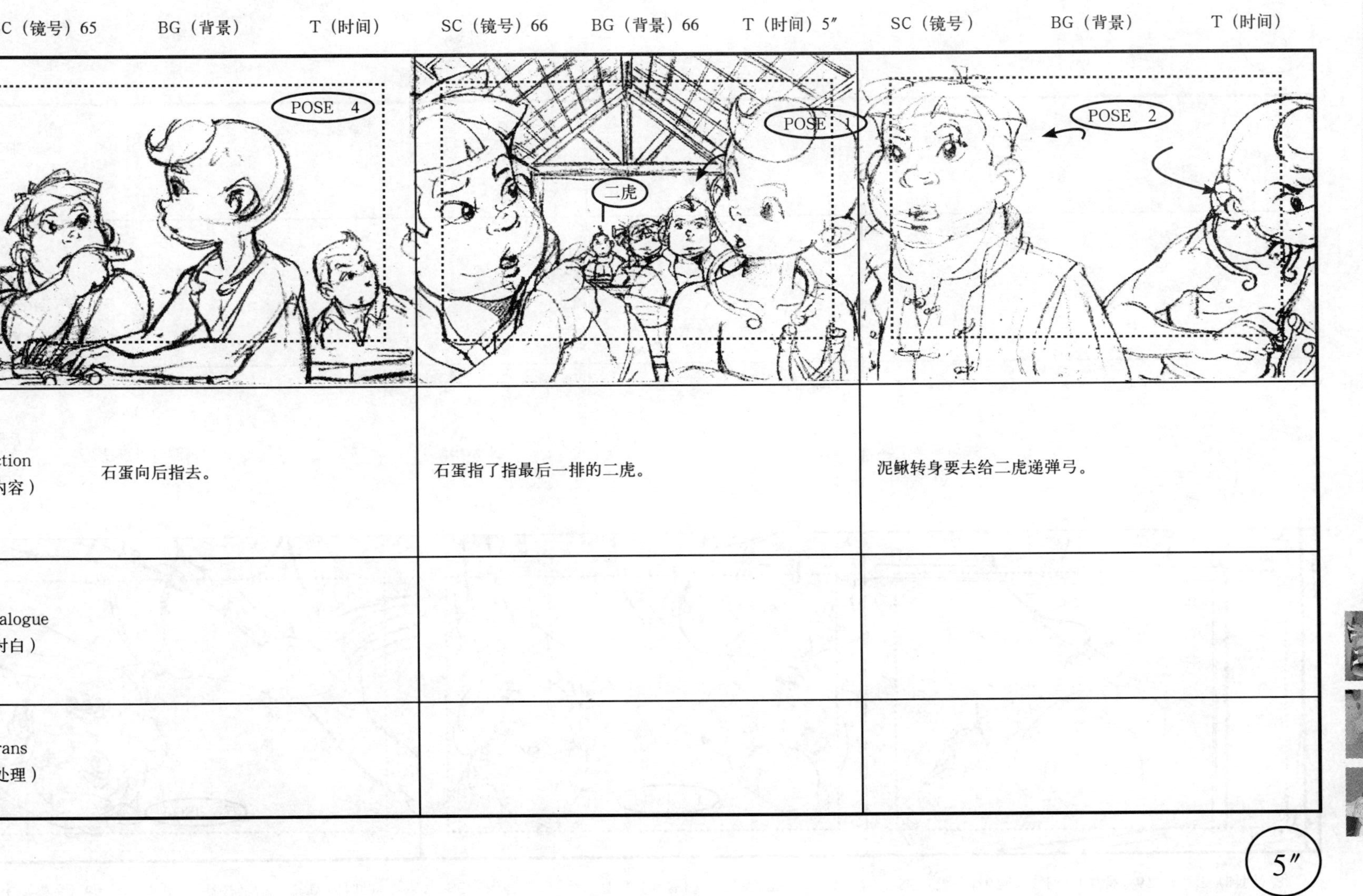

SC（镜号）65 BG（背景） T（时间）	SC（镜号）66 BG（背景）66 T（时间）5″	SC（镜号） BG（背景） T（时间）
Action（内容） 石蛋向后指去。	石蛋指了指最后一排的二虎。	泥鳅转身要去给二虎递弹弓。
Dialogue（对白）		
Trans（处理）		

5″

	SC（镜号）66　BG（背景）　T（时间）	SC（镜号）　BG（背景）　T（时间）	SC（镜号）67　BG（背景）67　T（时间）3″
	 POSE 2	 POSE 3	
Action（内容）	石蛋拉住泥鳅。	泥鳅坐下。	苟十写着板书。
Dialogue（对白）			
Trans（处理）			

3″

	SC（镜号）67　BG（背景）　T（时间）	SC（镜号）68　BG（背景）S/A 43　T（时间）3″	SC（镜号）　BG（背景）　T（时间）
	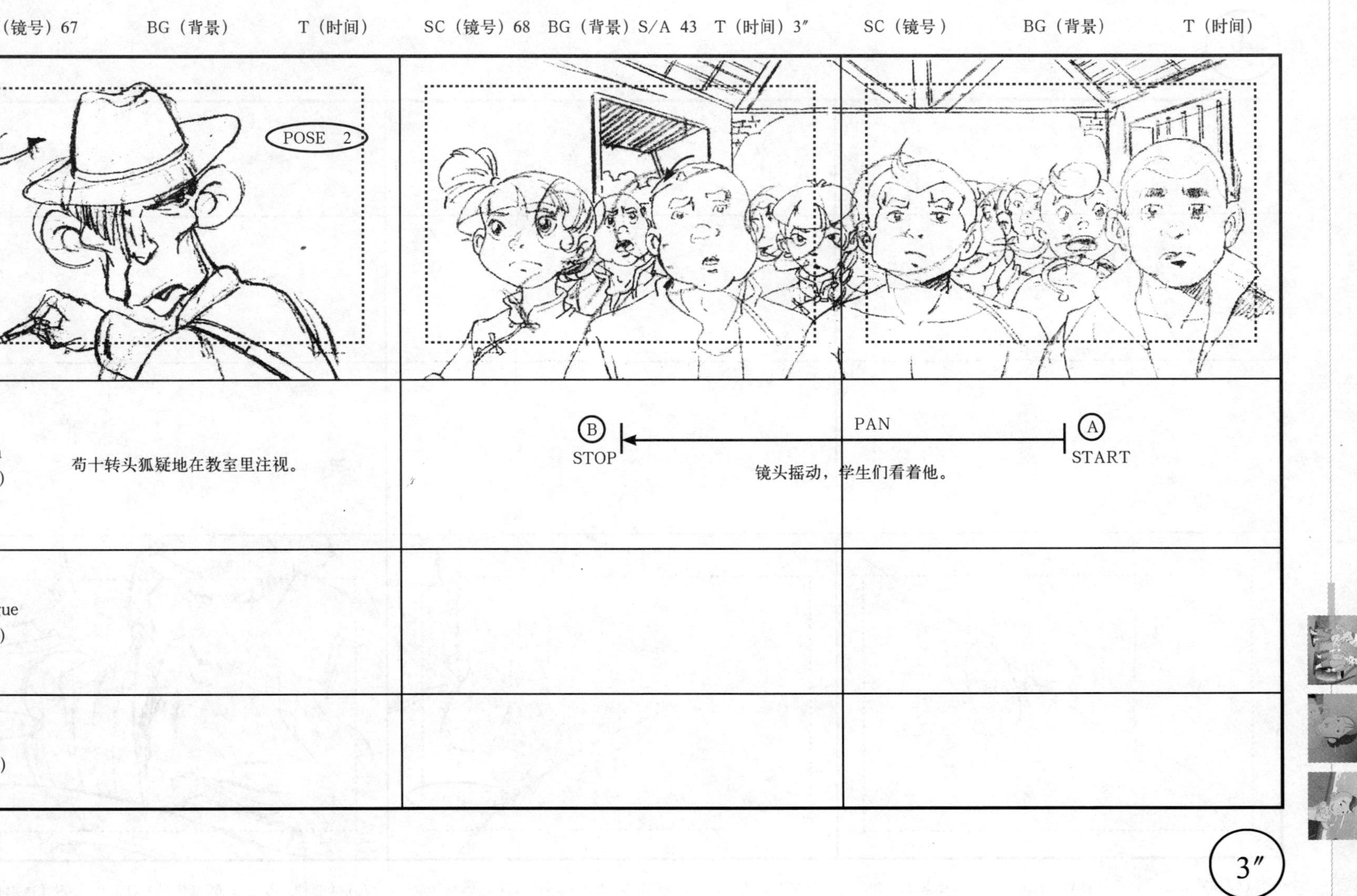		
Action（内容）	苟十转头狐疑地在教室里注视。	Ⓑ STOP ←— PAN —— Ⓐ START 镜头摇动，学生们看着他。	
Dialogue（对白）			
Trans（处理）			

3″

SC（镜号）69 BG（背景）69 T（时间）3″ SC（镜号） BG（背景） T（时间） SC（镜号） BG（背景） T（时间）

	POSE 1	POSE 2	OUT
Action（内容）	苟十没有发现可疑之处，又转向黑板写日文字母。		
Dialogue（对白）			
Trans（处理）			

3″

SC（镜号）70 BG（背景）70 T（时间）3″ SC（镜号） BG（背景） T（时间） SC（镜号） BG（背景） T（时间）

Ⓐ START —— PAN Ⓑ ——→ Ⓒ STOP

Action（内容）	镜头跟摇，泥鳅抓紧时间把弹弓交给身后的学生甲，学生甲又传给学生乙，学生乙把弹弓递给二虎。
Dialogue（对白）	
Trans（处理）	

5″

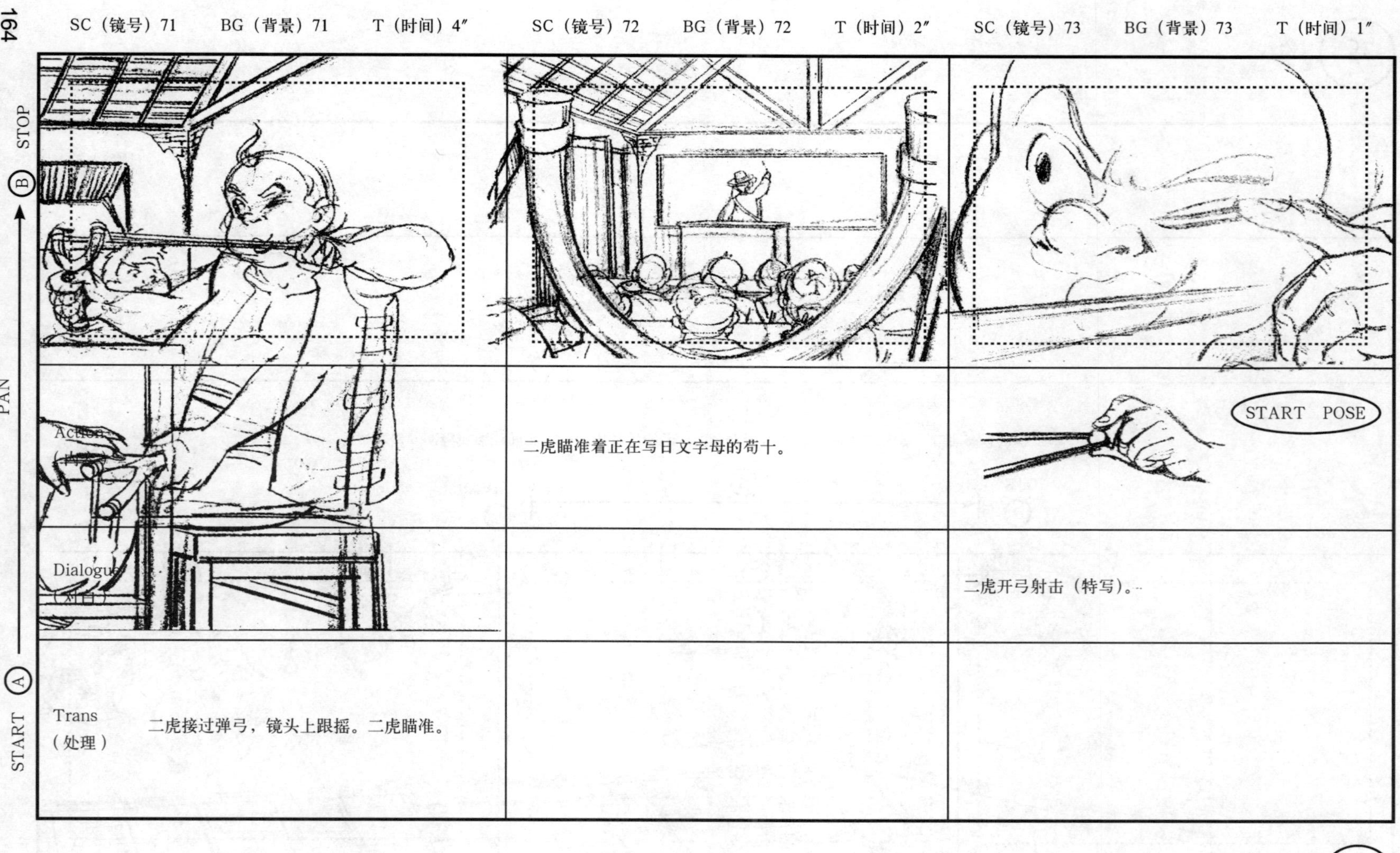
SC（镜号）71　BG（背景）71　T（时间）4″
SC（镜号）72　BG（背景）72　T（时间）2″
SC（镜号）73　BG（背景）73　T（时间）1″
STOP
B
PAN
A
START
Action
Dialogue
Trans
（处理）
二虎接过弹弓，镜头上跟摇。二虎瞄准。
二虎瞄准着正在写日文字母的苟十。
START POSE
二虎开弓射击（特写）。
7″

SC（镜号）74　BG（背景）74　T（时间）0.5″	SC（镜号）75　BG（背景）75　T（时间）5″	SC（镜号）　BG（背景）　T（时间）
	 POSE 1	 POSE 2
Action（内容）　泥弹迅速射出去，冲画。	泥弹入画，冲向写着板书的苟十。	打中苟十。
Dialogue（对白）		
Trans（处理）		

5.5″

SC（镜号）75　BG（背景）　T（时间）　SC（镜号）　BG（背景）　T（时间）　SC（镜号）76　BG（背景）76　T（时间）2″

	SC 75	SC	SC 76
	 POSE 3　POSE 4		
Action（内容）	苟十被打倒，手捂着头，向后看。镜头旋转推进，苟十怒吼！		学生们都紧张地望着苟十没人回答。
Dialogue（对白）	苟十："嗷！"	苟十："谁？谁在暗算老子！"	
Trans（处理）			

2″

4.1.2 熟悉角色造型和人物性格

原画为了准确地勾画角色形象动态，塑造性格鲜明的各类人物，首先要认真熟悉影片中每个角色的造型特点。例如，形象的高矮胖瘦、转面变化、结构、服饰和脸形特征等，画起原画来才会得心应手，如图 4-1 所示。

(a) 角色形象比例图

(b) 主角石蛋形象转面图

图4-1 动画片《烽火童年》的角色造型

4.1.3 掌握镜头画面的设计稿

原画创作都是逐个镜头进行设计绘制的。因此，根据分镜头画面台本规定的要求，每个镜头都有一套画面设计稿（包括人物和背景），画面设计稿是原画、绘景及其他有关人员进行工作的主要依据。因为每一张设计稿都是代表着未来影片中观众在银幕上所看到的每一个动画镜头的具体画面，所以在设计稿上不仅标明了镜号、规格和秒数等文字，还具体画有背景上的景物、人景关系、角色形象动态、活动范围和运动路线，有些镜头还有技术处理（推、拉、摇、移及分层）等特殊要求，如图 4-2 所示。因此，原画制作者必须认真掌握，严格按照画面设计稿上的要求进行工作。

4.1.4 领会意图和创建构思

当前几步准备工作就绪之后，便可遵照导演的意图联系前后镜头情节的衔接，集中精力开始对所画镜头进行创作构思。创作构思是原画在艺术上、技术上进行二度创作的重要阶段，是一项十分艰苦的脑力劳动。不妨设想几种动作方案，经过反复酝酿和思考，最后选定一个自己认为最能体现规定情景要求，又能表达角色情绪的最佳连续动作方案。

这是《烽火童年》中的一个镜头。

内容：小鸟冲镜振翅高飞出画面。这是一个边拉边移动的运动镜头。

要求：在设计这套动作时，首先要设计出鸟飞的运动轨迹，然后进行动作设计。设计时，除了要把鸟飞的运动规律表现好，同时还要考虑鸟飞时的冲镜透视变化，这些都是常规镜头的设计要求。

在这个镜头中，最重要的是鸟飞时的速度和镜头的移动节奏要一致。

图4-2　画面设计稿

4.1.5　动画分析和原画起草

原画制作者将已经设想好的一整套动作，如何分别画成原画呢？这就需要对整套动作进行分析，抓住其中的关键动态画成原画。

在一个镜头里，原画画面只是少数。一般地讲，一秒（24 格）的动作，大体上要画 3 ~ 6 张原画，其余的中间过程则由动画来完成。但是，这 3 ~ 6 张原画都是最能表达动作内容的关键动态。一个镜头或一组动作，画的是否生动，表现的是否到位，主要看原画关键动态选定的是否准确。因此，动作分析是原画创作的基础。

经过动作分析，确定了关键动态，便可绘制原画草稿了，如图 4-3 所示。

图4-3　小女孩跳跃式奔跑动作原画

图4−3　小女孩跳跃式奔跑动作原画（续图）

4.1.6　计算时间并填写摄影表

原画草稿完成之后，可以将全部画面叠加在一起，用手快速翻动，大体上看一下连续动作的效果，反复检查是否达到预想的要求。如果发现问题，随时修正，直到基本满意为止，如图 4−4 所示。

图4−4　翻看连续动作原画

接着按照动作的要求，用秒表计算出整套动作的时间。根据总的秒数，再分别确定每个关键动态之间实际所须加入动画的张数，并且顺着次序对每张原画进行编号（原画号码外应加一个圈，以示与动画的区别）。然后，就可填写摄影表了。填写的方法是：顺着编号次序，按照动作的快慢节奏逐个填写每幅画面拍摄的格数。一般来说，每张画面可拍两格，特殊情况也可拍一格或三格。当某个动作需要短暂的停顿时（一般都选合适的原画画面），可以根据需要多拍几格。直到摄影表填完，摄影表上的长度应与镜头规定的时间基本相符才算合格，如图 4−5 和图 4−6 所示。

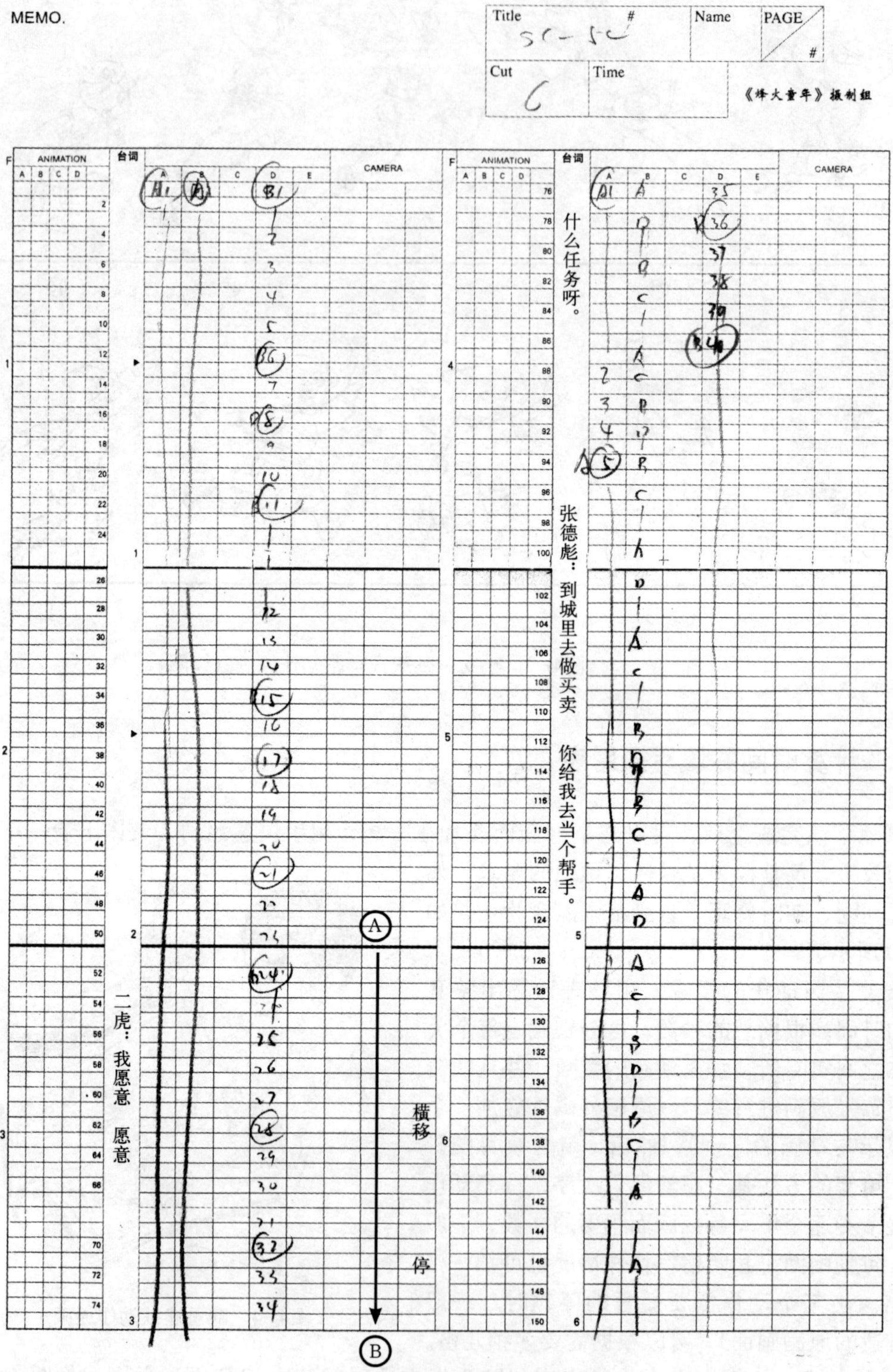

MEMO.
Title
#
Name
PAGE
#
Cut
Time
《烽火童年》摄制组
ANIMATION
台词
CAMERA
二虎：我愿意 愿意
横移
停
什么任务呀。
张德彪：到城里去做买卖 你给我去当个帮手。

图4-5　男孩弹橡皮筋镜头摄影表

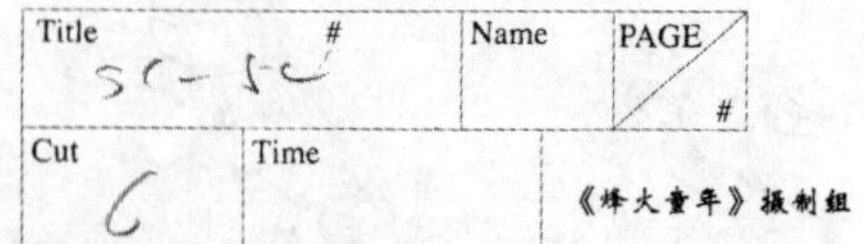

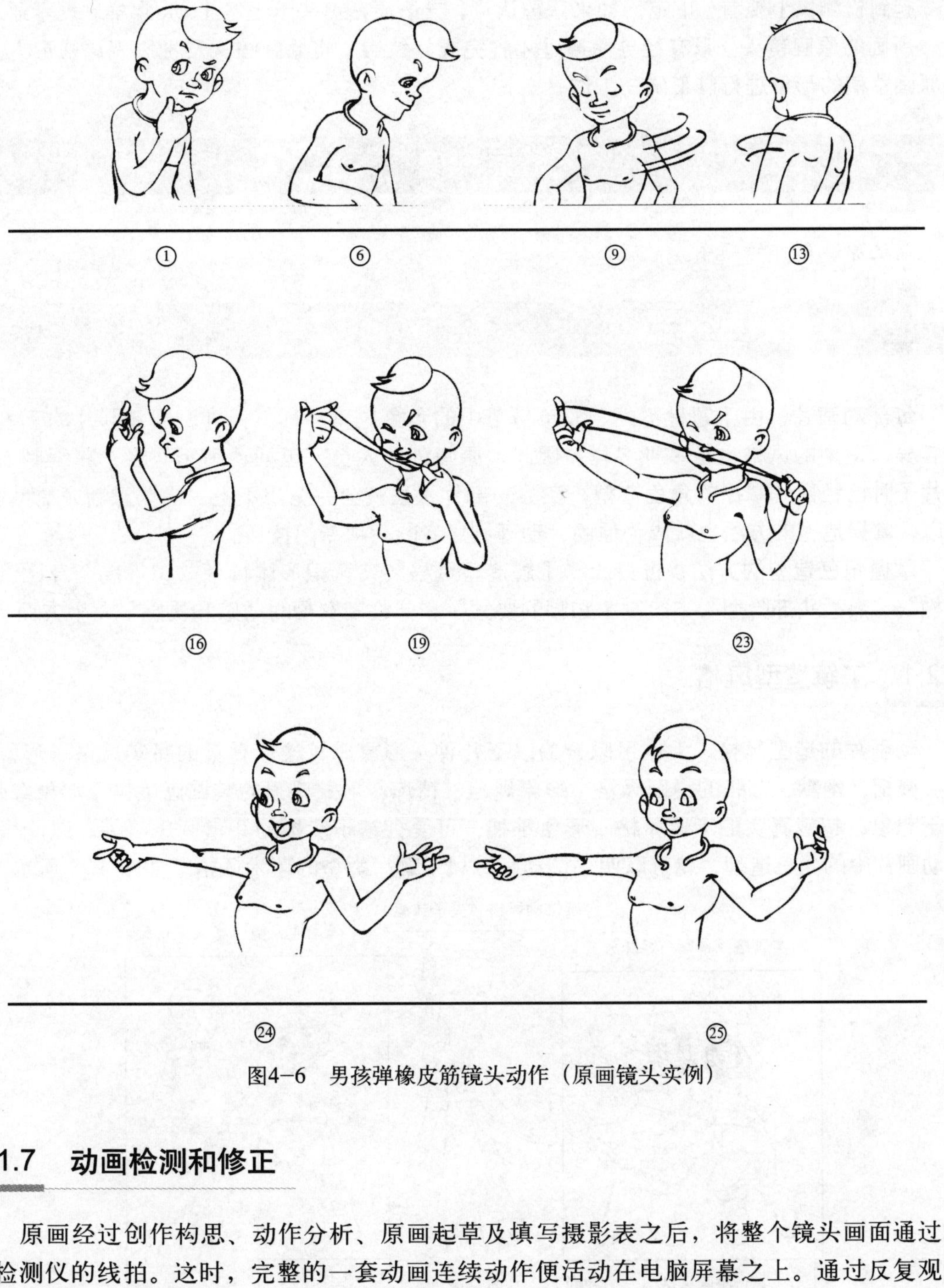

①　⑥　⑨　⑬

⑯　⑲　㉓

㉔　㉕

图4–6　男孩弹橡皮筋镜头动作（原画镜头实例）

4.1.7　动画检测和修正

原画经过创作构思、动作分析、原画起草及填写摄影表之后，将整个镜头画面通过动作检测仪的线拍。这时，完整的一套动画连续动作便活动在电脑屏幕之上。通过反复观看动作效果，检验是否充分表达了镜头内容的要求，是否符合预期的动作设想，速度和节奏是否适宜等。如有不足，还需要进行修改和调整。

4.1.8　导演通过

通过动作检测仪的检测，对动作和速度进行了修改和调整。认为满意之后，可以请导演一起到检测仪上观看、审定。如果获得认可，导演便在镜头卡上签上 ok 字样，表示通过。

所画的原画镜头，只有经导演通过才告完成。然后，将原画镜头及摄影表送修形人员，对原画草稿的形象进行修正统一工作。

课后练习

简述原画创作的顺序。

4.2 掌握造型的方法

每部动画片，由于题材不同，故事情节中的角色也不一样。另外，因为影片的艺术样式各异，造型的风格也是多种多样。因此，原画创作人员（包括动画制作者）在绘制前一部片子时已经熟练掌握的角色造型，在另一部片子里就会完全用不上，需要重新开始熟悉。所以，掌握造型的方法也就成为原画、动画制作者的一项专门技巧。

掌握角色造型的方法，可分为“了解造型风格”、“认识形体特征”、“掌握全身比例与结构”、“熟悉头部脸型”、“绘制手和脚的要领”和“绘制衣褶的动感和质感”六个方面。

4.2.1 了解造型风格

动画片的造型风格，大体可以分为以下几种：形象比较接近真实的写实风格；形象简练、概括、幽默、夸张的漫画风格；形象规范、精炼、形式感强的装饰画风格；形象夸张、富于想象、超越真实的卡通风格；形象雅拙、可爱，富于童趣的儿童画风格等。以此来对照动画片中的角色造型，就可以明了该动画片属于哪一类型的艺术风格，如图 4-7 所示。

图4-7　动画片中几种造型风格图例

4.2.2 认识形体特征

熟悉角色造型，首先应该对形象有一个整体的概念，也就是要抓住造型的基本特征。例如，每个角色的形体外貌都会有高、矮、胖、瘦等差别。除此之外，还可以找到形象构成的各自特点，如图 4-8 所示。

图4-8 各类角色造型形体特征图

4.2.3 掌握全身比例与结构

全身的比例一般以头部作为衡量的标准，即身体的长度有几个头长所组成。身体的宽度是大于头宽还是小于头宽，腰部在第几个头长的位置，手臂下垂到大腿的何处等。这样一步步对照，全身的比例就基本清楚了。然后，可以借助几何图形（球形、椭圆形和各种块状形等），勾画出角色形体的结构框架，这样做就比较容易掌握人物全身的比例与结构，如图 4-9 所示。

《烽火童年》中汉奸由四个半头长度组成　《天书奇谭》中蛋生全身由三个头长组成　《烽火童年》中鬼子由五个半头长度组成　《舒克和贝塔》中舒克全身由两个半头长组成

图4-9 动画片中各类主角造型比例图

4.2.4 熟悉头部脸型

掌握造型很重要的一个方面就是熟悉角色头部的脸形特征，五官在脸上的位置以及相互间的大小比例关系。例如，《大闹天宫》中的孙悟空，他的头型特征是由上大下小两个原型组成，在球体上，先画出一条中心线，显示出高额头、凹眉心、凸鼻子和稍稍凸起的人中线的立体感。约在 2/3 处，画一条表示眼睛底部位置的弧形横线。从中心线向左右两侧画出一个鸡心图形，两只眼睛就画在图形的中间。然后，在鸡心上部左右画一对月牙形眉毛，在人中线略偏下处画出唇线。这样，孙悟空的脸形特点就基本抓住了。其他不同角色的脸形都可以找到相应的特征，同样可用这种模式达到尽快熟悉和掌握脸形特征的目的，如图 4–10 所示。

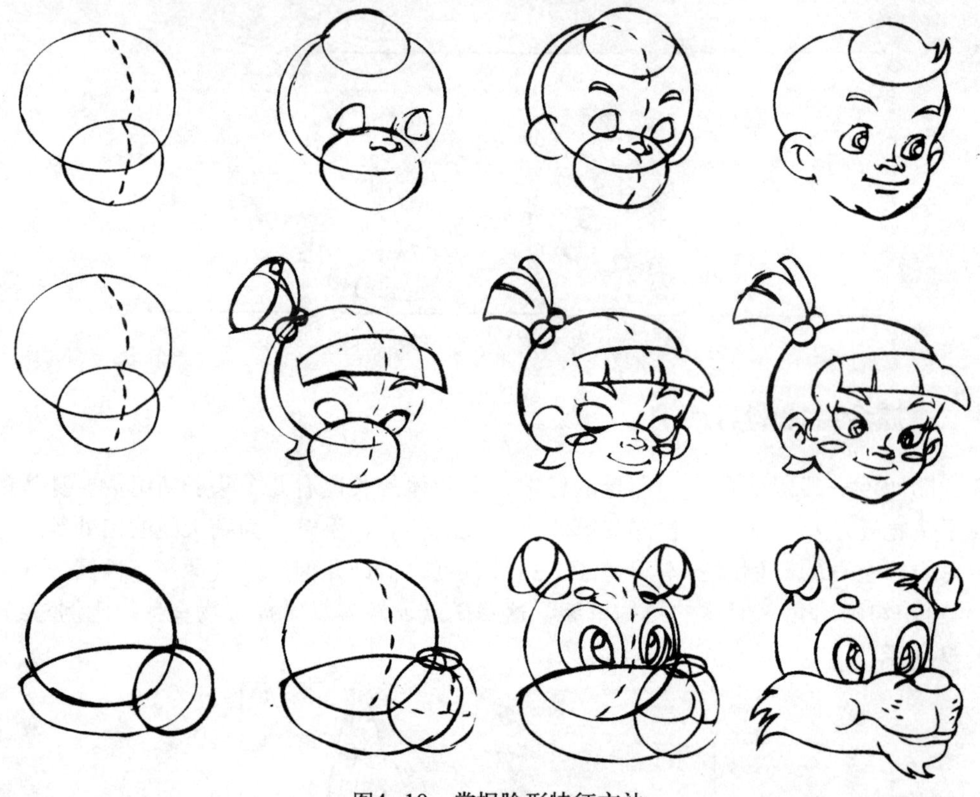

图4–10　掌握脸形特征方法

4.2.5 绘制手和脚的要领

手是比较难画的部位。但是，在动画片中手的动作显得十分重要，无论是一个角色用手拿起物品或说话时配合语义做手势，还有专门表现手的特写镜头等，都需要画得十分准确。因此，原画不可忽视画好手的结构和形态。画手时，特别要注意掌握三点要领。概括地讲就是：一个圆圈、两个关系和三条线。一个圆圈表示手掌；两个关系是指手与手腕的关系，手掌和手指的关系；三条线是指大拇指与小指左右两侧的两根外轮廓线，大拇指与食指之间的一根虎口线。图 4–11 为画好手的要领示意图。

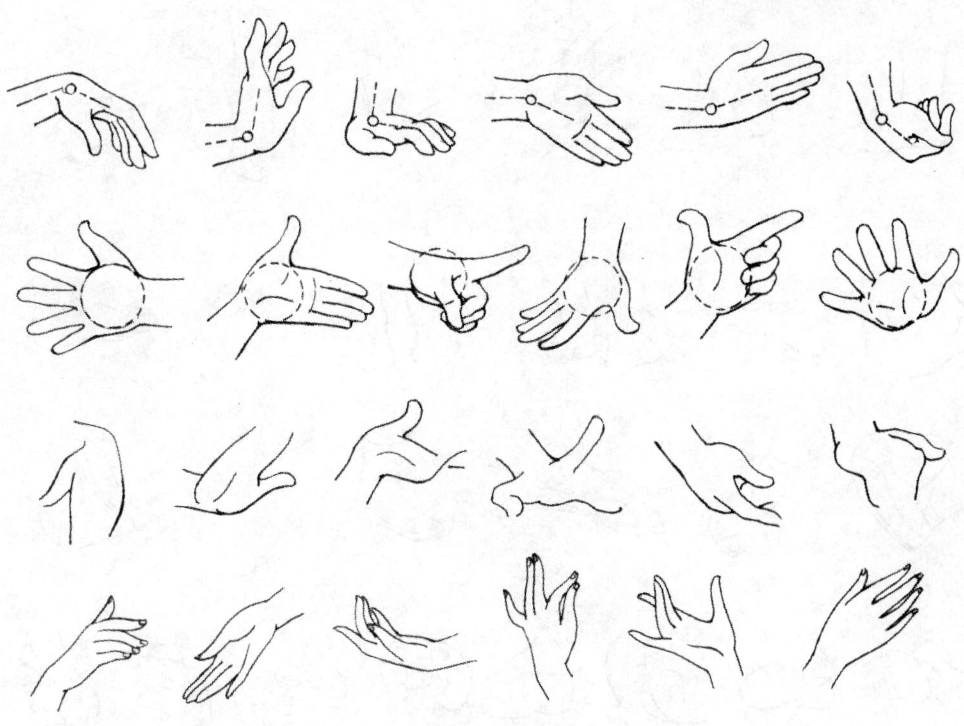

图4-11 画好手的要领示意图

将以上三点要领把握住，画手就比较容易了。图 4-12 为各种手部动作姿态的示意图。

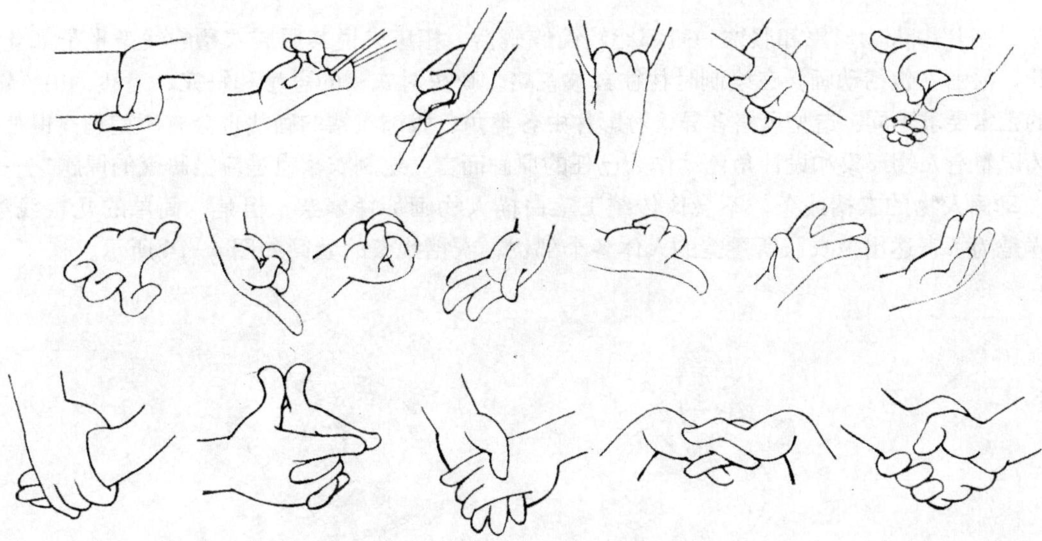

图4-12 各种手部动作姿态的示意图

画脚时也应注意脚和脚踝的关系、脚掌的外侧线与内侧线、脚掌与脚趾的弯曲关系这三个要点。图 4-13 为各种脚部动作姿态的示意图。

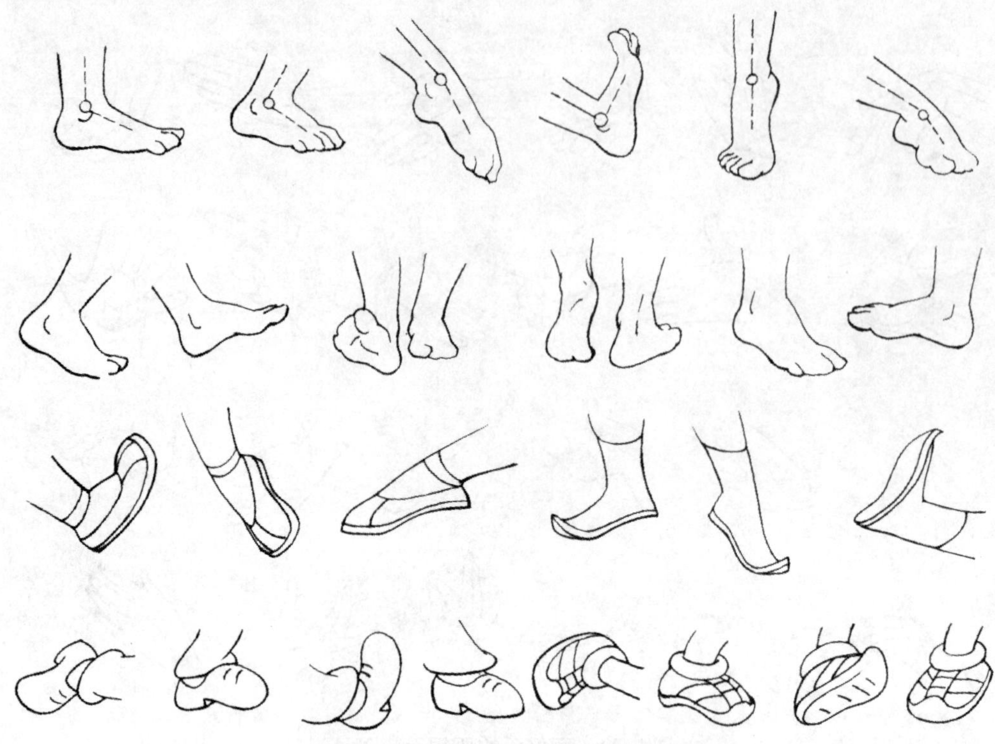

图4-13　各种脚部动作姿态的示意图

4.2.6　绘制衣褶的动感和质感

动画片中人物形象和服饰一般都比较简练概括，相应来说其服装衣褶的线条也是如此。因此，原画（包括动画）在绘制时往往会被忽略，缺少对衣褶的思考和研究。当然，由于影片的艺术要求不同、造型风格各异，对影片中各类角色服饰衣褶的画法也会有所差别。但是，作为以塑造人物形象和设计角色动作为己任的原画而言，绘制衣褶也是应当研究的课题之一。

动画人物的衣褶线条，不会像传统工笔白描人物画那样繁杂。但是，简单的几根线条同样是为了表达出被衣服所覆盖的人体各个部位，衣褶线条的繁简如图 4-14 所示。

《中国古代杰出人物画库》中的工笔白描人物唐太宗

动画片《中华美德》中的唐太宗造型

图4-14　衣褶线条的繁简

下面重点讲述衣褶的质感和动感这两点：

1．质感

原画经常接触到的衣褶，大体上有以下四种类型：

① 薄的：一般是指比较普通而常见的布质服装，如布衣、长袍、披肩、斗篷之类的衣服。

② 厚的：是指质地厚实，用于御寒的绒衫、棉袄和皮袍之类的衣服。

③ 软的：是指丝绸类质地薄轻光滑、柔软飘逸的服装。

④ 硬的：是指用金属、皮革及特殊材料制成的古代盔甲和现代太空服等。

由于衣服质感不同所产生的衣褶的线条结构也就有所差别，如图 4-15 所示。

(a) 布质皱纹：线条偏硬挺，是一种刚柔相间的常用褶纹

(b) 绸质褶纹：线条柔和，富有垂坠感，像流水般滑润

(c) 厚质毯、棉被褶纹：线条圆滑，饱满，显现一种厚实感

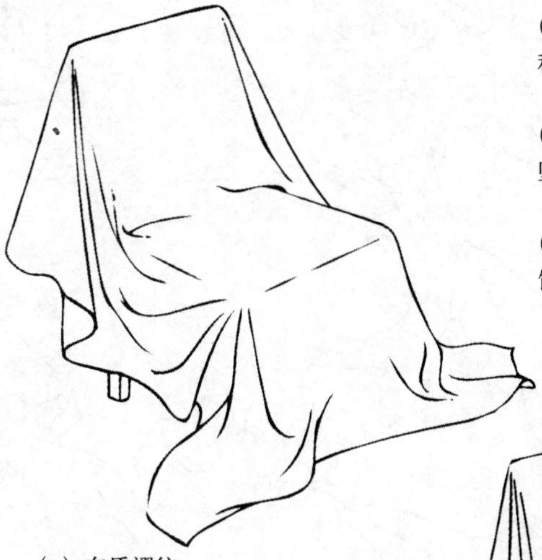

(a) 布质褶纹

(b) 绸质褶纹

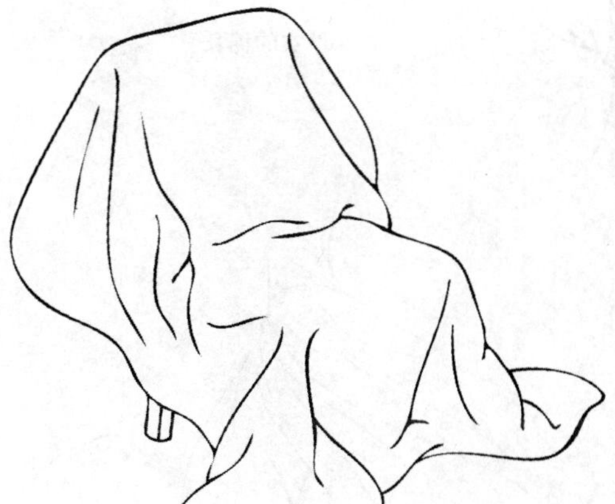

(c) 厚质毯、棉被褶纹

图4-15　不同质感所产生的不同线条结构

2．动感

表现某一个角色动作姿态的变化，特别是比较强烈的大幅度动作。例如，伸展、

收缩、扭曲、挤压、拉扯等，随着四肢、关节和形体的运动，必须使身上衣服的褶皱产生相应的变化。尽管只是用几根简练的线条来表现，作为原画设计者就应尽力将结构画得准确、合理，必要时还需作适当的强调和夸张，才会有助于增强姿态的动感，如图 4-16 所示。

图4-16 不同质地服饰衣褶的动感图例

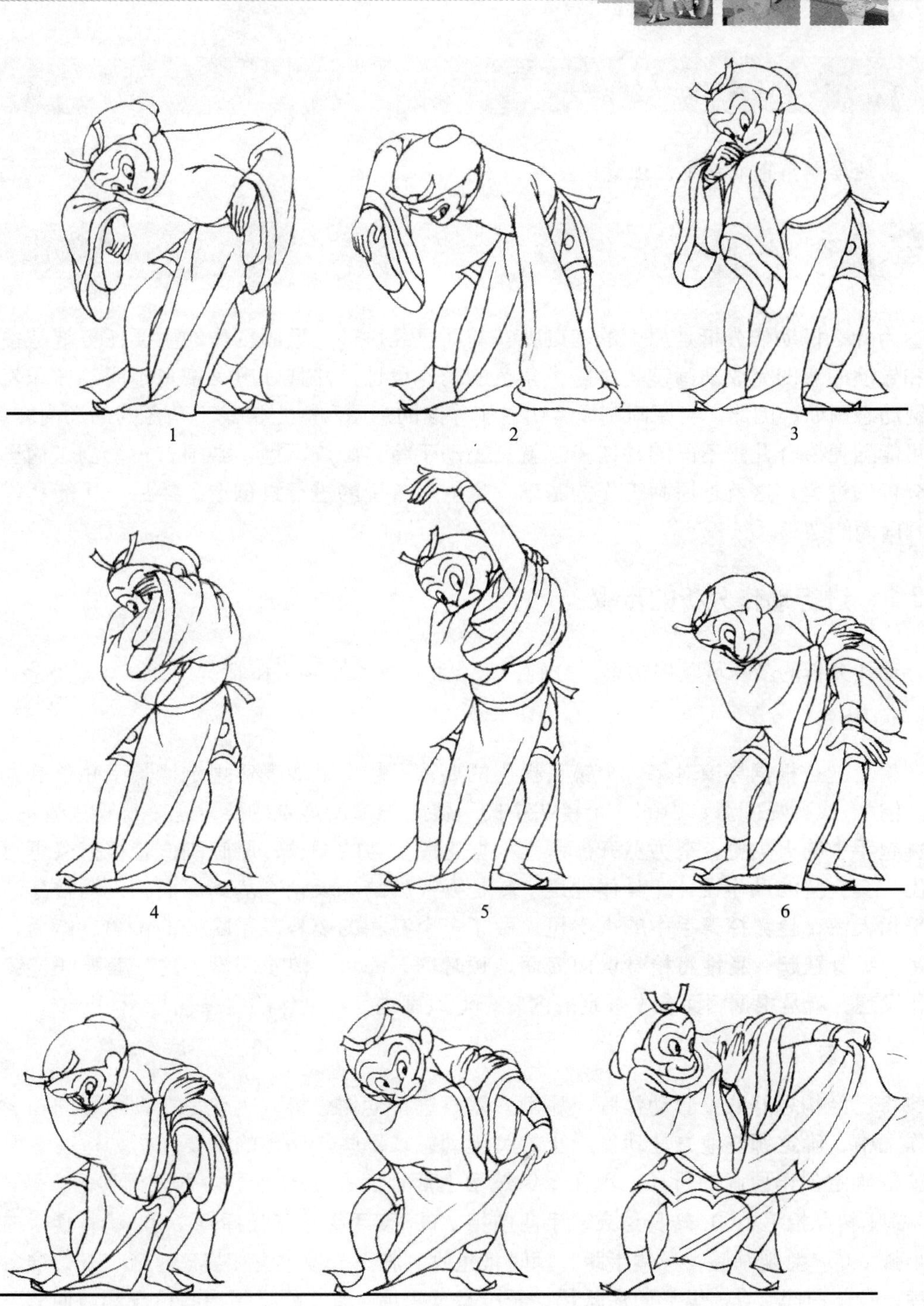

选择动画片《大闹天宫》中孙悟空穿官服为例，随着动态的改变，宽袖长袍产生垂坠、挤压、拉扯等衣褶的变化

图4-16　不同质地服饰衣褶的动感图例（续图）

课后练习

简述绘制角色衣褶中应注意的问题。

4.3 原画基础——动作分析

为什么说动作分析是原画的基础呢？前面已经讲过，原画创作的主要任务就是按照剧情和导演的意图完成动画镜头中各类角色的动作设计，并且画出一张张不同动作和表情的关键动态画面。因此，当原画制作者明白了导演的意图和规定情景下角色的活动内容之后，不可能随便凑合几张不同的动作姿态就马上动手将其画成原画，必须有一个创作构思和动作分析的过程，这就是原画工作的基础，也就是常说的进行再创造。然后，才能具体着手原画画面的绘制。

4.3.1 进行动作分析的步骤

动作分析的步骤可以用构思、分解、组合和展现八个字来概括。

1. 构思

构思就是根据导演对每一个镜头提出的要求，想出最能表达规定情景下角色的典型动作。例如，《哪吒闹海》中的一个镜头中的一段，导演所规定的要求是：哪吒来到海面上，挥舞起手中的火尖枪，奋力劈开海水。根据这段文字的要求，原画制作者根据深思熟虑构想出一套完整的动作设计。具体地说，就是哪吒脚踏风火轮降落到海面，一个转身同时用手努指大海，趁势挥舞手中的火尖枪，做了一个亮相的姿势以示哪吒的神勇。然后，挥枪高举，纵身跃起，猛地将枪身劈向海面，顿时劈开海水，浪花四溅。这一套哪吒连续性的动作设想，就是根据画面台本规定的内容，对原画进行再创作的完整构思。

2. 分解

将已经构思好的整套动作画成原画，需要进行动作分析。也就是在设想好的一套完整动作之中，确定哪些地方是动作起止的关键动态，哪些是动作的重要转折，这些重要的姿态就是确定创作原画的所在。现在，仍然用上面那套哪吒的动作构思进行具体分解。即：① 哪吒转身抬手；② 转身结束，手向前指；③ 双手握枪开始挥舞；④ 枪杆换手向外划个半弧；⑤ 盘腿屈膝，身体半蹲，同时把枪收到腋下，做个亮相姿态；⑥ 开始准备挥枪上举，身体前倾；⑦ 纵身向后跃起，长枪举过头顶；⑧ 哪吒用力将枪身朝海面劈下，枪尖劈入水中，浪花四溅。以上八个姿态，就是经过对全套动作地分析、分解后所确定的关键动态原画，如图 4-17 所示。

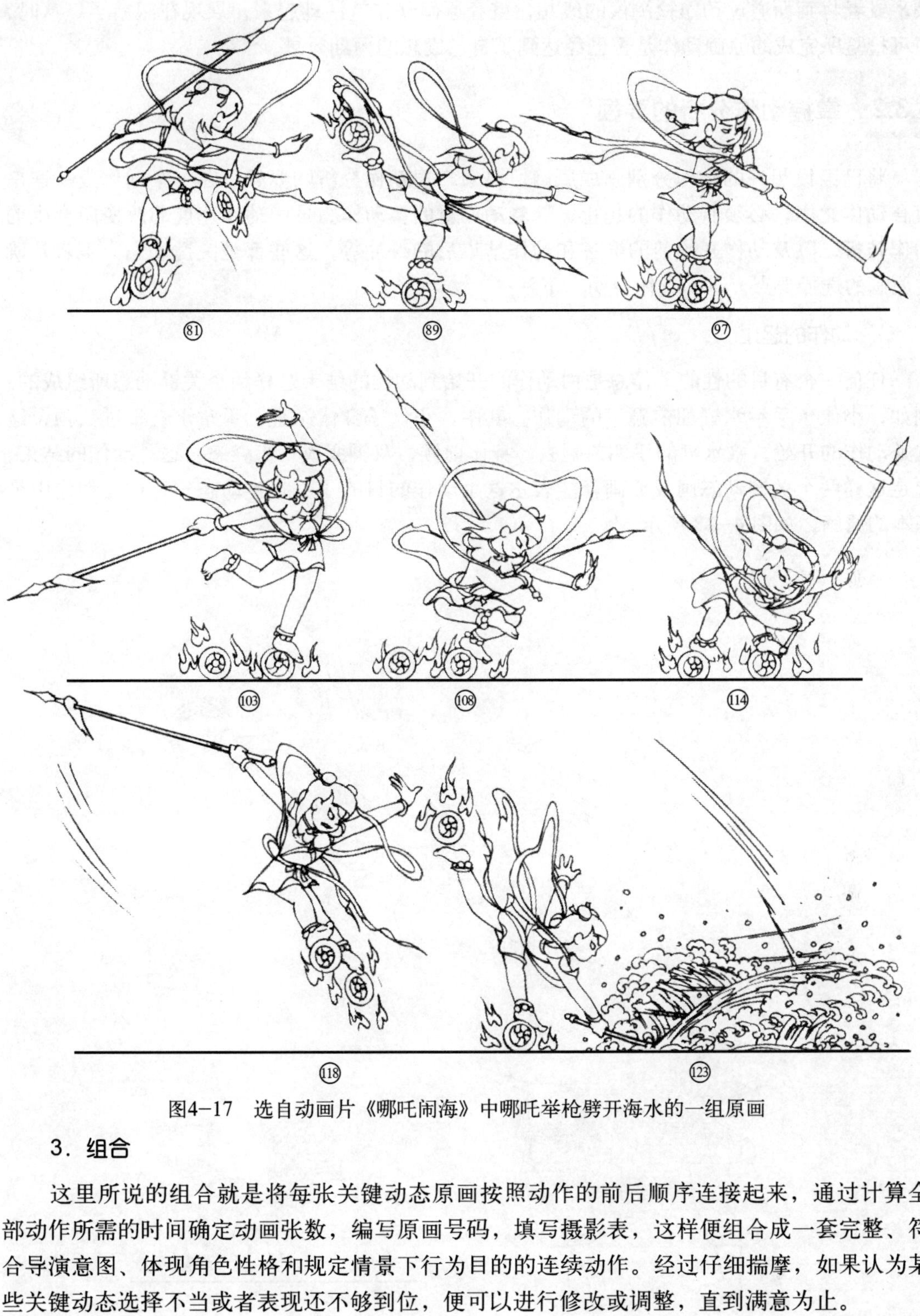

图4-17 选自动画片《哪吒闹海》中哪吒举枪劈开海水的一组原画

3．组合

这里所说的组合就是将每张关键动态原画按照动作的前后顺序连接起来，通过计算全部动作所需的时间确定动画张数，编写原画号码，填写摄影表，这样便组合成一套完整、符合导演意图、体现角色性格和规定情景下行为目的的连续动作。经过仔细揣摩，如果认为某些关键动态选择不当或者表现还不够到位，便可以进行修改或调整，直到满意为止。

4．展现

完成关键动态原画草稿之后，可以将所有画稿按顺序叠在一起，用手反复翻看动作效果，或者将画面通过动作检测仪的线拍，整套原画动作就活动起来，展现在眼前了。这时，便可检验所完成的原画动作是否已经达到了自己设想的预期效果。

4.3.2 掌握动作分析的要领

将已经设想好的动作分别画成原画，必须掌握动作分析的要领。在一个动作或一连串组合动作之中，必须有动作的起止。随着动作目的、动作力量、动作速度的改变所产生的动作转折，以及动作开始前的准备和动作结束后的缓冲等，这些都是关键动态，也就是确定原画的选择要点。下面具体说明一下。

1. 动作的起止

任何一个有目的性的动作总是由动作的开始到动作的结束这样两个关键动态所组成的。例如，小伙子手举水缸朝前砸下的动作。其中，小伙子身体站直，手拿水缸举过头顶，这就是动作的开始。拿水缸的手朝前砸去，身体前倾，双脚变成弓步姿态，这是动作的结束。选定这样两个关键动态画成原画就能表达这个动作的目的了。起止动态只是动画创作中最基本的原画，如图 4-18 所示。

（a）向前砸水缸

（b）举起望远镜

（c）闻声转头

图4-18　动作起止关键动态原画

2. 动作的转折

在日常生活中，人们为了做一件事往往需要通过几个动作才能完成。例如，一个孩子坐在书桌前拿起课本看书。要完成这个目的性明确的动作，就会有坐下、取书、翻阅等几个不同内容的动作组合在一起，这些动作姿态就是动作的转折，这同样是确定原画的关键。动画镜头中角色的表演是根据剧情的要求，通过许多连续性动作的组合来体现的，这里既有动作的起止，又有前一个动作尚未结束，后一个动作紧接着开始，两个动作内容的前后交接即动作的转折点。例如，《烽火童年》中，小孩爬上墙，沿着墙边朝前走去的一组动作，就是由小孩探出脑袋、爬、站、走等10张关键动态转折的原画所组成的，如图4-19所示。

图4-19 关键动态转折的原画图例

再如，《烽火童年》中，小伙子的一组饮水动作，就是由舀水、托瓢、畅饮、舒坦等七张关键动态转折的原画所组成的，如图4-20所示。

图4-20 关键动态转折的原画

有些连续性的动作看起来好像没有明显的起止界限，如何找准转折点呢？在一个动作的进程中，由于重心的转移和力量速度上的改变到一个极限时，便会产生动作的转折，这个极点动态就是确定原画动态转折点的所在。例如，人从站立到坐下，为了保持身体的平衡，就会有一个身体弯曲前倾、臀部后撅的转折动态，这样坐下时才不会摔倒。又如，《烽火童年》中小泥鳅从站立状态到将腿踢出的动作，由于力量和速度上的变化，必然有一个抬腿屈膝的动态转折，然后才能用力蹬腿朝外踢出，如图4-21所示。

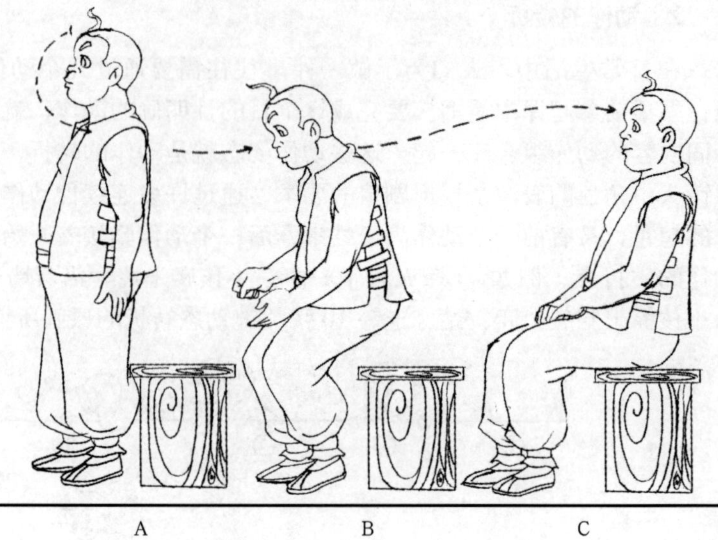

(a) 人从站立到坐下。A、C 两张为动作起止原画，B 为动作转折原画

(b) 小男孩蹬腿。A、C 两张为起止原画，B 为屈腿动作转折原画

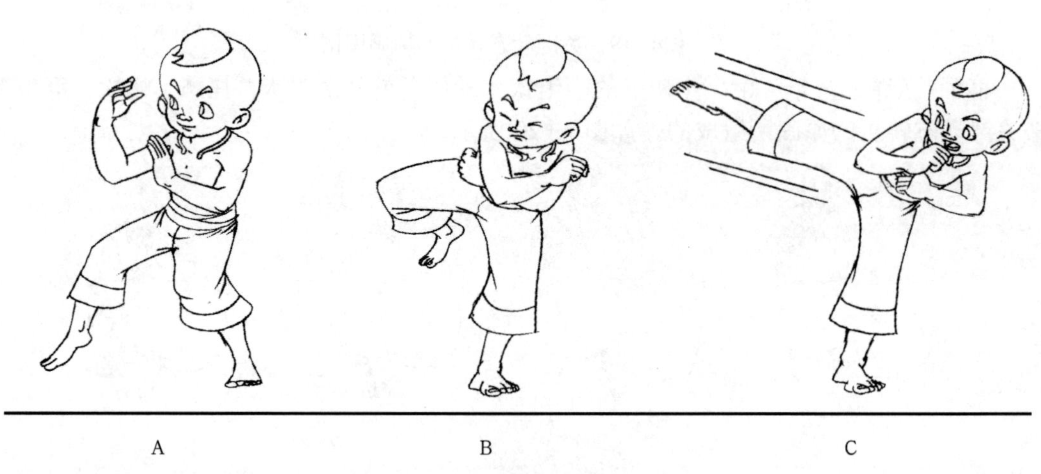

图4-21 关键动作转折

3. 动作的预备和缓冲

在“3.2.1 人物的基本运动规律”中，已经讲过物体在静止状态下突然开始运动，特别是比较强烈的动作在启动前必须有一个预备动作，然后才能进入主体动作。这样既符合动作规律又能加强动作的表现力，引起观众的注意。

下面讲解物体在动作结束时的缓冲动作。物体在运动状态下，特别是幅度较大的动作结束时，不可能是突然中止的，必须有一个缓冲动作的过程，然后结束主体动作或进入下一个主体动作。例如，小女孩转身跳起又落下，小孩纵身跳上岩石这两套原画动作的实例就是包含了准备和缓冲动作，如图 4-22 和图 4-23 所示。

图4−22　准备动作和缓冲动作

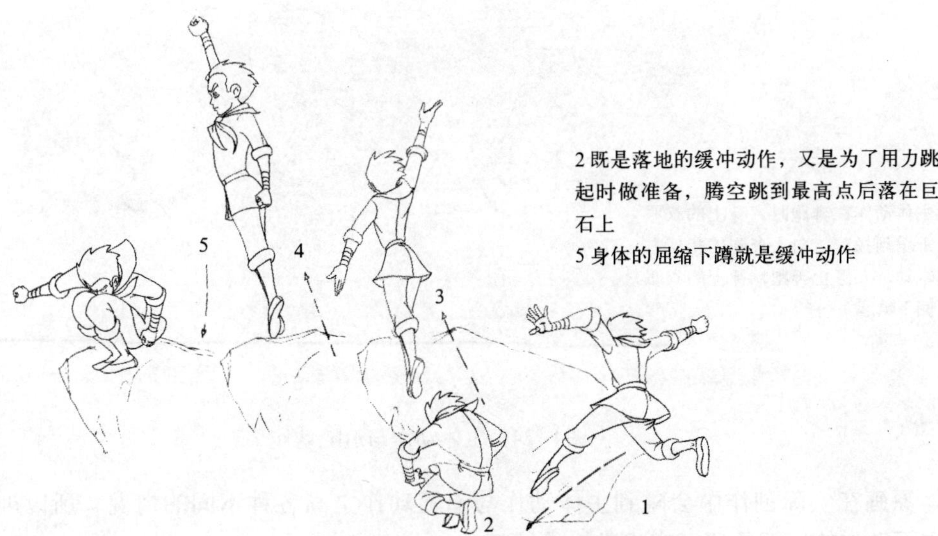

图4−23　《烽火童年》中小孩跳上岩石的原画

4.3.3 主题动作与追随动作

上面所述原画在动作分析时，为了充分表达角色的动作目的、力量和速度，必须准确把握关键动态的设计，这是动作的主体。除此之外，在画原画时，还不可忽视因主体动作的影响，角色身上各种附属物体所产生的追随运动变化，这同样是动作设计的一部分。例如，角色身上的衣服、披风、绸带、饰物，包括长发等。一个合格的原画，只有做到关键动态选得准，又注意追随动作的刻画，才能使画出来的动作合理、生动。

比如，表现一个身披斗篷的角色从站立到奔跑，然后又停止奔跑，恢复站立状态。原画在表达这一组奔跑的关键动态时，除了设计角色奔跑和站立的主体动作外，还必须考虑由于角色向前奔跑的冲力，气流会将身上的斗篷托起，拖在身后随风飘动。它与角色的奔跑动作呈不同方向的曲线运动，原画就应当表现斗篷自身的运动规律。当角色停止奔跑，身体站定不动时，身上的斗篷不会立即停止飘动，仍然以它自身的运动方式继续朝下飘落到逐渐停止。假如原画设计动作时，对追随动作不加考虑，人奔跑，斗篷不扬起，仍保持下垂状态，人停止奔跑，斗篷也突然停止飘动。那么，尽管角色奔跑的主体动作画的还可以，但是整个动作的设计忽略了追随动作，就不能算成功。主体动作与追随动作如图 4-24 所示。

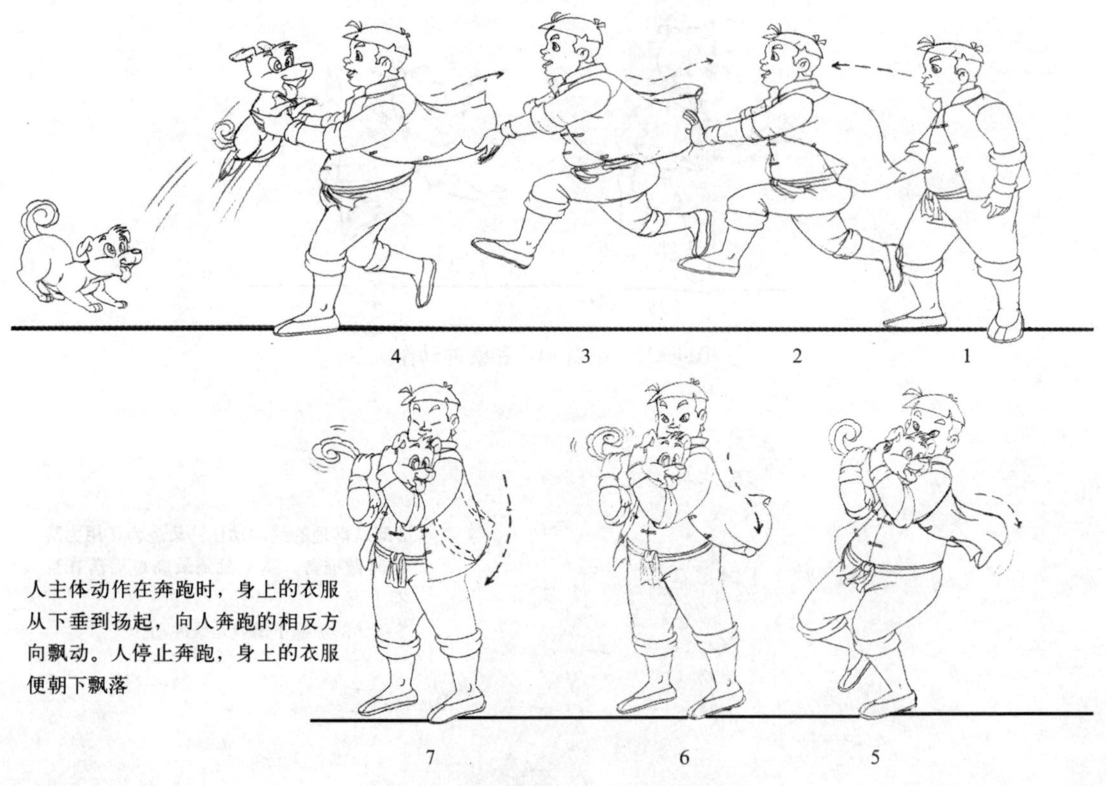

图4-24 主体动作与追随动作

原画在实际创作中会碰到主体动作与追随动作之间各种不同的情况，所以准确处理这两方面动作的协调是原画应当掌握的技巧。

4.3.4 画好形体动态线

当设想好整套动作，并且选定了关键动态时，就需要准确地将设想中的角色姿态画出来，这是原画的基本功。而画好形体动态线是原画基本功中的关键。

为了画好形体动态，需要掌握以下两点。

1．了解形体的基本特征动态线

人的性别和年龄不同，支撑人体脊椎的基本动态线也不同。例如，男人站立时的一般姿态是：含胸、收腹。他的脊椎线如图 4−25（a）所示。女人站立时的一般姿态是：挺胸、撅臀，她的脊椎线如图 4−25（b）所示。老人站立时的一般姿态是：驼背、凸肚，他的脊椎线如图 4−25（c）所示。小孩站立时的一般姿态是：以挺肚为最明显的特征，他的脊椎线如图 4−25（d）所示。

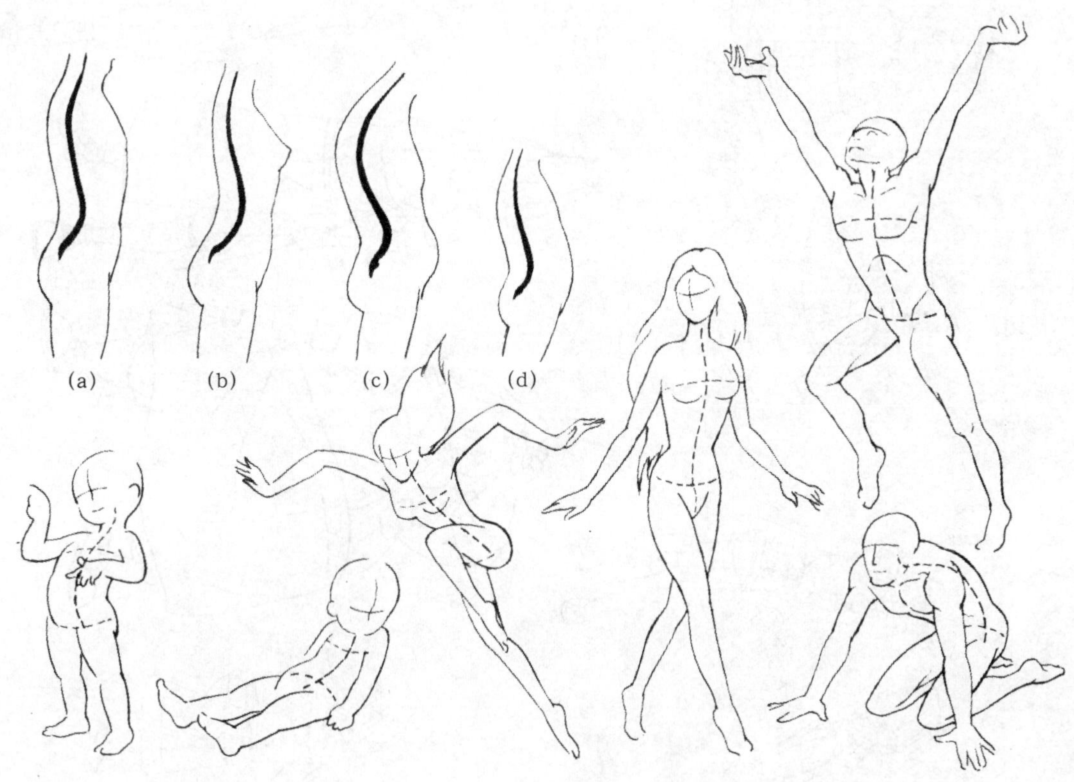

图4−25 基本特征动态线图例

以上图例对原画如何画好各种性别、年龄的角色形体特征的基本动态线将会有一定的启发。在每一部动画片中，美术设计根据导演的要求，会对某些角色造型，设定一个形象基本形态，作为角色的形体特征。原画就应该研究并掌握它的形体动态线，作为涉及固定姿态或动作时的依据。动画片中各类造型形体动态线图例如图 4−26 所示。

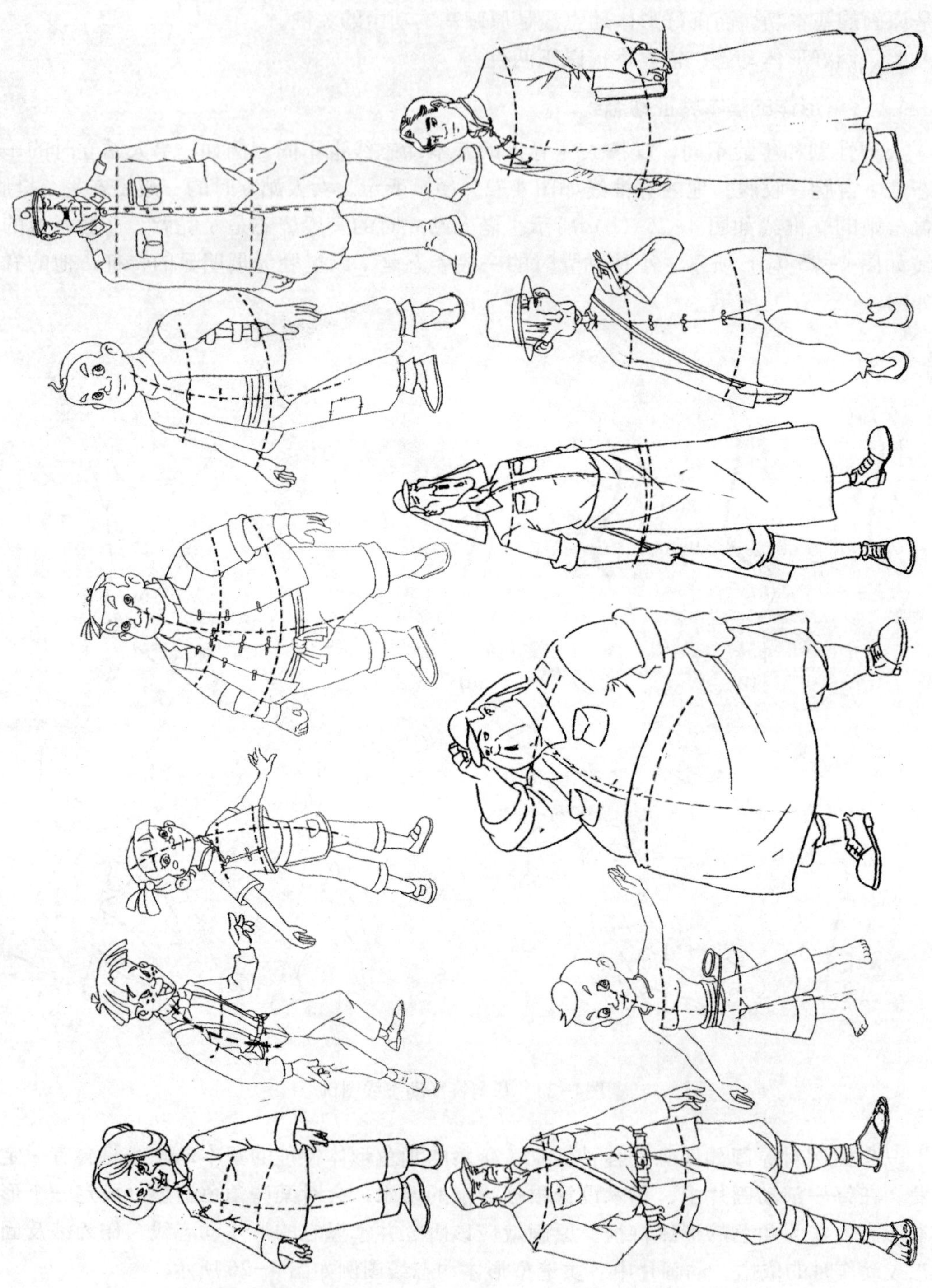

图4-26　动画片中各类造型形体动态线图例

2．掌握各种动作的形体动态线

原画为了画好每个角色的动作，除了要掌握形体的基本特征动态线之外，还应掌握运动中的各种姿态的动态线，如图 4-27 所示。在动画片中的动作充满着想象和夸张，特别是设计夸张动态时，借助形体动态线这一有效表现手段可以使所画的动作姿态更加确切，并能得到加强效果。

图4-27　各种形体动态线的图例

课后练习

简述进行动作分析的步骤。

4.4　动作的时间与节奏

动画片中的动作是经过分解后一张张画出来，然后以每秒 24 格（电视每秒 25 帧）的速度，在银幕上不停地变换画面，从而产生连贯的视觉效果。

原画笔下的形象就是动画片中的角色。所以，不仅形象要画的准确，姿态要画得生动，还必须精确地计算动作的时间，掌握动作的节奏。只有这样，在银幕或银屏上所看到的动作才能是生动完美的。

4.4.1　掌握时间、节奏的三要素

准确掌握动作的时间和节奏，前提是：不能脱离动作构思和关键动态的选定这个基点。掌握动作节奏的基本方式是：距离、时间、张数（摄影表上拍摄格数），三个关系的正确处理。

1．距离

距离是指动作幅度。也就是两幅原画关键动态之间的距离。间距大，动作速度就快；间距小，动作速度就慢。

2．时间

时间是指动作秒值。也就是两幅原画关键动态之间所需的时间。秒值多，动作速度就慢；秒值少，动作速度就快。

3．张数

张数是指画面数量。也就是两幅原画关键动态之间动画的数量。动画张数多，间距就窄，动作就慢；动画张数少，间距就宽，动作就快。

4.4.2 动作节奏的处理

动作的节奏是由动态距离、时间、张数这三个方面组成的。它们是相互关联的整体。其中，以动态的距离（即关键动态的设定）为基础，加上准确计算时间，合理确定张数，才能使动作节奏取得满意的效果。比如，图 4-28 中用四个圆圈来表示四张原画的距离，其中 1 到 2 为中速，2 到 3 为慢速，3 到 4 为快速。

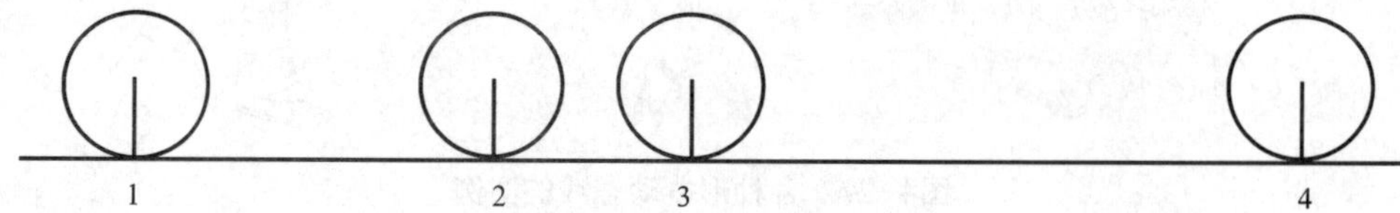

图4-28　动作节奏示意图

从技术角度讲动作的节奏是由距离、时间、张数这三个基本要素组成的。但实际上原画设计动作还包含了艺术创作的重要因素。要使一个镜头中的角色动作精彩生动、使人难以忘怀，原画制作者不仅要能够创作动作，能够画好角色的动作姿态，还要懂得运用动作节奏上的变化。例如，静止→慢→快，或者快→慢→静止，这是比较柔和的节奏。它属于动作逐渐加快或逐渐减慢，顺序而进，造成一种动作平稳、稳定的效果。另一种是，快→停或快→停→快，这是表现动作强烈的节奏，其速度是突然性的，以求引起人们的注意。还有一种是，慢→快→突然停止，这是一种急剧的节奏。由于速度先是逐渐变化，发展下去突然终止，这意味着将会发生意料不到的变化，其效果从正常到反常。

只有准确把握节奏上的变化才能增强动作的感染力。原画在构思动作时，必须注意三个关系，即动与静、放与收、急与缓。

1．动与静

动与静就是运用动作节奏上的强烈反差引起人们对某个角色形象或动作目的的关注。这就应该在设计整套动作时，安排好以动为铺垫，突出静的主题，或以静为预示，烘托动的急剧。例如《大闹天宫》中，孙悟空第一次出场亮相的一组动作：他从水帘洞内翻跳而出，当身体落到洞外石梁上时，先是连续不停地打着旋转，然后突然停止转动，双手提着长袍

遮住面孔，静止片刻，接着双手迅速甩袍，露出美猴王的面孔，做一个亮相姿态，并做较长时间的停顿。整套动作就是动与静的结合，运用了快→停→快→静止，形成强烈反差的节奏。其目的就是吸引观众看出场的角色究竟是什么样子，引起了大家的注意，而美猴王又一直处于快速运动之中，直到甩开遮住面孔的长袍才露真容。

2. 放与收

放与收就是运用动作幅度上收紧与放开之间的明显对比，加强主体动作的力度，给人造成较深的印象。在动画片中，为了表现一个大动作的强烈效果，在设计动作时，必须对前一个动作在姿态和幅度上给予紧缩或收拢，也可以说是力量的积聚和准备。然后突发性地扩张或展开。这样就充分表达了主题动作的力度。正如俗话所说的“预放先收”。例如，在《宝莲灯》中，小陈香在山岗习武时的转身踢腿，跃起劈棍，以及小猴子在树林中追扑萤火虫等动作，在节奏上就是运用了放与收的结合，取得了较好的效果。

3. 急与缓

急与缓是运用动作速度上的急剧与舒展、快速与优柔交错结合，表达节奏上的变化，能使动作不显得平淡而富有层次及动感。例如，《在大闹天宫》中的练兵场上进行操练武艺。一个持长枪，一个握短刀，先是围着慢悠悠地转圈对峙，寻找突破口，然后一阵急剧的枪刺刀劈，快速厮打，姿态大幅度的变化。以上一组动作就是运用了先松后紧，急缓交错的节奏，使动作显得比较丰富。

一个原画在设计各类动作时，应有意识地注意处理好以上三个关系，这样动作便不会显得呆板乏味，可以更有节奏感，从而增加了动作的韵味。

4.4.3 把握动作的停格

把握好动作的停格，也是原画处理动作节奏时不可忽视的一部分。有些初学者在判断动作停格时常常会发生困惑，不知何处该停，停多少格。处理动作的停格，在一般情况下有一个基本规律：在一个镜头中，其主导作用的关键动态原画画面可以多停格；当动作目的改变时可以适当停格；在同一目的动作的进程中，产生动态更换、力量改变、重心转移等动作转折处，可以少停或者不停格；在一个动作的中间过程中，不应该有停格。

一般而言，停 1 ~ 3 格，不属于停格的范围，它仍是连续性效果；停 4 ~ 6 格（占 1/6 秒或 1/4 秒），其效果只是动作略有间隔。即前一个动作刚刚完成，后一个动作紧接着开始，动作与动作之间仅仅是短暂的间隔，使人物有动作的顿挫感；停 8 ~ 12 格（占 1/3 秒或 1/2 秒），其效果是动作上的适当停顿，常用于为了让观众可以看清关键动作的姿态或表情；停 12 格（半秒）以上，这是较长时间的停顿，常用于一个秒值较长的动作，或一组连续性动作结束之后的休止状态。

课后练习

简述在原画构思动作时应注意的三个关系。

4.5 表情与口形

在动画片中，原画要塑造一个成功的角色，除了设计好生动的形体动作之外，角色面部表情的刻画和讲话时的神态、嘴部的口形变化都是不可忽略的重要方面。

4.5.1 表情

动画片中的角色造型一般都是经过夸张、概括、个性化的形象，外部特征比较鲜明。原画刻画角色面部表情时，必须从人物性格出发，抓住特定情景下人物的典型表情。所以，在日常生活中应当注意观察，研究人们在不同情绪下的表情变化，积累一定的素材。在实际工作中，也可以自己对着镜子，做一些动画片中角色所需的神态表情，经过仔细揣摩，勾画出表情草图，然后加以概括和夸张，如图 4-29 所示。

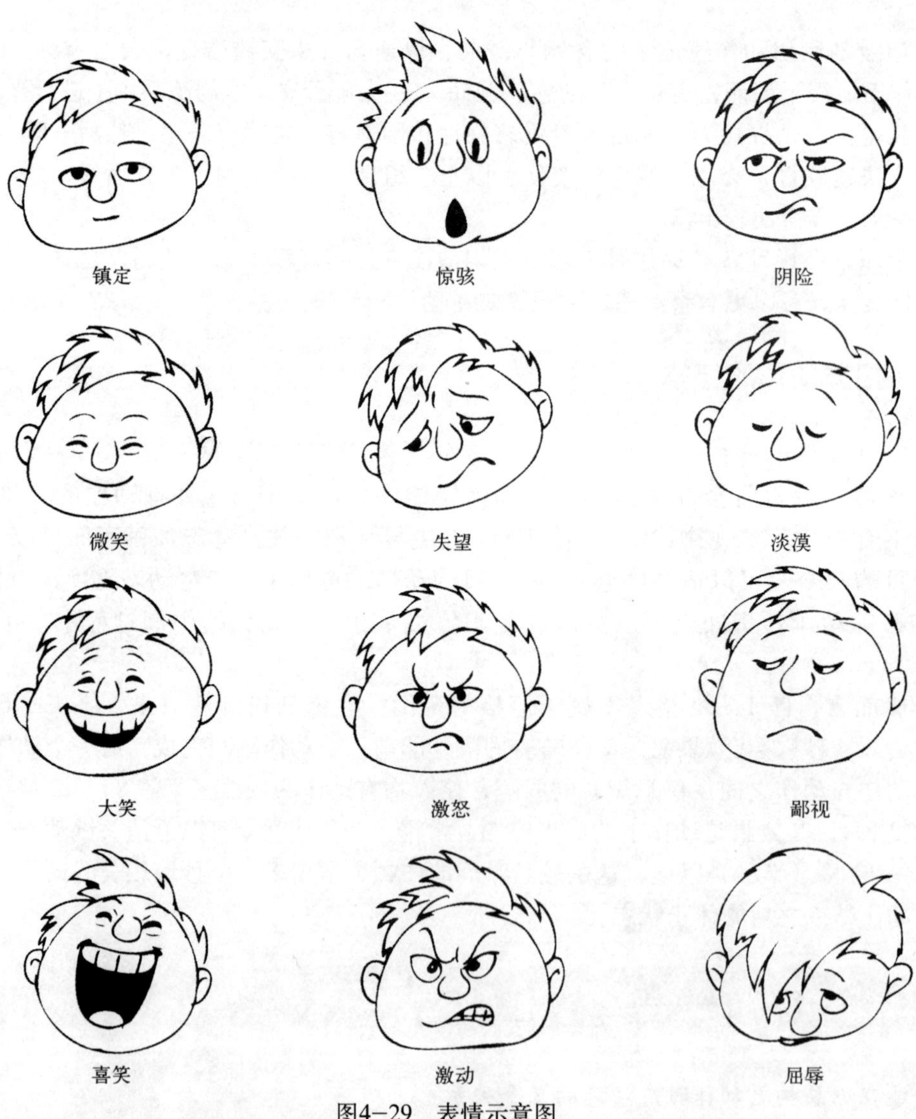

图4-29 表情示意图

惊异

愤怒

哭泣

图4-29 表情示意图（续图）

原画要想准确画好角色的表情，首先要了解产生面部表情变化的主要三个区域及三个部位。三个区域是指额头、面颊和下颚肌肉的变化；三个部位是指眉毛、眼睛和嘴巴外形的变化。下面以“笑”、“哭”和“惊”为例来进行说明。

1．笑

笑是一种愉快的表情。笑的基本特征是：头部略微上仰，额头微有皱纹，眉毛上扬，眼睛几乎闭合成下弧形，面颊肌肉向上提起，脸型变宽，嘴巴张开露齿，嘴角向上挑起，鼻唇沟线加深上抬成内弧形，下颚拉紧。笑有微笑、大笑、狂笑之分，在形态变化的幅度上也会产生差异。

2．哭

哭是一种悲哀的表情。哭的基本特征是：头颈软弱、微倾斜，眉梢和眼角倒挂下垂，面颊肌肉无力下沉，鼻唇沟线加深，下部向内弯曲，嘴唇微张、嘴角下垂、下颚松弛。哭有悲哀、哭泣、大哭之分，形态变化的幅度也会有所不同。

3．惊

惊是一种惊吓的表情。惊的基本特征是：头部略微前伸或后缩，脖子僵直，面颊肌肉拉长，眉毛高高吊起，眼睛放大睁圆，眼眶内眼珠居中四周露出眼白，嘴巴长大仅见下齿，下唇倒垂，鼻唇沟线略微拉直，下端向内弯曲，下颚收缩。惊有惊异、恐惧之分，形态变化的幅度也会有所区别。

4.5.2 口形

角色对白镜头的设计，尤其是近景或特写镜头，口形动作的变化是十分重要的。人说话的声音必须通过嘴唇的张合运动才能传达出来。在一部动画片的后期配音时，演员必须按照影片中角色的口形进行对白配音。因此，口形动作应当注意以下几点：

① 口形动作的变化要与面部肌肉、眼神变化相互配合。例如，念“啊”字音时，脸形适当拉长；念“衣”字音时，脸形略微放宽；念“喔”字音时，脸形应稍微变窄等。

② 画口形变化时，不可忘记应以角色嘴巴造型结构为基础，动作时才会不失原来形象的特点。

③ 口形与发音是密切相关的。有些是发一个音为一个口形，有些是发一个音就有一张一合两个口形动作，而又有些从发第一个音到底二个音口形变化甚微，只是口腔中舌尖或牙齿的运动。所以，不能简单地理解为发一个音就必须或只能画一个口形动作。

④ 动画片中角色的口形动作也必须概括提炼、抓住重点，突出一句话中最有代表性的几个口形动作。切勿搞得繁杂、琐碎，那样效果就适得其反了。

⑤ 目前，都已采用规范化的口形动作，基本上分为A、B、C、D、E和F六种类型。在画原画时，应该按照对白的发音准确选定口形的类型表达，并且在摄影表中明确提示动画，中间画口形变化的类型和位置。

⑥ 画对白镜头时，如果没有前期对白录音作为标准，就一定要认真计算时间，注意讲话时的语气和节奏，在摄影表上将发音吐字和停顿的地位定准。只有这样，后期演员配音时，口形与发音才能合拍、协调。如果口形动作时间没有掌握准，则会造成配音时的许多麻烦。往往应该发音时画面上没有口形。当语句停顿不该发音时，若画面上口形还在乱动，则令观众看了很不舒服。图4-30为常用的几种对白口形。

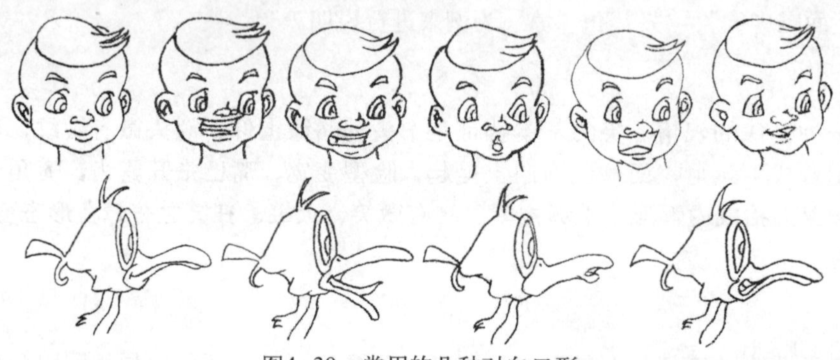

图4-30 常用的几种对白口形

课后练习

（1）练习常用表情。

（2）简述口形动作中应注意的问题。

4.6 循环动作

循环动作是指物体周而复始的运动或变化。在日常生活中，这类动作的不断重复与循环是常有的事。例如，人不停地朝一个方向慢步，长跑运动员在跑道上不断地奔跑，大雁在天空中展翅飞行等。他们都是在重复着走、跑、飞等同样的动作。

在动画片中，如果需要表现多次重复进行同样的一个动作或一组动作，就可以采用循环动作的技法。处理得当，即可加深观众的印象达到一定的艺术效果，又可节省原画、动画的工作量。运用循环动作，原画只需画出一次的动作过程，反复连续拍摄，便可取得多次重复同一动作的效果。

循环动作可以分为单循环动作和多循环动作两种。

4.6.1 单循环动作

单循环动作又称单循环，是指一个循环动作从开始到结束，再从结束回到开始的连接

运动过程。单循环一般至少需要三张原画。例如，一个角色连续不断地锤击木桩的动作，第一张原画是举锤，第二张原画是落锤击中木桩，第三张原画又是举锤（可以借用第一张原画），将这样三张原画之间的运动过程用两组动画连接起来，如图 4-31 所示。

角色锤击木桩的动作。① △2 ③ 举锤击下，③△5① 又将锤举起。组成一套可供循环的打锤动作。注意 △2 与 △5 中间画是完全不同的姿态，△2 是用力向下击锤，△5 是前一击锤动作完成后的收锤上举

图4-31　单循环动作

又如，鸽子不停地在空中飞行，第一张是举翅向上，第二张是展翅向下，第三张又重复使用第一张的举翅动态，中间同样是用两组动画连接，便组成一套鸽子飞的循环动作，如图 4-32 所示。

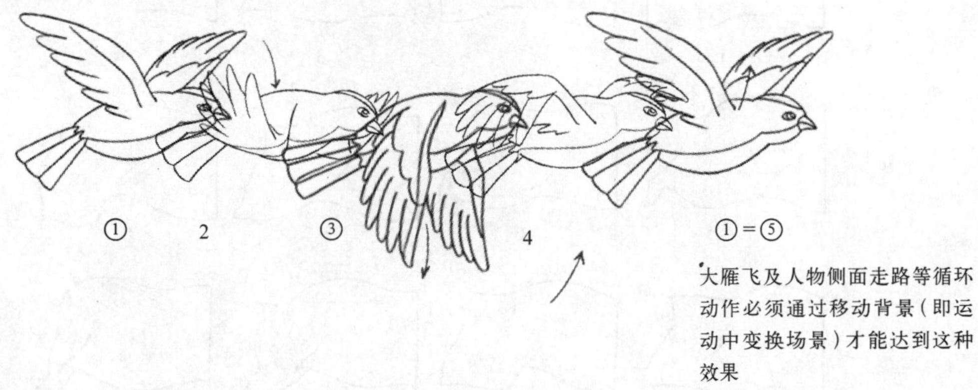

图4-32　鸽子在空中飞行的循环动作

以上两个例子说明一个简单动作的重复，如果反复使用就称为单循环动作。单循环在一个动画镜头中，重复使用次数不宜过多，多了动作就会显得单调。另外还需说明，两个例子有不同之处，前一例使人物固定场景不变，只要动态画的生动，速度处理准确，便能取得比较满意的效果。后一例是鸽子在空中飞行，需要在运动中变换场景才能造成向前飞行的效果，这就要求通过背景的逐格移动才能解决。

4.6.2 多循环动作

多循环动作又称复合循环，是指表现一组有变化的复杂动作循环。为了使动作丰富多变，虽然经过多次重复而不显单调，便可将几套单循环组合成一个大循环。在每次大循环时，又可以在速度、节奏及几套单循环的动作次序、排列上加以变化，而不是简单的重复。恰当处理，可以使动作产生多种变化而不显单调，能取得事半功倍的效果。例如，表现舞蹈或武打动作，大场面里的群众欢呼跳跃、彩旗飘扬、大火燃烧等。

以彩旗飘扬为例，旗帜的运动变化万千，但又有一定的规律性，所以采用多套单循环组合成一个大循环的方法。画 16 张原画，用动画连接成一个大循环，其中每四张原画为一个小循环，使用时可以将四套按照顺序排列组成第一次循环，也可以不按顺序排列（用动画连接）组成第二次循环，第三次循环……，以此类推，变化也就十分丰富了，如图 4-33 所示。

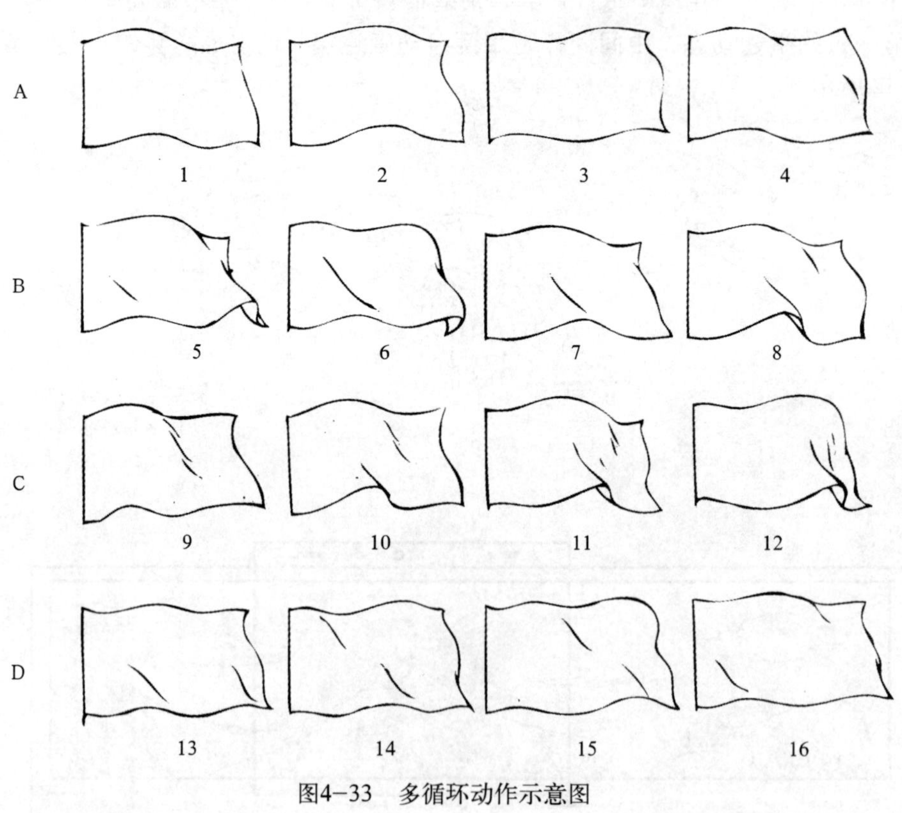

图4-33　多循环动作示意图

课后练习

（1）练习单循环动作。

（2）练习多循环动作。

第 5 章

动画镜头的技术处理

原画创作经常会接触到绘制拍摄上的许多技术性问题。例如，规格框、定位器、推拉镜头、移动镜头，等等。所有这些都是完成动画镜头设计任务的组成部分，原画设计人员必须懂得并掌握各种技术处理的基本方法。

5.1 规格框、定位器的作用

规格框和定位器是在每个动画镜头的绘制和拍摄中，从设计稿开始到原画、动画、背景、描线、上色、校对、摄影（电脑扫描）等各道工艺流程中保证做到画面规格始终统一，图像位置稳定不变的重要工具。

动画片中使用的动画规格板是根据普通电影银屏和电视屏幕，按照国际上统一的 3×4 画面比例确定的。目前，所用的动画规格板是用透明赛璐珞片制成的，上面印有从小到大 12 个规格框线，以便确定某与规格画面的标准大小，如图 5-1 所示。一般来说，系列动画片角色特写或近景画面采用 6 ～ 7 规格；大半身或全身的中、全景采用 7 ～ 9 规格；大全景或远景画面，采用 10 ～ 12 规格。

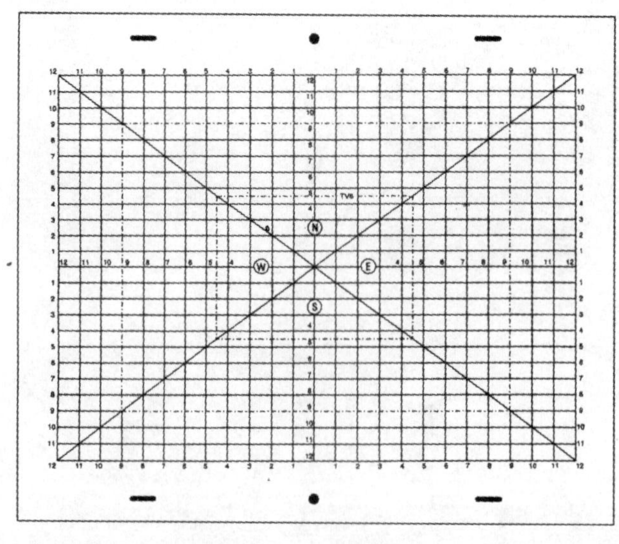

图5-1　动画规格板

原画绘制每个镜头时必须严格按照设计稿上规定的规格进行，不能随意改动。在画原画时，应该将规格框内的角色形象画全，如果某一个角色的动态超出规格框周边的范围时，应将其超出部分的形态向框外多画出一个规格（约 1cm），这样做是为了避免因图像不足规格框而出现“穿绷”的差错。

定位器（也称固定器）是在金属薄片上固定装有三个等距的定位钉所制成的，它是国际标准化动画绘制拍摄的定位工具。它的作用是固定绘制动画所用纸张的统一位置，保证每幅画面能够稳定不变。为了做到所画动作位置的稳定，形象不产生无故的抖动，原画、动画等各道工序都应该始终保持动画纸上三个定位孔的完整，不能使其破裂或缺损。

课后练习

简述规格框、定位器的作用。

5.2 推拉镜头

镜头的推拉是摄影的一种常用手段。在制作一部动画片时，根据导演将故事情节切分成许多不同视距的镜头（如远景、全景、中景、近景、特写等），经过逐个镜头的绘制、拍摄，最后组接而成的。导演根据剧情和艺术要求，又将不同视距的每个镜头分成固定视距和在运动中改变视距两种处理方法。推拉镜头就是运用摄影机与拍摄对象（人物和景物）之间，在同一镜头内变更视距，改变观众的视野。

推镜头：推镜头是指摄影机镜头向画面逐渐靠近，画面外框逐渐缩小，画面内的景物逐渐放大，使观众的视线从整体看到某一个局部。

拉镜头：拉镜头是指摄影机镜头与画面逐渐远离，画面外框逐渐放大，画面内的景物逐渐缩小，使观众的视线从某一个局部逐渐扩大，从而看到整体。

动画摄影机安装在摄影台立式机架上，通过机架上摄影机上升（拉）、下降（推）的运动，改变镜头与画面的距离，起到画面扩大或缩小作用。绘制、拍摄动画都必须按照动画规格板上标明的各种大小标准，不能有差错。拍摄推镜头时，摄影机自上而下降，规格框就由大变小。这就产生了镜头推拉的银幕效果，如图 5-2 所示。

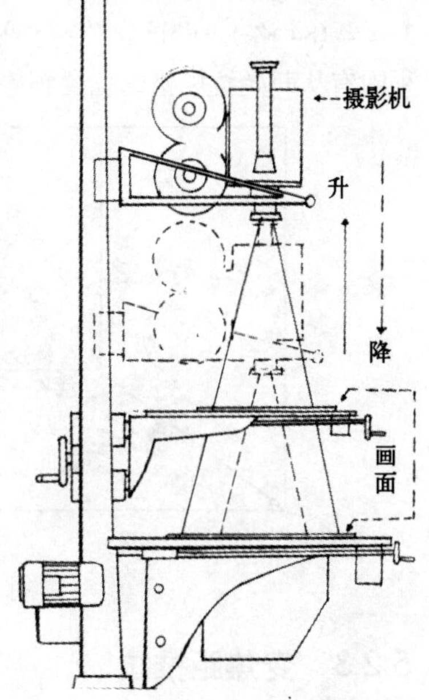

图5-2　动画摄影台示意图

动画片的推拉镜头分为正中心推拉、偏中心推拉和变焦距推拉三种。

5.2.1 正中心推拉

按照动画规格板标准中心地位的推近（规格由大到小）或拉远（规格由小到大），这种镜头处理称为“正规格推拉”镜头处理。例如，在动画片《烽火童年》中，人物掀开门帘。由正规格13推至8，推镜头时间为3秒(72格)，慢匀速。设计这种镜头时，原画必须在摄影表上详细注明，什么地方开始推，什么地方停止推，推多少秒数。正中心推镜头图例，如图5-3所示。

图5-3　正中心推镜头图例

5.2.2　偏中心推拉

只按照规格的标准大小，不按照规格板中心地位的推拉可称为“偏规格推拉”镜头处理。例如，在动画片《烽火童年》中，小泥鳅在山岗上吹笛，笛声悠扬。这个镜头是从画面上端小泥鳅半身近景的局部拉开后看到他身边的老牛在聆听。由偏端拉至正规格回，拉镜头的时间为3秒半(84格)。设计这种镜头时，除了在摄影表上注明镜头拉的起止位置和秒值之外，还必须附有从开始拉规格的位置到停止拉规格位置的设计图样。偏中心拉镜头图例如图5-4所示。

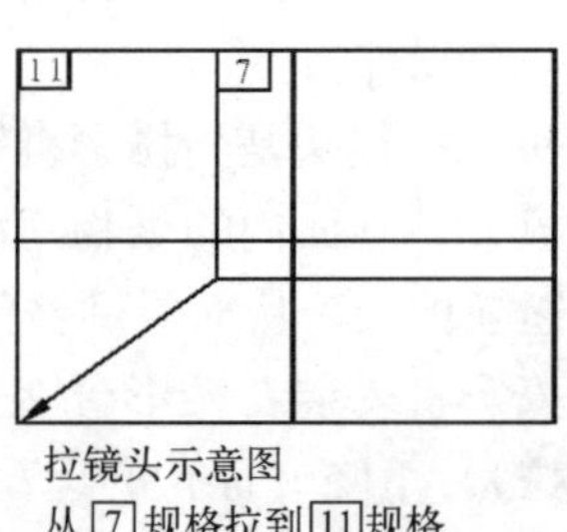

图5-4　偏中心拉镜头图例

5.2.3　变焦距推拉

使用电影胶片拍摄的动画片常运用两层拍摄或多层拍摄来加强画面多层次空间感的效果。在多层拍摄中，还可以在推拉镜头的前后或推拉过程中变换焦距，将观众的注意力根据剧情和导演意图由前层转到后层，这就是变焦距推拉。

设计多层推拉比普通推拉镜头要复杂。假如一个镜头分成上、下两层画面拍摄，由于摄影台灯光照明的原因，前后两层画面需要相差六个规格。例如，上层画面是“6”，那么

下层画面就应该是“12”，原画必须注明每一层的规格大小，开始焦点在哪一层，什么时候推，什么时候变焦，变焦的格数等。处理这类镜头必须与导演、摄影师一起商定才能取得成功。图 5–5 所示为变焦距推镜头图例。

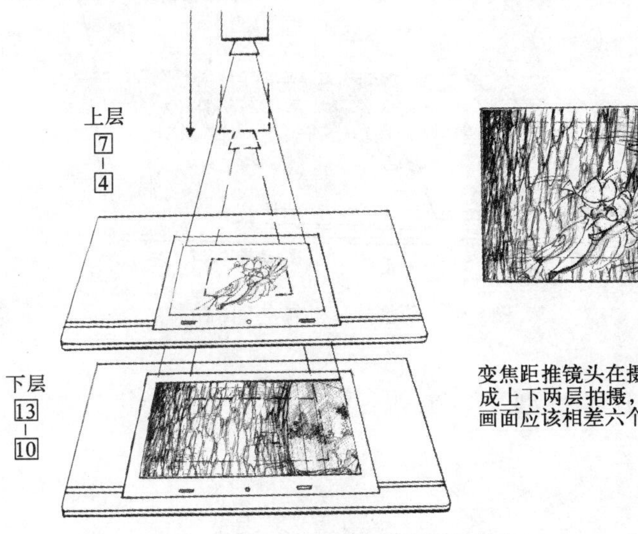

图5–5　变焦距推镜头图例

课后练习

简述推拉镜头的种类。

5.3　移动镜头

动画片中的移动镜头也称为“移动背景”，是指镜头的视距不变，画面上的景物向左右或上下移动位置。在动画片中，为了让观众看到辽阔的大海、起伏的群山，往往采用摇镜头（摄影机机位固定，镜头向左右转动角度）来展现广阔景色的全貌。为了让观众看清运动场上的短跑运动员在竞赛时的互相追逐、草原上奔驰的群马或公路上飞速行使的汽车等，往往采用跟镜头（将摄影机放置在机动车上跟踪拍摄对象）来解决。

动画片的摄影台是立式的，摄影机固定安装在机架上部，所拍摄的景物是画在其上的。如果要求在动画片中达到像故事片中摇镜头和跟镜头的效果，就必须增加背景画面设计的长度。在拍摄时，将所画的背景固定在摄影台的移动轨道上，通过逐格变换位置取得移动镜头的效果，这就是动画片中的“移动背景”。

例如，摄影机位置固定不变，要表现镜头始终跟随人物前进，背景就必须按人物前进的速度朝相反方向移动。通过背景的向后变换位置表现人物向前行驶。背景每一格移动的距离是根据人物每秒在画面中前进所需的距离计算出来的。如果要求人物在画面中每秒前进 48cm，按每秒 24 格计算，就可得出每拍一格，背景就必须向相反方向移动 2cm（人物保持原位）。动画画面与背景画面的定位器位置必须上下分开。动画画面定位器固定在一个位置，拍摄时按摄影表变换画面。背景画面固定在摄影台移动轨道定位器上，拍摄时按照移动带的刻度，每拍一格移动一格。动画片移动镜头图例如图 5-6 所示。

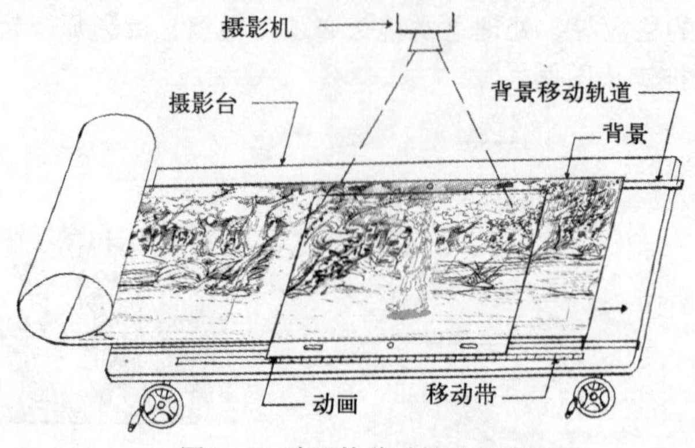

图5-6　动画片移动镜头图例

5.3.1　移动镜头的几种类型

1．横移动

景物画面定位器与摄影机镜头成平行方向的左右移动，称为横移动镜头。如何设计横移动镜头呢？下面以大雁在空中飞翔为例：①首先，根据镜头内容和规定时间确定背景移动的长度（假设是三个画面），并准备相应长度的动画纸作为动作设计稿。②在动作设计稿上确定雁飞全过程的运动路线。然后，在运动线上画出每张雁飞关键动态原画的位置，计算出每张原画之间的中间画张数。③在设计稿下端规格框线上，相应标出每张原画、动画的移动格距离作为背景向相反方向移动的依据。④从设计稿上拷贝原画稿时，在每张动画纸上必须按规格框画上直角线，对准设计稿上移动格标明的原画号码逐张拷贝。⑤为了使移动镜头不产生突然开始或突然停止的生硬感觉（特殊情况除外），在开始移动及结束移动前，可采用 3 ～ 5 格的移动距离，由小到大及由大到小进行过渡，使视觉上有一种柔和感。⑥背景移动必须与大雁飞行成相反方向，并在摄影表上标明移动的起止。横移动镜头原画如图 5-7 所示。

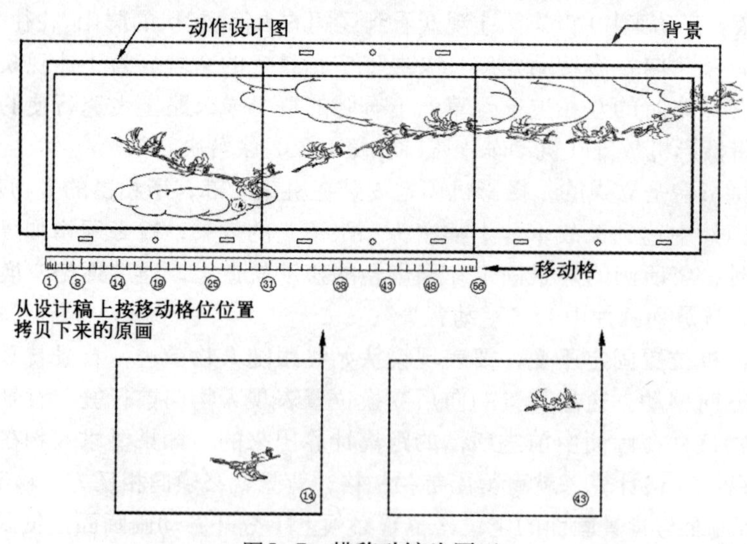

图5-7　横移动镜头原画

2．直移动

景物画面定位器与摄影机镜头成垂直方向的上下移动称为直移动镜头。直移动镜头的设计方法与横移动基本相同。例如，在《烽火童年》中泥鳅跳入水中的一个直移动镜头，在设计时应该注意以下三点：①人物画面的动画纸上的定位孔必须放在旁边。②动画纸定位孔在背景定位孔的位置必须在左右两侧成相对平行方向。③背景移动与人物动作的方向相反。直移动镜头如图 5-8 所示。

背景移动

图5-8　直移动镜头

3. 斜移动

景物画面定位器与摄影机镜头成斜角度方向的移动称为斜移动镜头。斜移动镜头的设计方法基本上与横移动相同。设计时应该注意以下四点：①动画纸上的定位孔位置必须与斜移方向平行。②动画纸应该大于画面的规格，能够完整地斜放一个所需规格的画面。③背景定位器与动画纸定位器位置成相对平行。④在动画纸上应画出规格框和斜角移动线。斜移动镜头如图 5-9 所示。

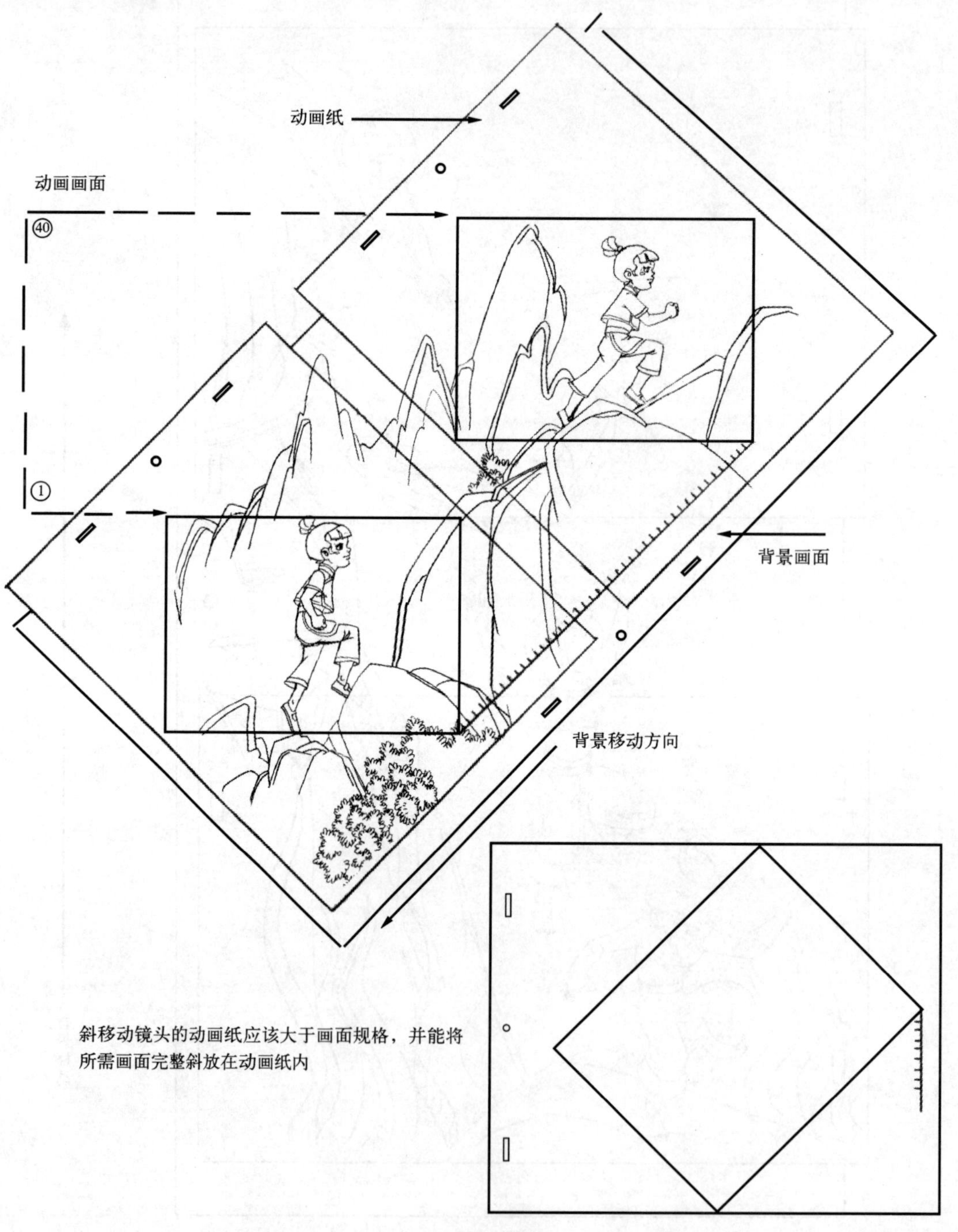

图5-9　斜移动镜头

4．弧移动

景物画面定位器与摄影机镜头成弧形角度的移动称为弧移动镜头，也可称为扇形移动。设计方法除与一般移动基本相同之外，还应特别注意以下两点：①在设计稿上必须画出弧形运动线，画面规格上下两条弧线应该平行一致。②拍摄时，不能使用摄影台上的移动轨道，只能采用手工操作，所以必须以画面中心十字线为准。弧移动镜头如图 5–10 所示。

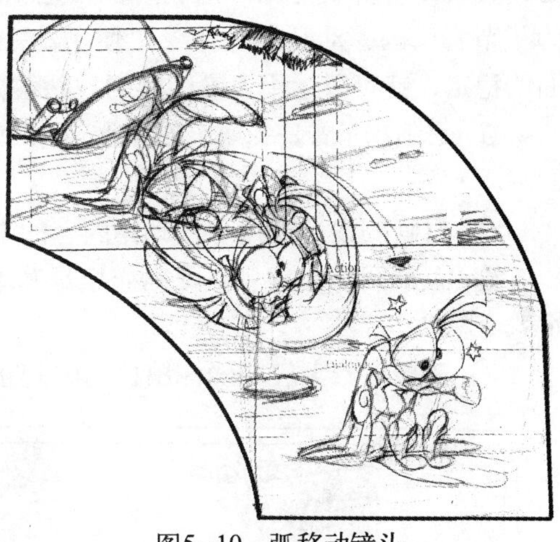

图5–10 弧移动镜头

5．边推（拉）边移

边推（拉）边移是指镜头的推拉与移动相结合的一种处理方法。它不仅改变画面的视距，同时又改变画面的位置，称为边推（拉）边移动镜头。设计这类镜头时，必须将两种方法结合起来。这里要着重说明的是：假如一个镜头从规格“11”推至规格“6”，在推的同时，镜头还在进行横向移动。这样，不仅镜头开始时的画面规格与结束时的画面规格大小产生了变化，而且开始的画面位置与结束时的画面位置也已经有所改变。所以在计算移动距离时，不能以画面的外框为准，必须按规格的中心十字线计算它的移动距离才能保证准确。否则，移动距离就会产生偏差，形成移不到位或移位过头的差错。边推边移镜头如图 5–11 所示。

边推(拉)边移镜头，必须以规格中心线为标准，以上图例说明，从11边推边移到 6，如按外框线来计算，移距要比中心线计算相差8cm

图5–11 边推边移镜头

5.3.2 移动的几种不同技法

1．人（物）景同移

如果表现一个自右向左的移动镜头，在两种情况下可以采用人景同移的技法处理。一种是画面移动距离不长，但镜头中的角色在移动前或移动过程中位置比较固定，动作变化不十分强烈，有时只是相互对话的表情口形动作。另一种是移动的距离比较长，但镜头中是角色较多的群众场面，他们的位置也相对比较固定，大多是做一些简单而又重复的动作。为了节省原画、动画的工作量，便于动作上的修改和速度上的调整，同时有利于移动中画面的稳定，就可以运用人景同移的技法解决。人景同移应该注意以下四点：

① 必须用于背景长度相等的动画纸，与背景一致的三孔位或五孔位定位器，使人与景位置固定。

② 原画的设计动作可按动作内容的节奏需要运动，不受镜头移动的局限。

③ 人景同移的每一格距离应该是基本相等的匀速移动，才能保证画面移动的稳定（特殊要求除外）。

④ 在摄影表上应明确标出移动的起止位置。人景同移镜头图例如图 5-12 所示。

(a) 、(b) 两个镜头，动画纸长度均与背景长度相等，并用同一定位器固定

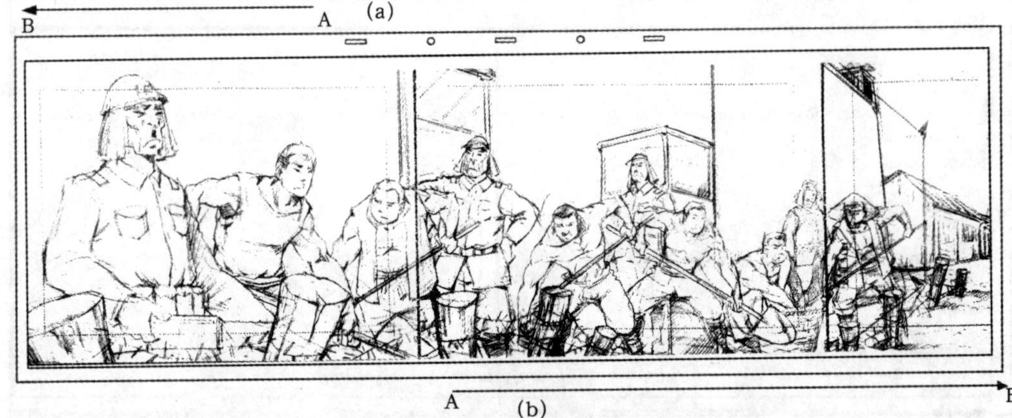

图5-12　人景同移镜头图例

2. 人（物）原位运动

人（物）原位运动是指运动物体原位向左移动，每一格的距离与背景向右移动的每一格的距离完全相等的一种移动技法。它常运用于人物、动物的行走，鸟类在空中飞行，车辆在地面行驶等循环动作的背景移动。例如，表现某角色保持一种走路姿态，不停地横向朝前行走。那么，只需画出其双脚前后交替走路的原位运动的一套循环动作即可（鸟飞和车行也是如此）。每拍摄一格动态画面，背景等距向后移动一格，直到这套走路动作的画面拍完再反复循环使用。这种角色原位走路移动背景所拍出来的银幕效果，如同镜头始终跟随拍摄对象不停地运动，直到需要结束走路为止。

设计这类镜头应当注意的是：角色在走路的动作过程中，当落地那只脚接触地面，另一只脚抬起朝前时，踏在地面上的那只脚底逐格朝后退，与背景向后移动的每一格位置必须完全吻合。只有这样，才能使脚步看上去踏实稳定，脚底不会在地面上来回浮动。人物原位运动移动背景如图 5–13 所示。

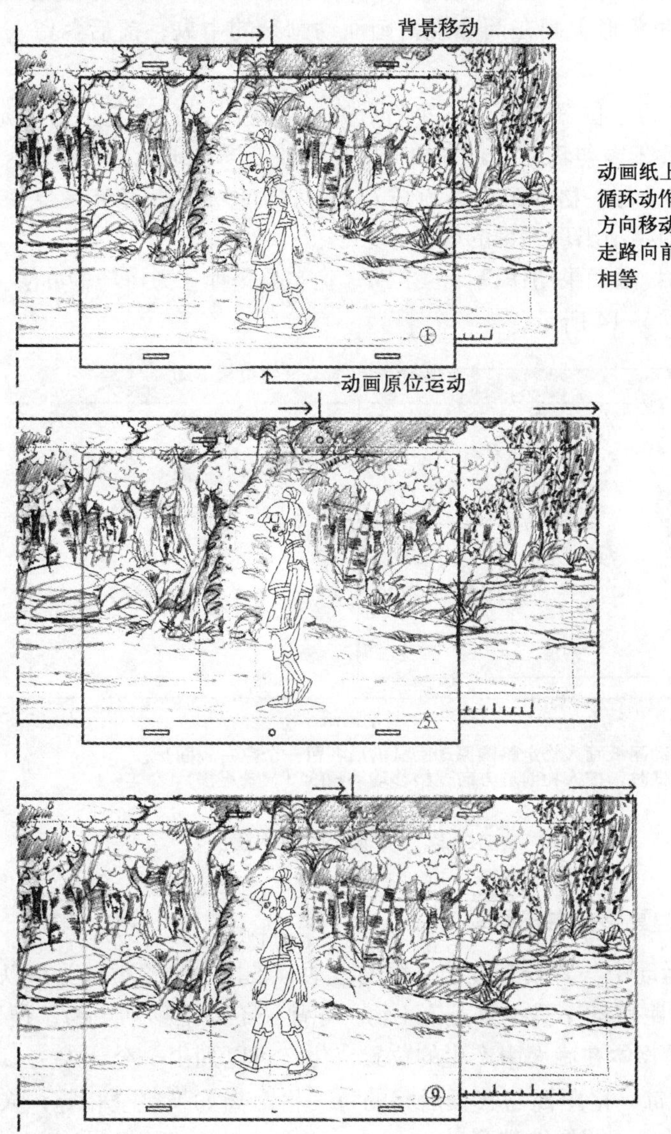

图5–13　人物原位运动移动背景

3．背景不移，人（物）循环运动移动

这是与上面所讲的背景移动正好相反的一种移动技法，又称人（物）移动，指的是背景固定位置不变，而采用动画画面自右向左或自左向右逐格横向移动的方法。例如，在一个静止环境的画面里，表现某个角色自左向右或自右向左保持一种姿态横向走路或跑步穿过整个画面。这类镜头中的角色动作像前面所说的一样，也只需画一套双脚交替原位走路运动的循环动作即可。每拍摄一格动态画面，按走路动作的每格距离向前移动一格（注意：

不是移背景而是移动画），反复循环，直到将走路角色移出画面（或移到需要的位置）为止。这种镜头的银幕效果是背景固定不动，角色在画面中横向前进。

设计这类镜头时，必须注意以下三点：

① 假如要表现角色从画面外进入穿过整个画面而出，必须采用两个规格大小的长动画纸来画。将循环走路的角色形象画在两个规格画面动画纸的中央，前后各留一个画面的空白作为动画移动之用。

② 人（物）与背景的定位器必须上下平行分开。拍摄时，背景定位器固定位置不动，人（物）画面定位器安装在移动轨道上。每拍一格定位器连同动画纸向前移动一格。

③ 人（物）向前移动每一格的距离必须与人走路向前移动的一格距离完全相等，这样才不会产生脚底与地面的浮动出现不稳的现象。

这种人（物）移动的技法如果动作设计的生动，确实是一种省力讨巧的办法。背景不移，人物循环动作移动，如图 5-14 所示。

图5-14 背景不移，人物循环动作移动

4. 人（物）与背景有直接接触的移动

这是指运动物体在运动中与背景有直接接触的移动背景技法。这类镜头可以分成两种：一种是人（物）与背景等距移动；另一种是人（物）与背景不等距移动。为了便于了解等距移动与不等距移动使运动物体在画面中产生的位置变化，可以列出一个公式：

① 人（物）前进的每一格距离与背景后移的每一格距离如果完全相等，人（物）在画面中的位置就保持原位不变，即原地踏步。

② 如果背景每格后移的距离小于人（物）前进的每格距离，人（物）在画面中的位置就会逐渐朝前。

③ 如果背景每格后移的距离大于人（物）前进的每格距离，人（物）在画面中的位置就会逐渐朝后。

根据这个公式便可明白人（物）与背景的等距移动和不等距移动所产生的不同效果。如果角色向前走一步是 12 格，每格是 5mm，每拍一格动作画面，背景便等距向后移动 5mm，角色在画面中就始终保持原来的位置。但是，有些镜头内容要求某个角色的走路动作，本来是在画面中心偏前的位置，为了要使观众看到角色前方的情况必须加快镜头向前运动的

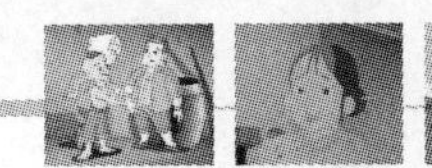

速度，使角色在画面中的位置逐渐变换到他身后画框的一侧，露出角色前面一大半画面的空间。那么，就需采用变等距移动为不等距移动的技法来处理。把原来等距每格背景向后移动 5mm，逐渐加大背景后移的距离，使每格为 6mm、7mm、8mm……直到将角色变换到画面中所需的位置为止。这样就造成了虽然角色走路姿态、步距、速度保持原样不变，摄影机镜头却逐渐加快了向前运动的速度，产生了不等距移动的效果。

在设计这类不等距移动镜头时，由于角色的脚步与地面有直接接触，原画应该先画出不等距移动的动作设计稿，在设计稿上标明背景逐渐加大移动距离的位置，根据变化的移距画出角色在画面中逐渐后退的每张关键动态。同时还应注意角色的脚与背景地面的关系，保证脚步落地时的稳定。人与背景不等距移动如图 5–15 所示。

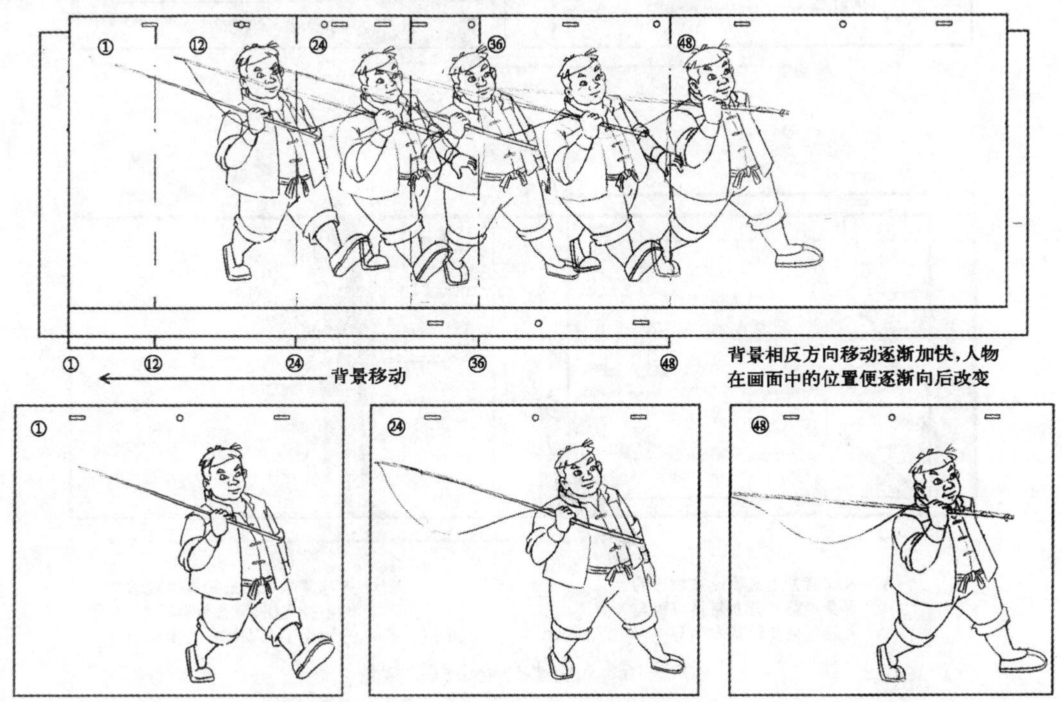

图5–15　人与背景不等距移动

5．人（物）与背景无直接接触的移动

一般是指镜头中人（物）膝盖以上局部运动的移动镜头。例如，人和动物的上半身移动、车辆的上半部运动、鸟在空中飞翔等，看不见人和动物的脚或车辆轮子与地面直接接触部分的移动镜头。一般来说，这类镜头的背景移动距离比较灵活，对动作的限制较少。但是，在处理上也有等距和不等距两种方法，原画在设计动作及处理背景移动速度时，应该做出正确的判断和选择。

以角色半身走路的移动背景为例，虽然在画面里看不到脚与地面的直接接触，但在背景后移速度的处理上也有一定的学问。这就需要根据角色与画面上景物的远近选定背景每一格移动距离的大小。假如角色是比较接近背景上的树木、围墙或室内墙壁等的半身走路，那么就应该采取角色每一格前进的距离与背景每一格后移的距离相等的移速。假如仍是角色半身的走路，其身后背景画面是树林和远山，距离角色比较远，就不能采用人景等距移动的办法，背景每格的移距至少要小于角色前进距离的 1/3 至 1/2。假如角色半身走路，背景是天空，距离就更远，背景向后移动的每一格距离必须更小才会合理，如果移得太快就不像在地面走路，而像在空中飞行了。人物半身走路移动背景如图 5-16 所示。

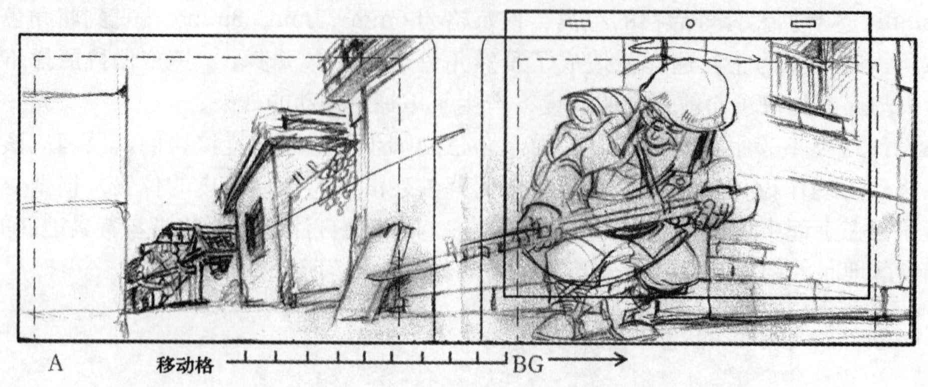

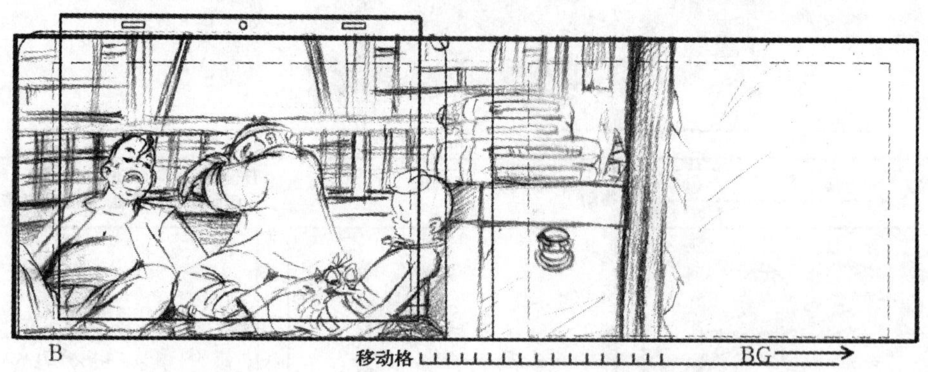

A. 人与背景上景物比较靠近的半身走路，背景每格移距与人物每格步距基本相等

B. 人与背景上的景物离得较远的半身走路，背景每格移距应该小于人物每格的步距

图5-16　人物半身走路移动背景

6. 人（物）正面走路、背景动画与背景移动相结合

这种移动镜头的技法在动画片中经常用于画面构图不变，画面中的物体（人物、动物、车辆）迎面而来或背向而去的跟镜头效果。设计方法是：将一个镜头分为两层动画，一层背景的三个运动部分。步骤是：

① 前层动画画面上的人（动物、车辆等）保持原位的正向或背向运动动画。这一层动画既可以是循环动作，也可以不是循环动作。

② 中层动画画面便是背景动画，它是表现与全身人物有直接关系的地面及两旁花草树木、电杆房舍等景物，是与前层动体成相反方向透视变化的运动。

③ 后层是天空、云彩（也称天片）背景的上或下移动。

在处理这类镜头时，应该注意以下三点：

① 为了造成人（物）保持原位在画面中的运动，背景动画的运动方向必须相反。例如，人迎面而来的走路，地面背景必须由近向远背向而去。反之，人背向而去的走路，地面背景必须由远而近朝前而来，两者的运动速度基本相等。

② 背景动画在镜头中一般起着陪衬人（物）动向的作用。所以，可以用一套循环动作画面做反复拍摄之用。在这套背景动画画面上，必须表现出景物的透视变化及速度上的近快远慢效果。

③ 人（物）迎面而来，后层天片必须从上向下（下移）直移，人（物）背向而去，后层天片必须从下向上（上移）直移。每格的移速应该慢于人（物）运动的每格距离。人物正面走路、背景动画与背景移动相结合如图 5-17 所示。

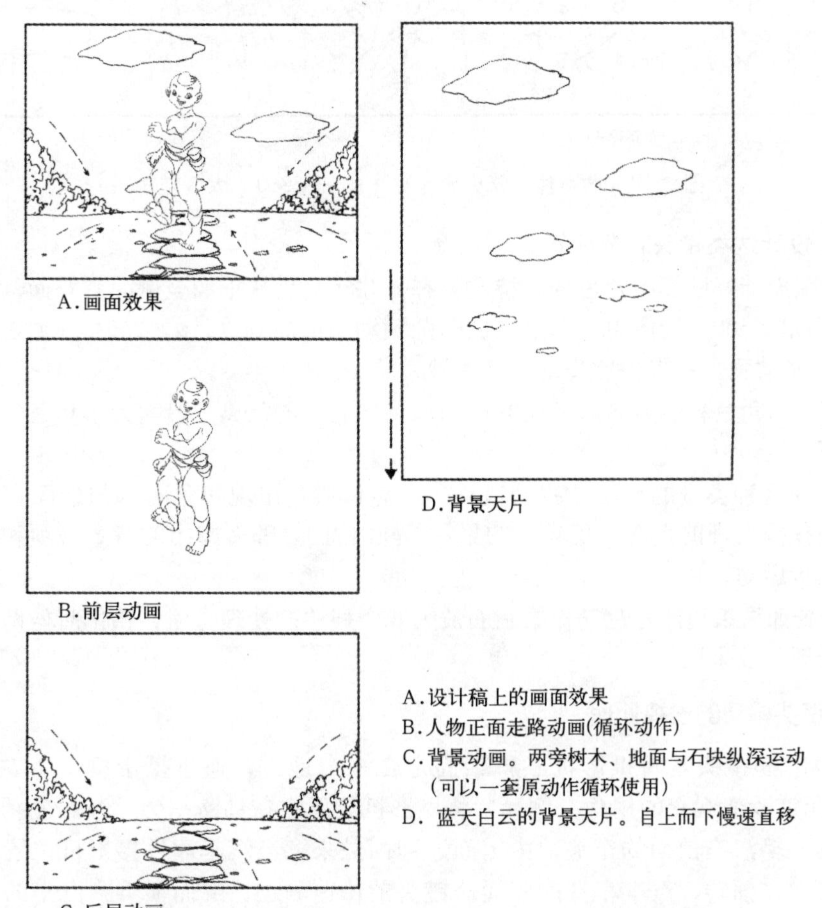

图5-17 人物正面走路、背景动画与背景移动相结合

7. 镜头360° 移动

为了表现一种特殊气氛的要求，在电影中以拍摄对象为中心，摄影机围绕角色身体四周做 360° 转拍镜头，角色身后东南西北各个方位的景物随之闪现而过。在动画片中要达到这样的效果，因为受立式摄影台的制约，无法自由转动摄影机的机位，只能依靠原画和背景的精心设计，由原画、动画制作者具体画出角色形象 360° 转体一周的运动全过程，加上采用长背景向相反方向的快速移动，造成镜头大围转动的特殊气氛。例如，在《金猴降妖》中，唐僧站在山崖上观望景色的 180° 镜头围转。在《哪吒闹海》中，哪吒再生之后跪拜师父太乙真人，以及在《烽火童年》中，小沉香屹立山岗练武前的闭目运气。这样两个大围转镜头都是采用这种处理技法，取得了较好的艺术效果。动画片《烽火童年》中的一个 360° 大围转镜头如图 5-18 所示。

图5-18　动画片《烽火童年》中的一个360° 大围转镜头

原画在设计这类镜头时要注意以下几点：

① 必须设计好画面中角色经的特定姿态，并将角色从正面至侧面、背面、另一个侧面再回复到正面的360° 转体中，各个角度的关键动态的原画设计好。转体全过程大约需用6张原画、42张动画，每张拍摄2格，共4秒时间。

② 背景与角色转体方向成相反的移动，每格的移动距离一般需大于角色每张转体动态距离的5 ～ 8倍。

③ 处理这种类型的大围转移动镜头一般应该避免出现角色的脚与地面直接接触的部分。如果因镜头处理的需要出现脚下的景物（如山岗），那么露出的背景必须和人物一样作为动体，同步运动。

④ 背景如果采用比角色动作的画面放大6个规格的处理方法，摄影时做两层脱空拍摄并做虚化处理，效果更佳。

8．摇镜头移动的透视处理

电影中的摇镜头是将摄影机三脚架固定在一个地方，通过摄影机上下左右180° 或120° 转动角度改变观众的视角。例如，将摄影机架固定在马路一旁，开始先拍摄马路东面方向看到的一辆汽车前面的车头，由远而近迎面驶来，当汽车靠近摄影机位置时，镜头立即跟随汽车向左摇转，汽车车身的侧面从镜头前快速驶过，继而便看到汽车的后面尾部由近而远向马路西面驶去。在动画片里，为了达到这种摇镜头的特殊效果，必须采用摇镜头移动背景的透视处理来解决。摇镜头移动背景动画如图5-19所示。

在动画片中，假如要表现一只小猴子顺着粗大的树干向上爬跳的摇镜头，开始时镜头俯拍大树的根部，看到大片的地面，一只猴子跳上树干绕着大树向上爬，镜头跟着猴子的动作向上摇移到平视线的位置，接着镜头又跟摇到大树的顶部，看到树枝和大片树叶成仰拍角度。这种摇镜头移动透视处理的技法是：

① 采用直移动的基本方法自下而上地移动背景。

② 背景画面上的景物必须画出中间为平行视线，上下两端为双向透视变化比较明显的效果。

③ 画面中的运动物体——猴子，它的动作姿态必须与背景的透视变化相一致。事先应在设计稿上画好动作的运动路线，并严格对准与背景的联系线画出动作姿态。

④ 计算猴子动作的时间和原动画的张数，从而确定背景移动的格数。在决定背景的移速时，应该考虑两头慢、中间快，这样可以加强画面的透视效果。

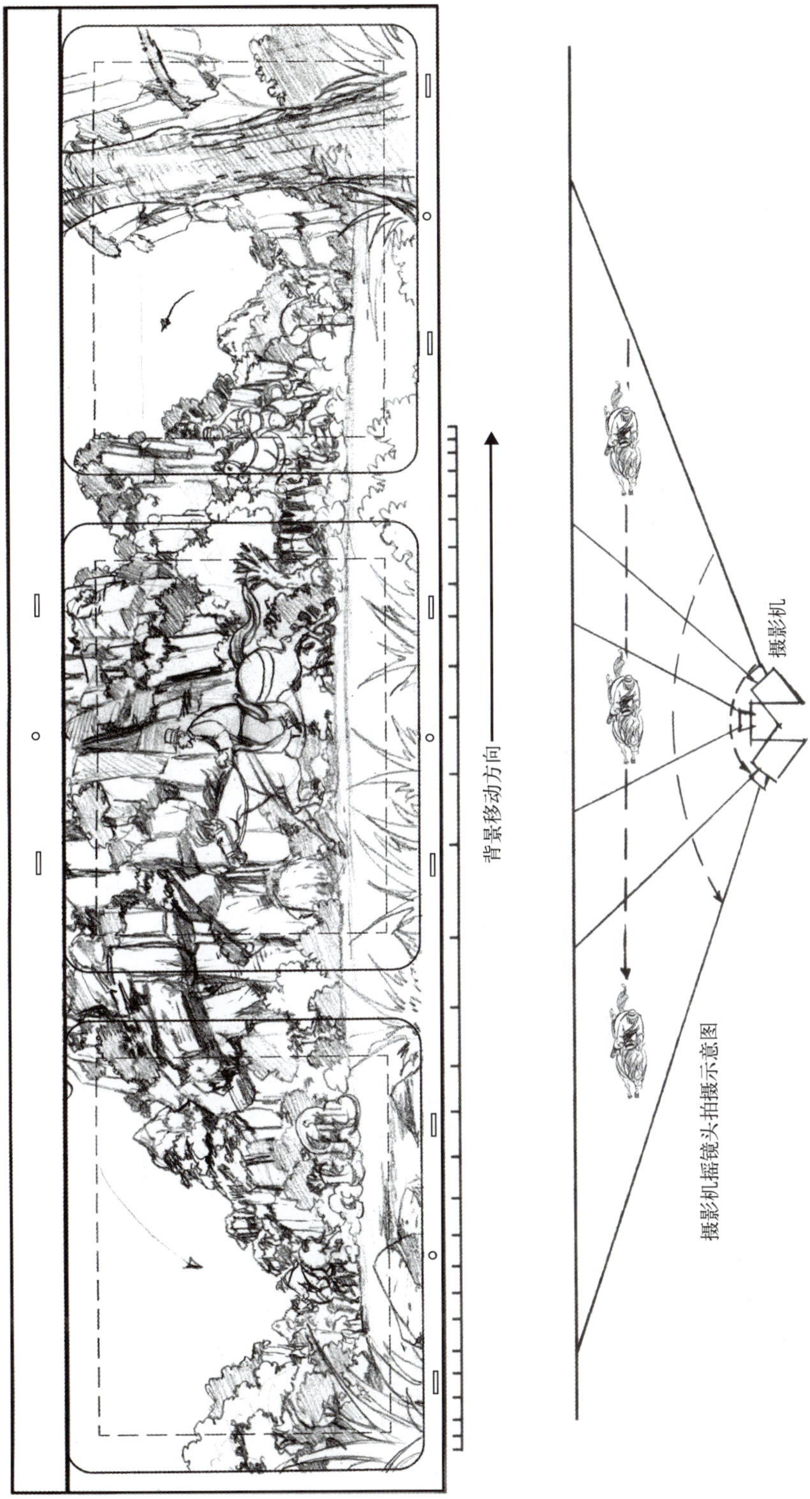

背景移动方向

摄影机

摄影机摇镜头拍摄示意图

图5-19　摇镜头移动背景动画

上下摇镜头移动如图 5–20 所示。

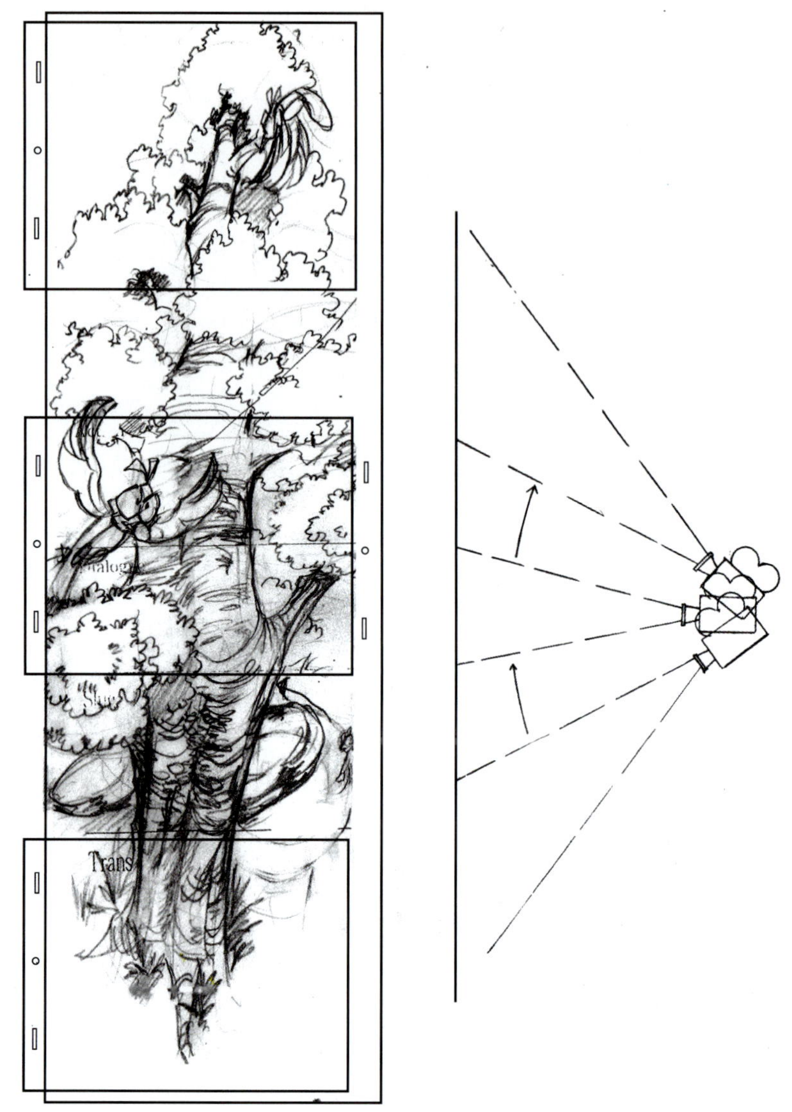

图5–20 上下摇镜头移动

随着科学技术的发展，动画片的摄制技巧和手段也在不断地更新和提高。特别是电脑技术在动画片制作中的普遍应用，手绘动画与电脑制作背景相结合，在推拉摇移、多层次的背景立体运动等方面的新技术使动画片画面的视觉效果和感染力都有了很大的拓展。

课后练习

（1）简述移动镜头的几种类型。

（2）简述移动镜头的几种技法。

第6章 《烽火童年》动画片精彩动作分析

6.1 烽火童年——“人物走跑”动画赏析

以下几组动画是不同人物的走、跑动作。

第1组

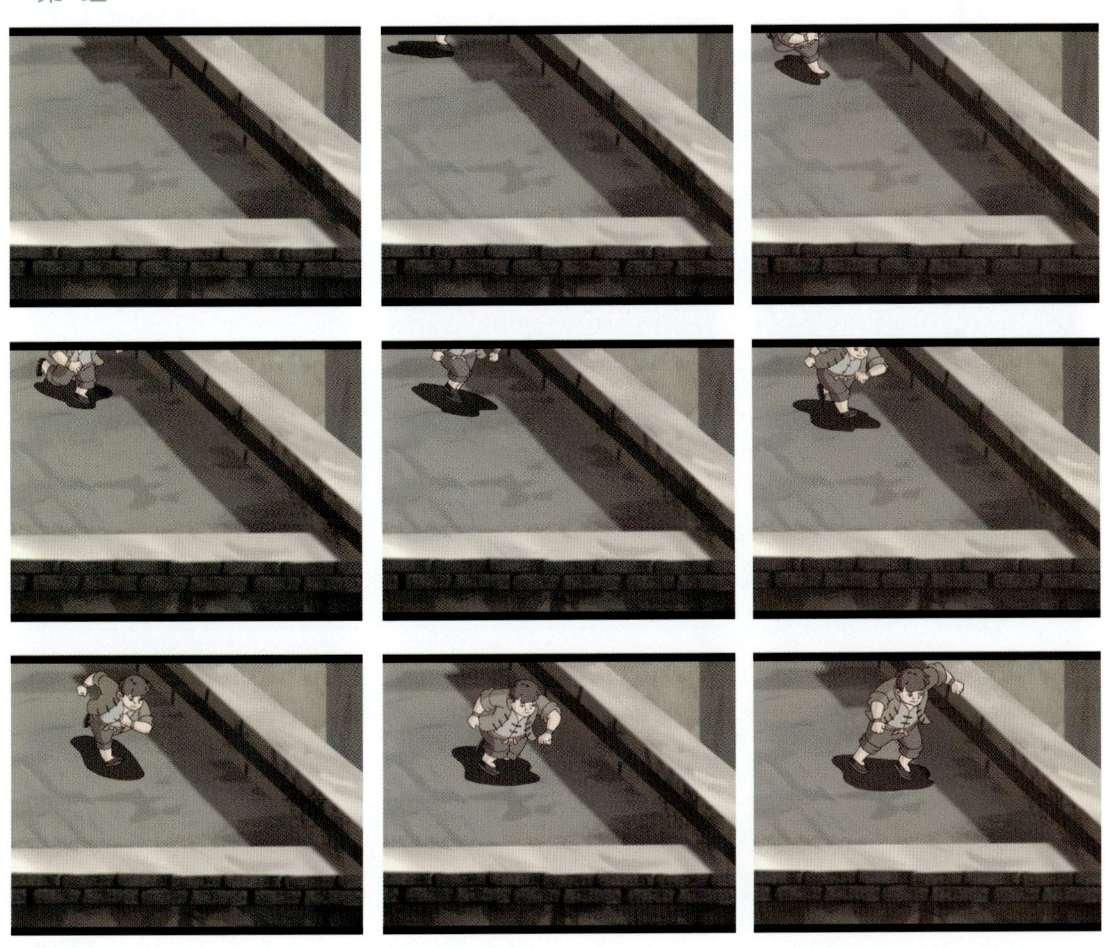

说明

这组镜头表现石蛋在房顶快速奔跑后跳下房顶的动作。由于跑动速度快，身体摆动幅度比较大，在房檐做缓冲动作后迅速跳下房檐。

第2组

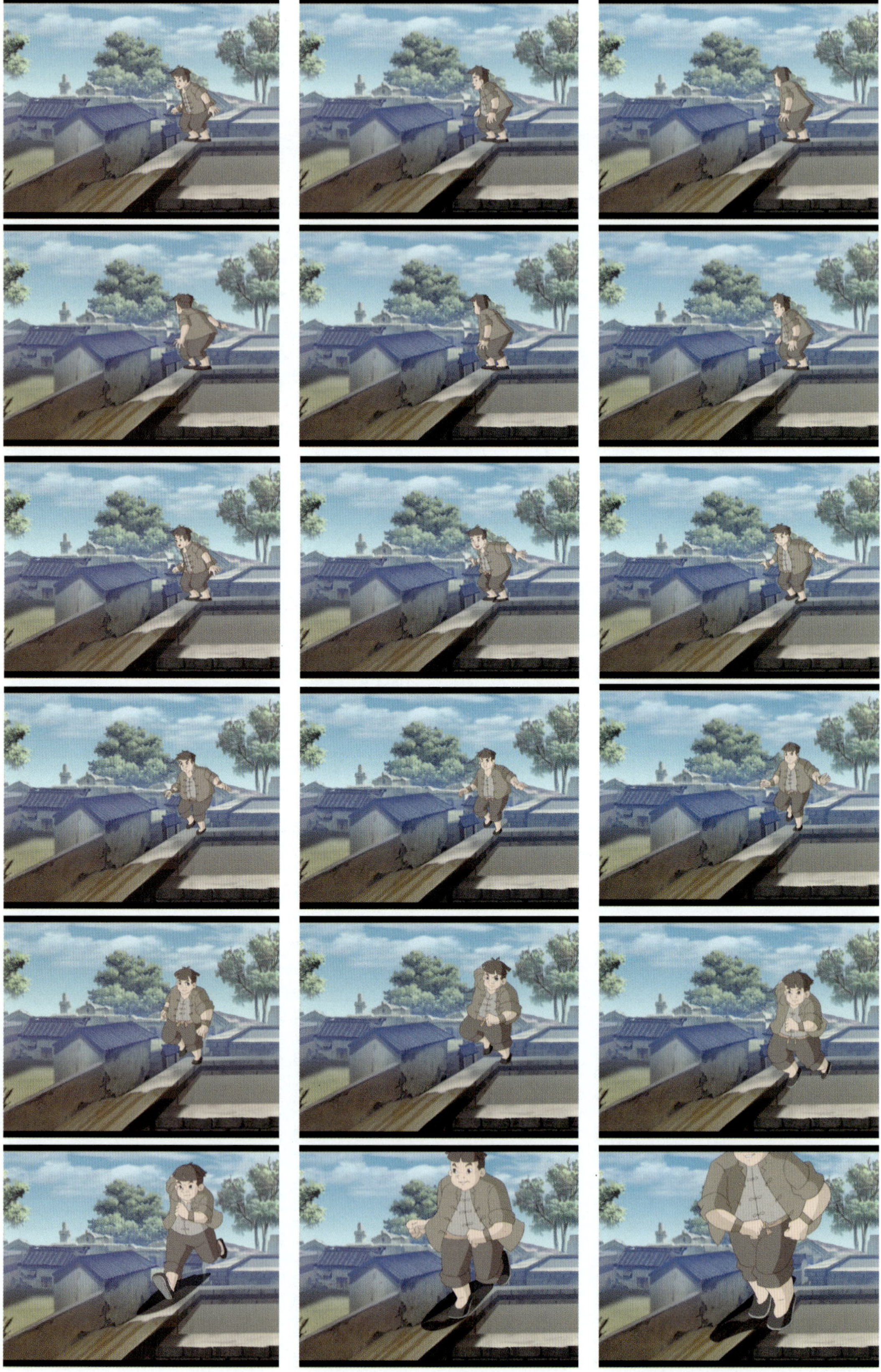

说 明

这组镜头表现石蛋在房顶奔跑的动作。镜头开始时，石蛋大跨步飞跑，腾空较高，随后一个急刹车站住，同时左右张望，张望之后冲镜飞跑出画。

第3组

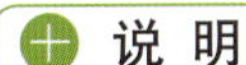

这组镜头表现仰拍镜头时，石蛋的奔跑动作。与上一组不同的是，人物自身的透视变化比较大，同时人物在奔跑时纵深透视也比较大，由于镜头是仰拍，所以给人一种腾空的感觉。

第4组

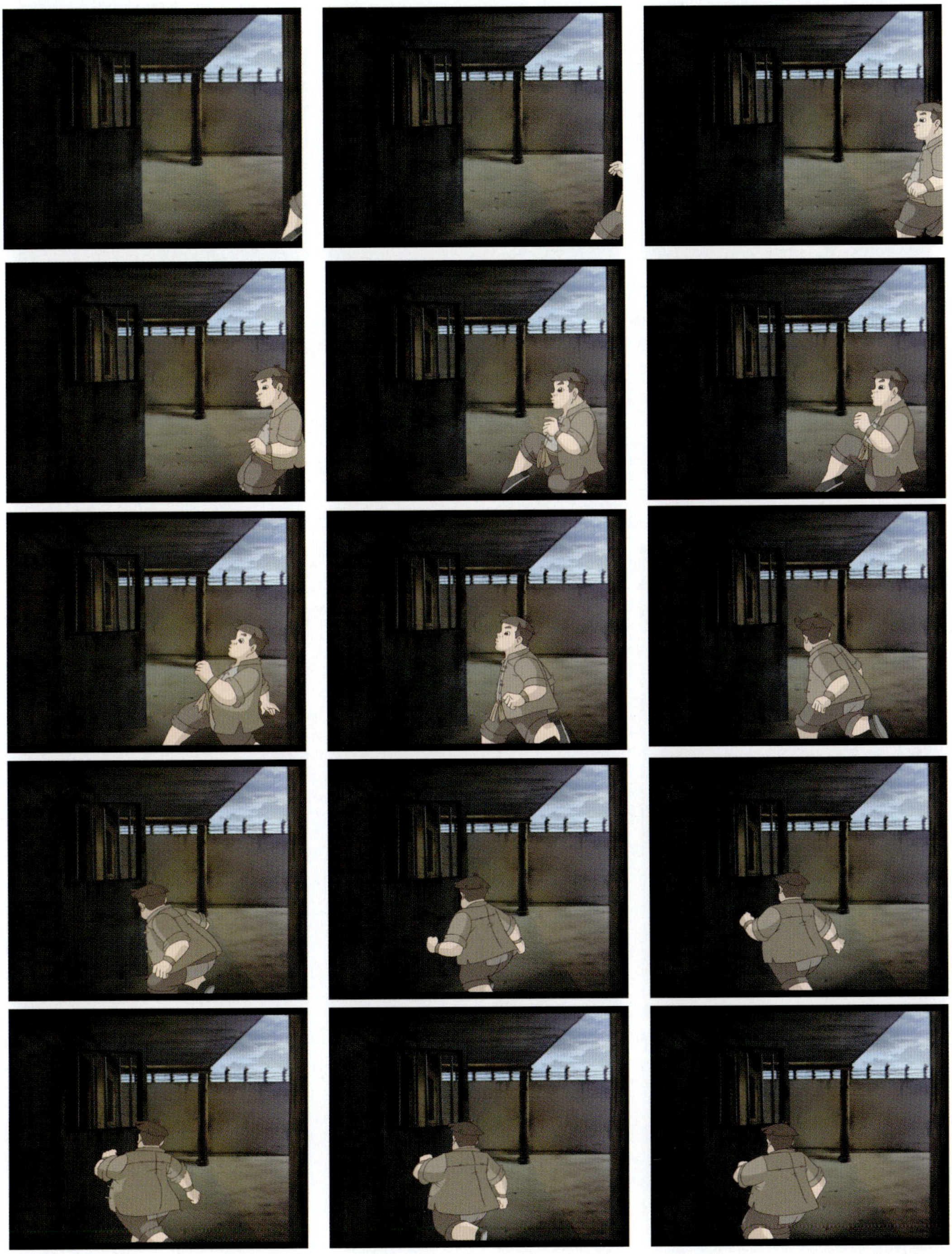

说明

这组镜头表现石蛋在敌人营地窥探敌情的动画。石蛋高抬腿、轻落地，蹑手蹑脚地走动，走动时人物上身动作幅度比较大。整套动作是由侧身走路转为纵深走路，在前几幅动作中可以清楚地看到人物的头、肩、躯干、腿、脚之间的幅度关系。

第5组

说明

这组镜头表现石蛋侧身走路的动作。由于是双手推车，因此上身摆动幅度不大。

第6组

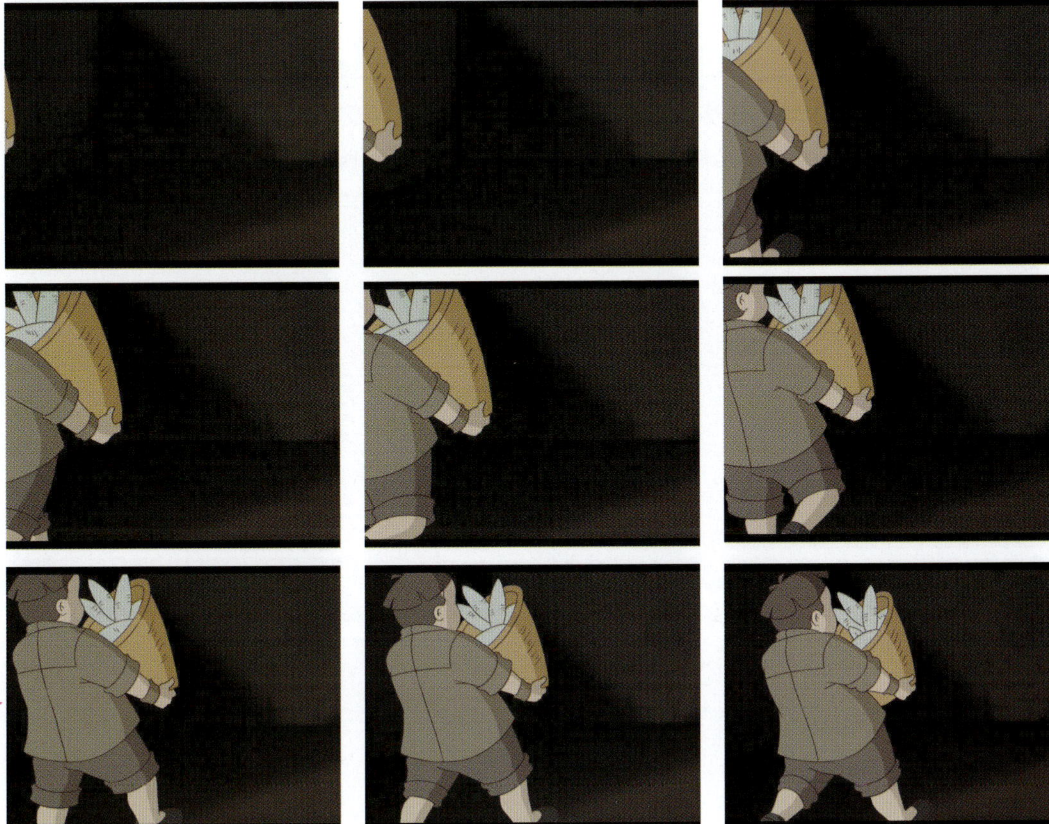

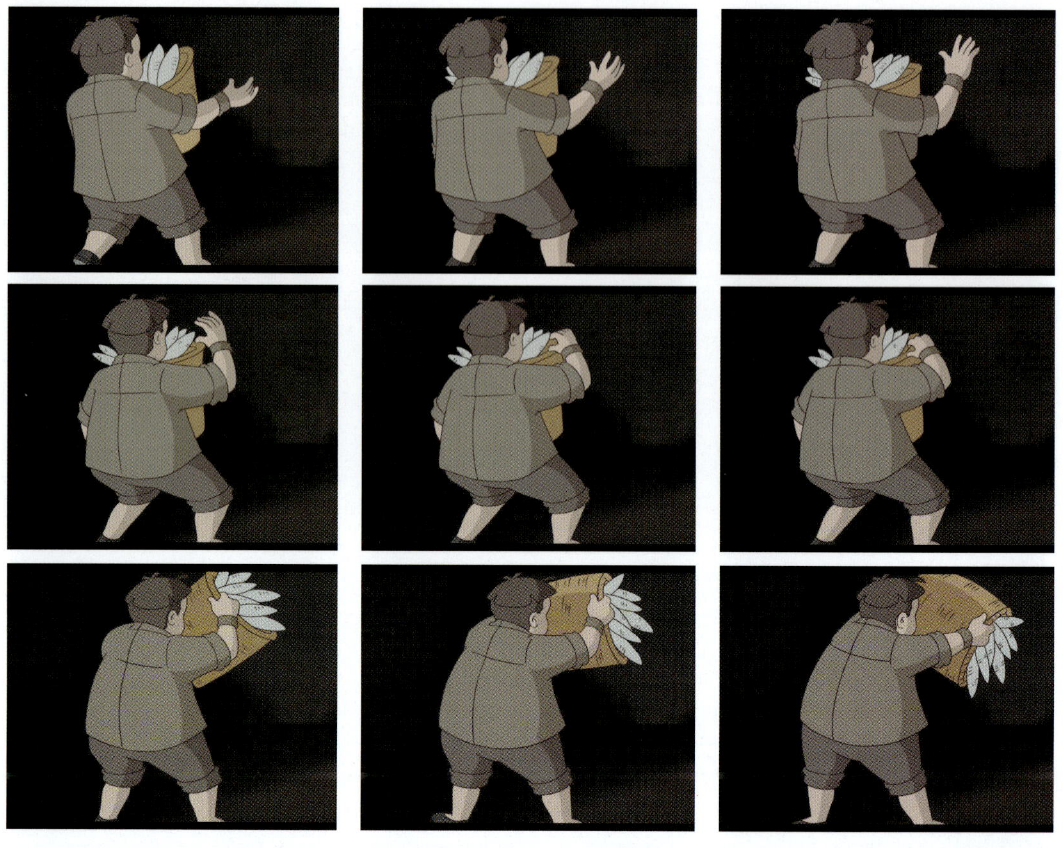

说明

这组镜头表现石蛋双手抱筐走路的动作。因为人物双手抱筐负重，所以他上身向后仰，但是与蹑手蹑脚地走路时的身体后仰有所不同。这组人物的肩背直挺，略显僵硬。

第7组

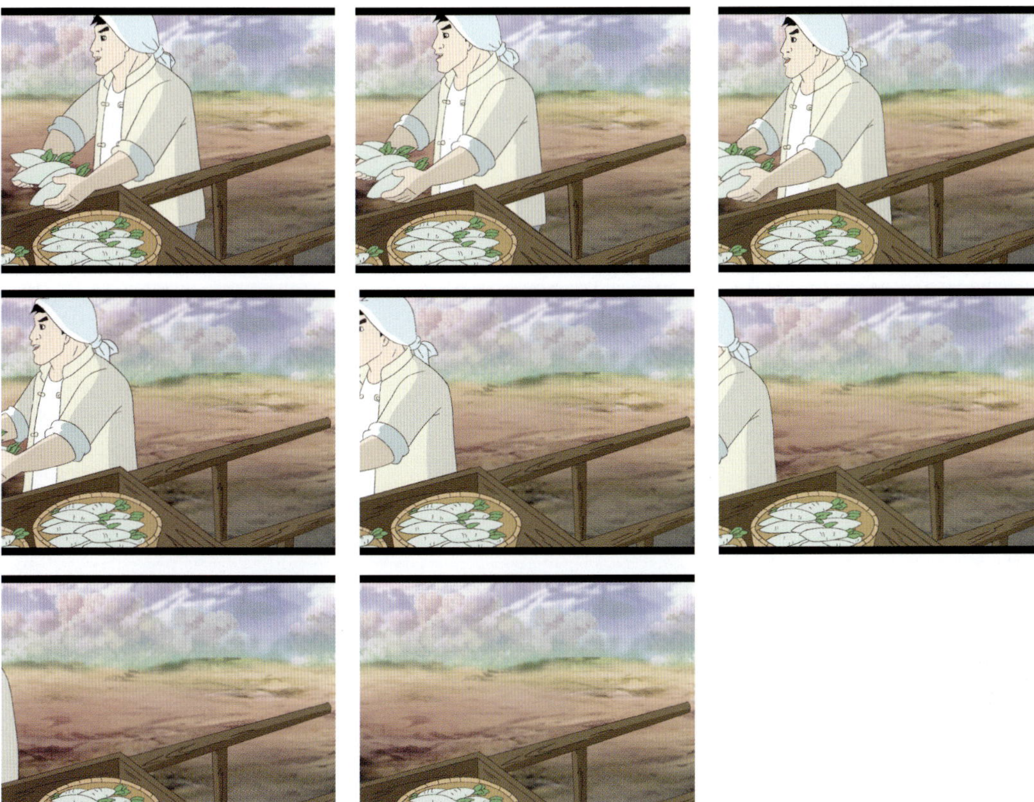

说 明

这是一组近景镜头，表现人物双手捧着萝卜走出画面的效果。由于人物双手捧着萝卜，使他上臂摆动幅度较小。

第8组

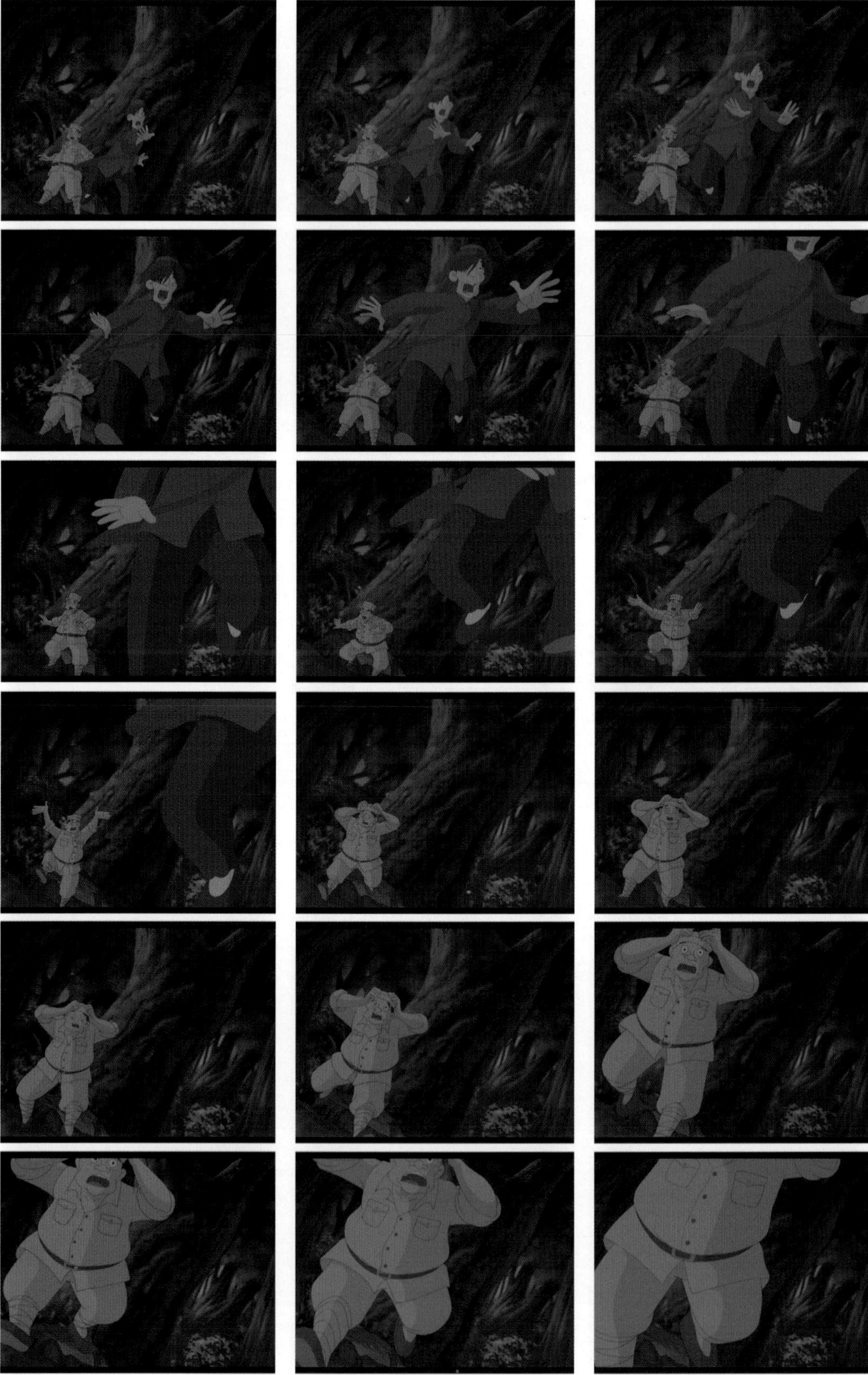

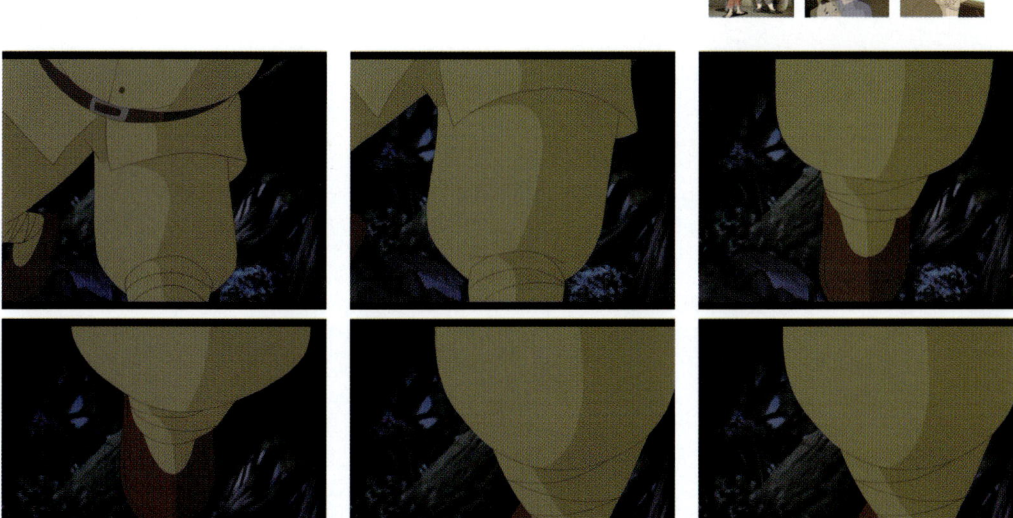

说明

这是一组人物冲镜奔跑的镜头。由于人物是受到危险之后狂奔，所以前一个人物在奔跑时双手张开前后甩动，双臂带动上身摆动幅度较大。后一个人物在奔跑时由于双手抱头，因此上身摆动幅度比前者要小。

第9组

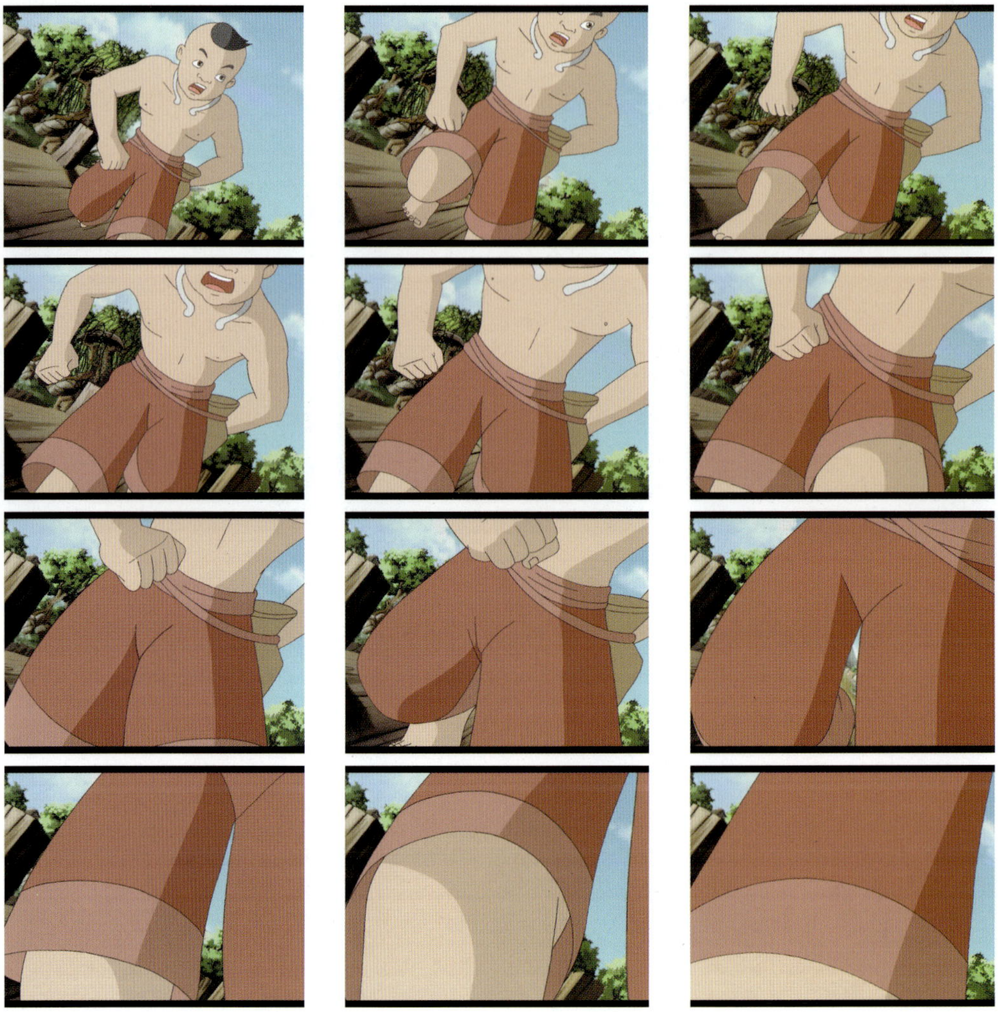

说明

这组镜头是小泥鳅的冲镜奔跑画面。由于小泥鳅是赤手空拳的跑动，速度又快，因此手臂摆动幅度较大，跑动时的动作也相对比较规范。

6.2 烽火童年——“石蛋”动画赏析

第1组

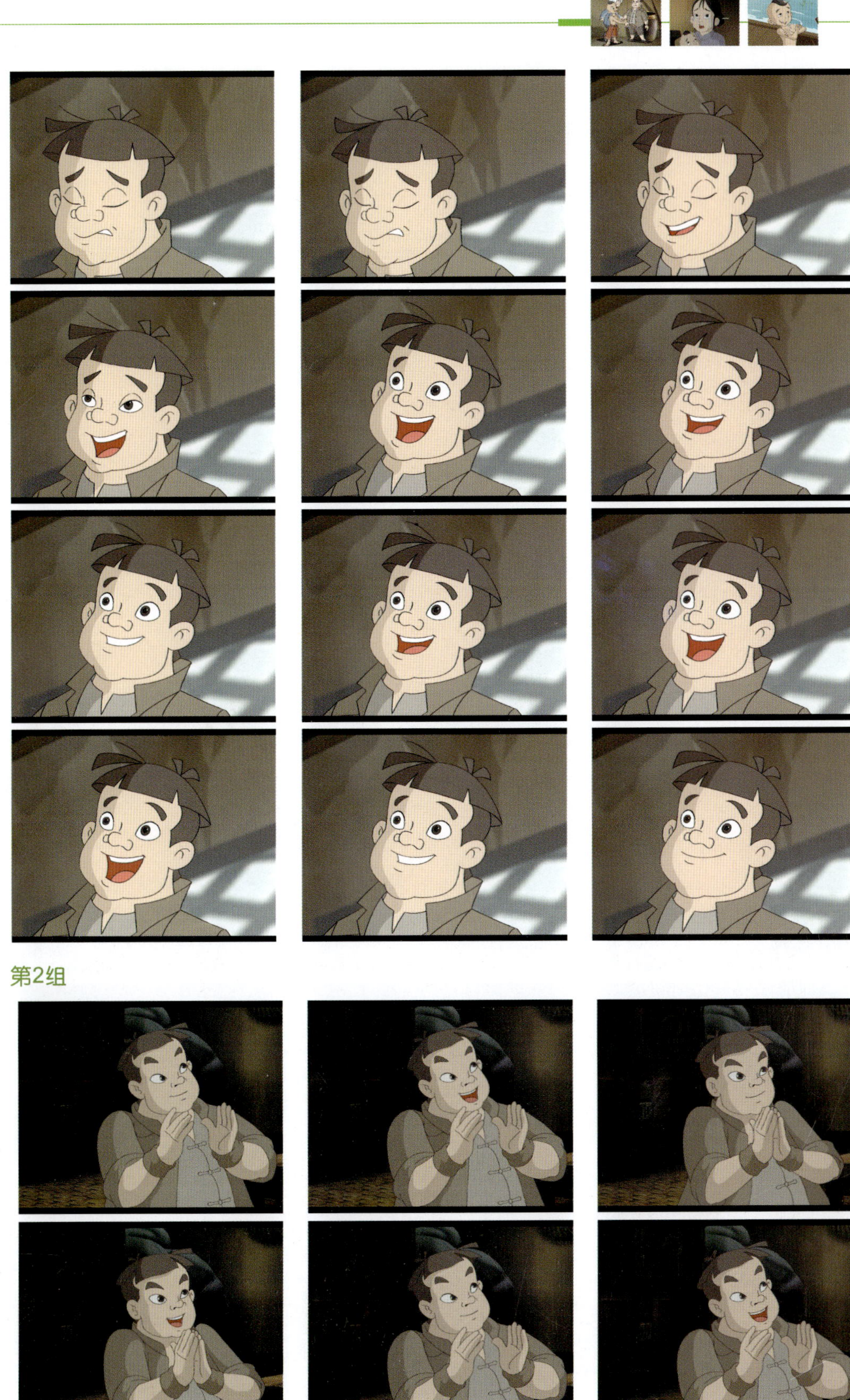

第2组

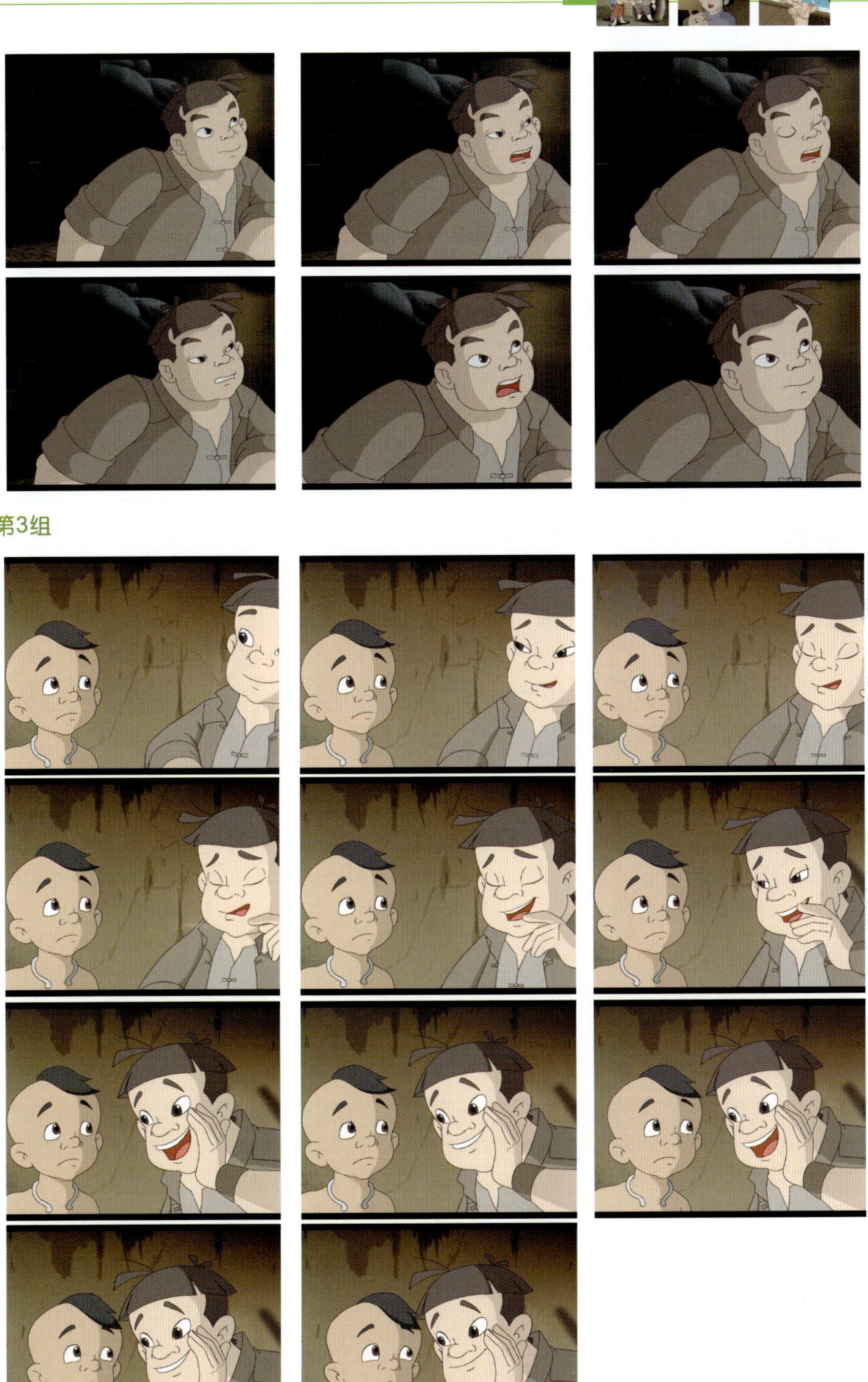

第3组

说 明

以上三组表现石蛋在说话时的表情变化。第1组是特写镜头，表现石蛋说话时丰富的面部表情变化；第2组是近景镜头，表现石蛋说话的动态，这类近景镜头的人物在说话时，通常都带有手势动作，手势通常是配合表情强调人物说话的语气；第3组是两个人物说悄悄话的表情变化，说者和听者的表情均有变化，从而反映所听内容。

第4组

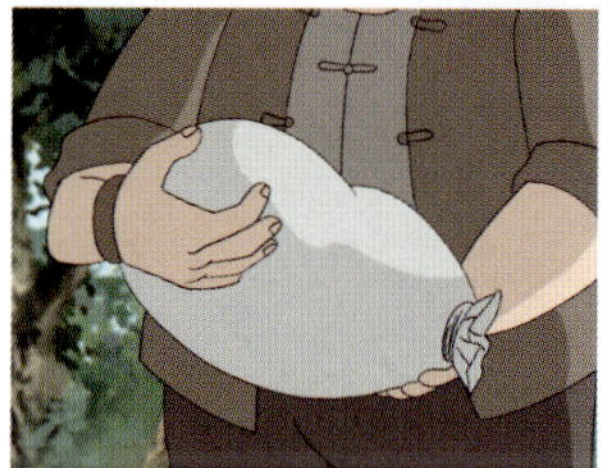

说 明

这组镜头表现石蛋搬起袋子的动作。通过石蛋搬袋子时的表情变化，可以看出所搬的袋子分量很重，动作和表情做到了协调一致。

6.3 烽火童年——“手”动画赏析

第1组

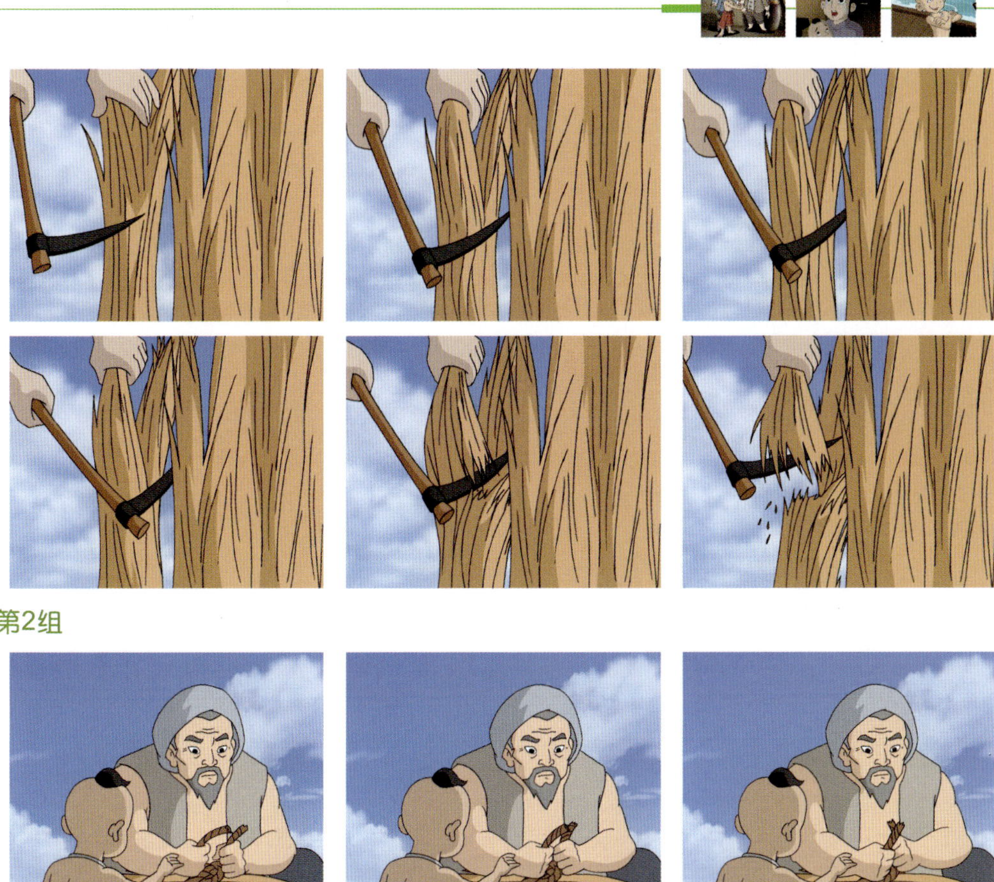

第2组

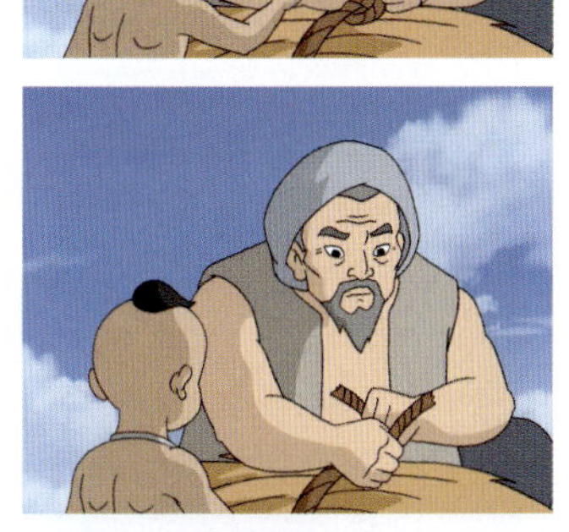

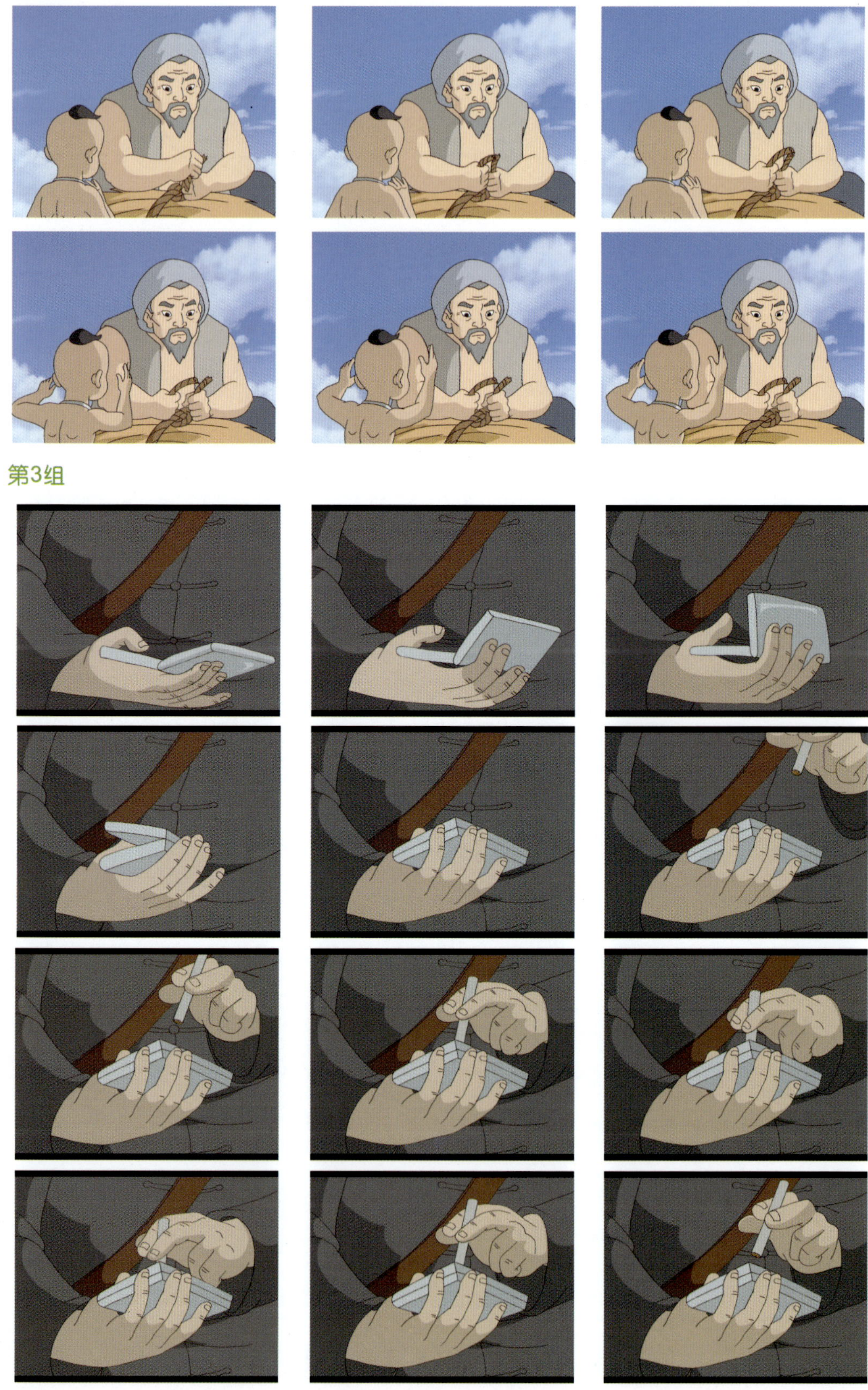

第4组

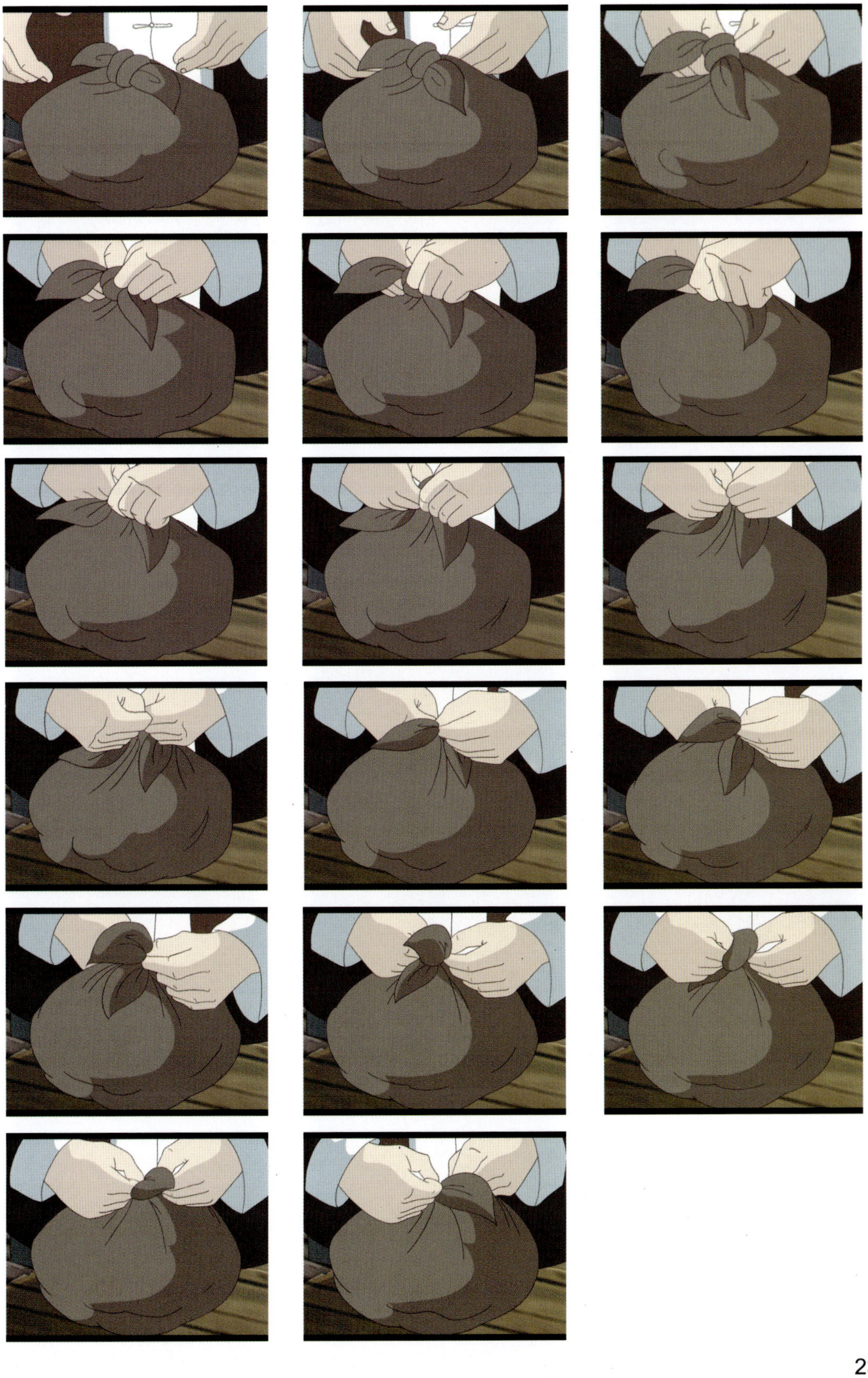

第5组

说 明

以上几组是表现手动作的动画，几组镜头的人物手的形态结构依据人物身份的不同，手的结构动态也有所不同。第1组是表现人物收割庄稼时手的动态；第2组是表现人物双手系绳捆绑庄稼的动态；第3组是表现人物一只手拿烟盒，另一只手的两指夹烟在烟盒上敲击的动态；第4组是表现双手打开包袱的动作；第5组表现一只大手入画抓住石蛋的动作。

6.4 烽火童年——“人物说话时的表情”动画赏析

第1组

第2组

第3组

第4组

第5组

第6组

说 明

以上几组镜头表现不同身份的人物在说话时表情动作的变化。第1组是一个饭店的店小二说话的表情变化；第2组是表现店掌柜说话的表情变化；第3组是人物张德彪说话的表情；第4和第5组是石蛋奶奶的说话镜头；第6组是一位老农说话的表情。以上几组由于身份和职业的不同，各自的表情动态也各不相同。第1组人物是店小二，他在说话时面带微笑身体前倾，让人感觉亲切中带有一种殷勤的表现。第2组是店掌柜，他在说话时也面带微笑，但亲切之中缺少了殷勤。第3组人物说话时昂首挺胸、表情严肃，同时敬军礼的动作更增添了一份果敢和坚毅。第4组和第5组是石蛋奶奶的说话镜头，老太太面带微笑，让人一眼就能看出这是一位慈祥的老人。第6组老农说话时抬头向上看，给人一种处于弱势的感觉，这也充分体现出了人物的身份地位，在旧社会里农民是没有地位的。

6.5 烽火童年——“吃西瓜”动画赏析

第1组

第2组

第3组

说明

以上三组表现三个人吃西瓜的动作，由于人物性格和身份不同，在吃西瓜时的姿态也不相同。第一组人物吃西瓜是一口一口地吃，吃相比较平和。第二组吃相比前者相对贪婪，双手捧西瓜大口大口啃着，吃得西瓜渣四溅。第三组吃相显得最贪婪，一只手拿着一块西瓜大口大口地啃着，吃得满脸都是西瓜渣飞溅，另一只手还拿着半个西瓜。这三组镜头通过三个人吃西瓜的姿态，将人物性格充分地展现了出来。

6.6 烽火童年——“小泥鳅”动画赏析

第1组

第2组

第3组

说明

以上三组动画是小泥鳅在不同环境下，面对不同人物时对话的表情动态变化。第1组动态表情显露出人物无奈的心情变化；第2组和第3组的人物表情透露出人物机灵中还略微带着一点坏，明显看出他所面对的是不同人物，前者是面对自己的伙伴，后者是面对日本兵和汉奸。

6.7 烽火童年——“近景动作”动画赏析

第1组

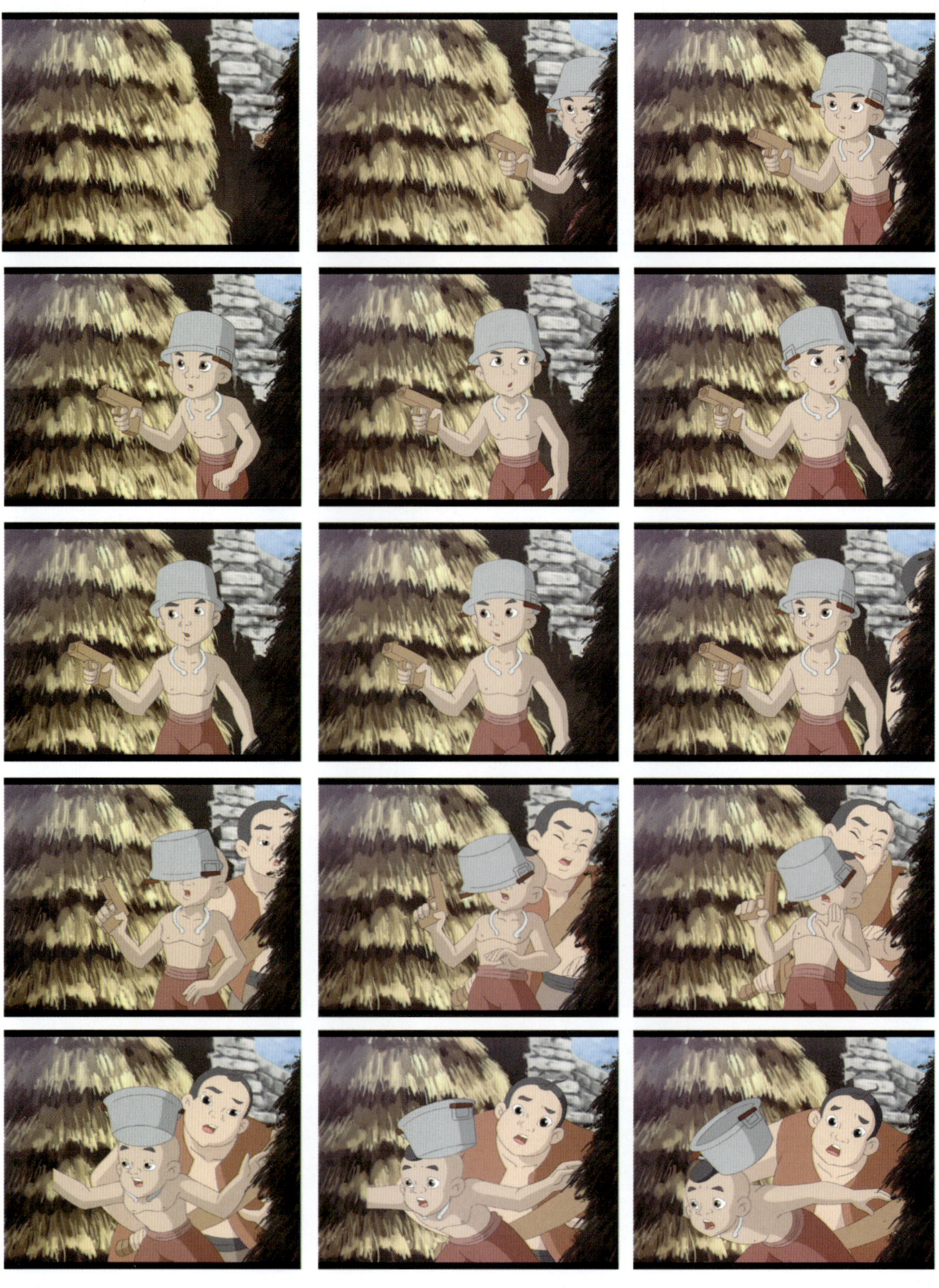

说 明

这组镜头表现孩子们在做游戏的动作。画面中第一个孩子从草垛后面探身出来左右张望，这时第二个孩子也从草垛后走出，第一个孩子突然摔倒，并且摔出画面。在这组镜头中，两个孩子的动作和表情变化都比较丰富，同时第一个孩子头顶上带的帽子（锅）从头上落下，并且在下落时不断翻滚。

第2组

说明

这组镜头表现小孩子舞动大刀的动作，大刀在画面中左右摆动，人物身体后撤大刀前伸，并单眼顺着刀背向前看，同时还增加了一个闪光的效果。

第3组

说 明

这组镜头表现石蛋被敌人发现后拎起的动作。画面中石蛋在敌营观察敌情时被发现，转身冲镜向前跑，这时一只大手入画，抓住石蛋衣领并将衣领拎起。这只大手虽然占画面的位置不是很大，但是整个画面的表现重点却是这只手，手的动作变化也比较丰富，展现出大手抓人的手势变化。

第4组

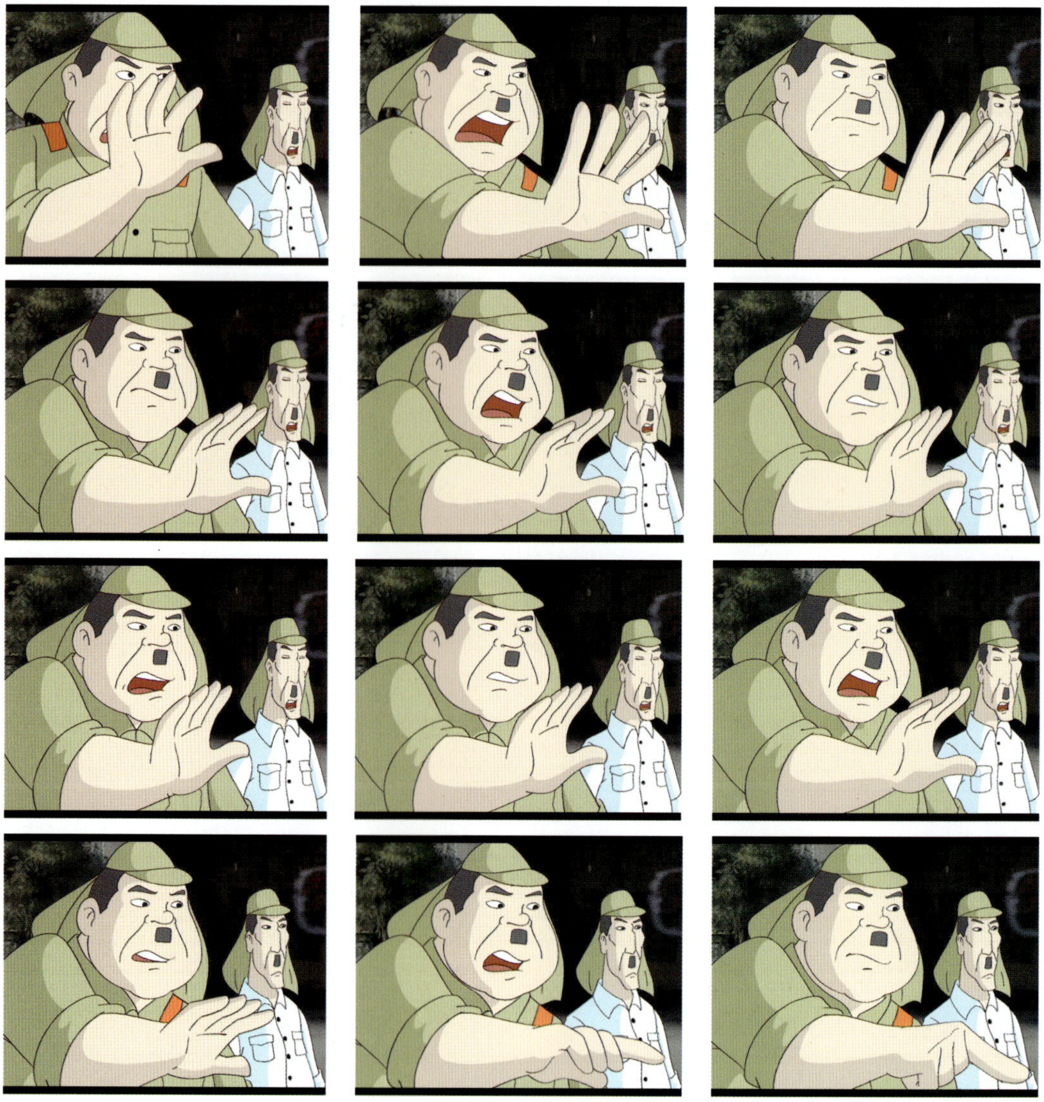

说明

这组镜头表现日本兵气急败坏时的张牙舞爪，对着画外指指点点，呲牙咧嘴、表情愤怒的动作。在这组镜头中，人物说话时的表情与手势之间的相互关系，随着人物情绪不断变化，为了辅助说话语气和表情，手势也在不断变化。

第5组

说明

这组镜头表现日本兵对石蛋指手画脚，大喊大叫。剧中的人物在说话时不仅手势有变化，同时身体也发生着很大的变化，这一系列动作更加增强了人物说话时的语气，给人一种强势和无法反驳的感觉。

第6组

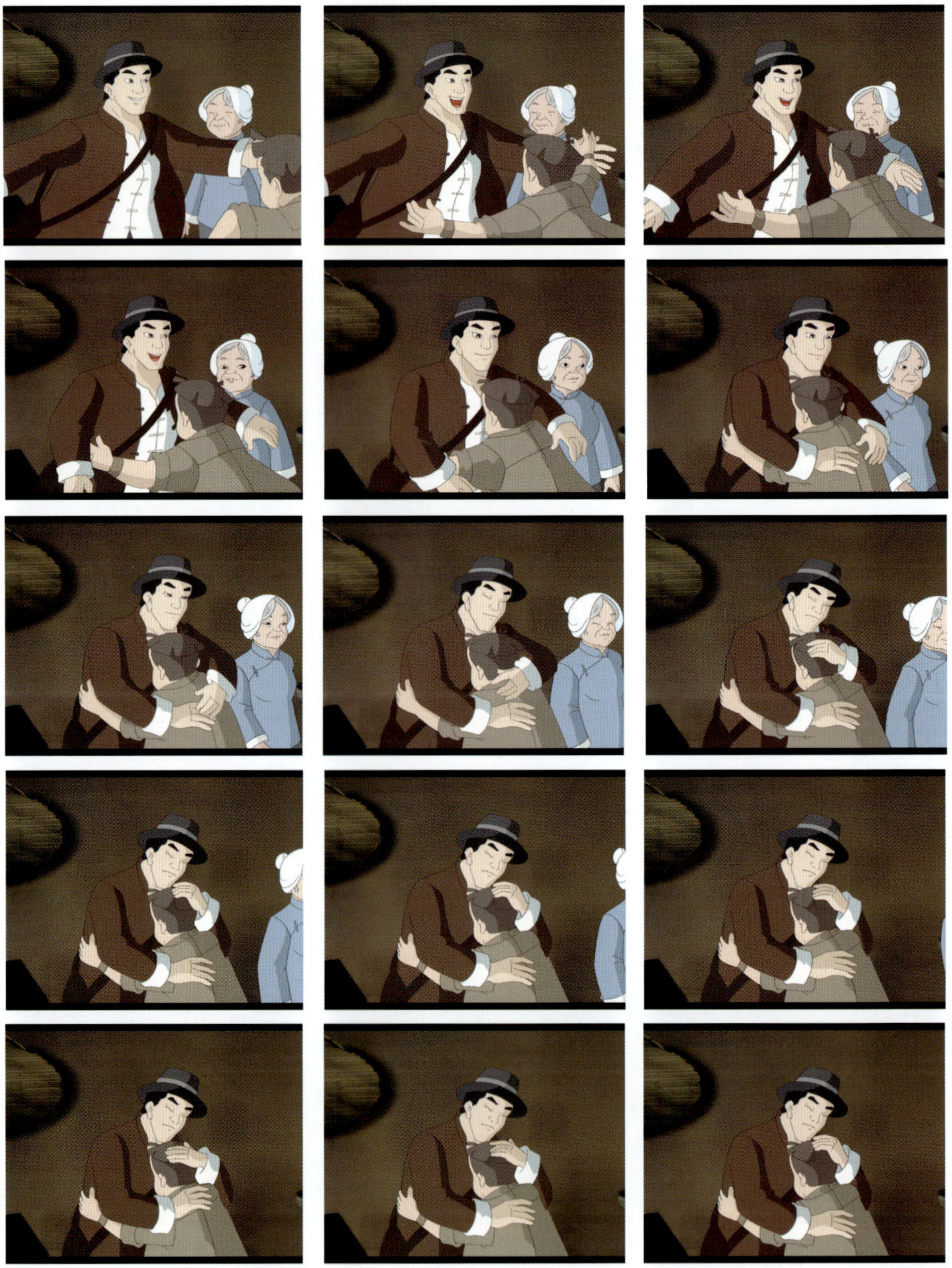

说明

这组镜头表现两个人别后重逢的场面。石蛋扑入张德彪的怀里，张德彪张开双臂将石蛋搂入怀中，然后抚摩着石蛋的头，表现出一位长者对孩子的关心。同时，石蛋奶奶在旁边笑眯眯地看着，随后走出画面。

第7组

说 明

这组镜头中，小泥鳅坐在树下解开包袱，这时小鸟飞入画面，小泥鳅拿出干粮，放到嘴边一脸陶醉的样子，逗得小鸟一边拍打翅膀一边说话。在整套动作中，小泥鳅打开包袱时的一系列动作表现得非常细腻。

6.8 烽火童年——“全景动作”动画赏析

第1组

说 明

这组镜头表现小泥鳅和石蛋俩人在争执，石蛋的奶奶走入画面，劝说石蛋的一系列动作。在这组镜头中，小泥鳅双手握住石蛋的手臂摇晃，石蛋看都不看小泥鳅一眼，这时石蛋的奶奶走入画面，走到两人近前一手扶着小泥鳅的肩膀，在对两个孩子说话。

第2组

说明

这组镜头主要是表现石蛋从火炕上跳下的一系列动作。石蛋在火炕上做了一个预备动作，然后挺身而起、张开双臂跳下火炕，双脚着地、弓身弯腰做了一个缓冲动作，站起后，面对奶奶。

6.9 烽火童年——“狗”动画赏析

第1组

说明

这一组镜头表现小狗摆尾的动作。石蛋奶奶伸手进入画面抚摩小狗的脑袋,小狗缩着身子，两只眼睛一睁一闭，做了一个讨好主人的表情，同时高兴地摆动尾巴。这组镜头的小狗动作变化微妙，却充分地表现出小狗与主人的亲密关系。

6.10 烽火童年——“老鼠”动画赏析

第1组

说明

这组镜头表现老鼠的动作画面。老鼠两肢站立观看画面外，同时尾巴在做曲线摆动。

6.11 烽火童年——“马”动画赏析

第1组

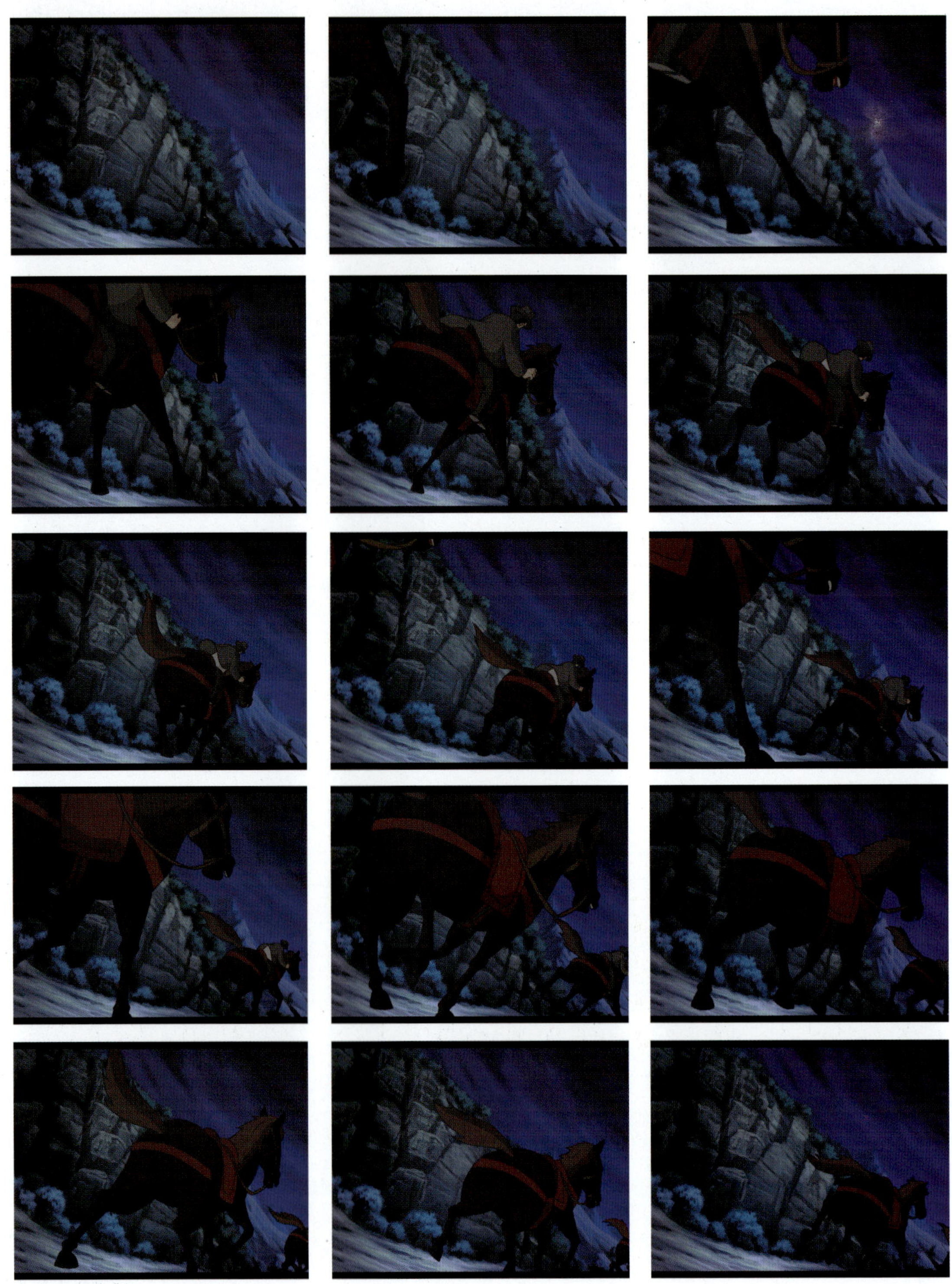

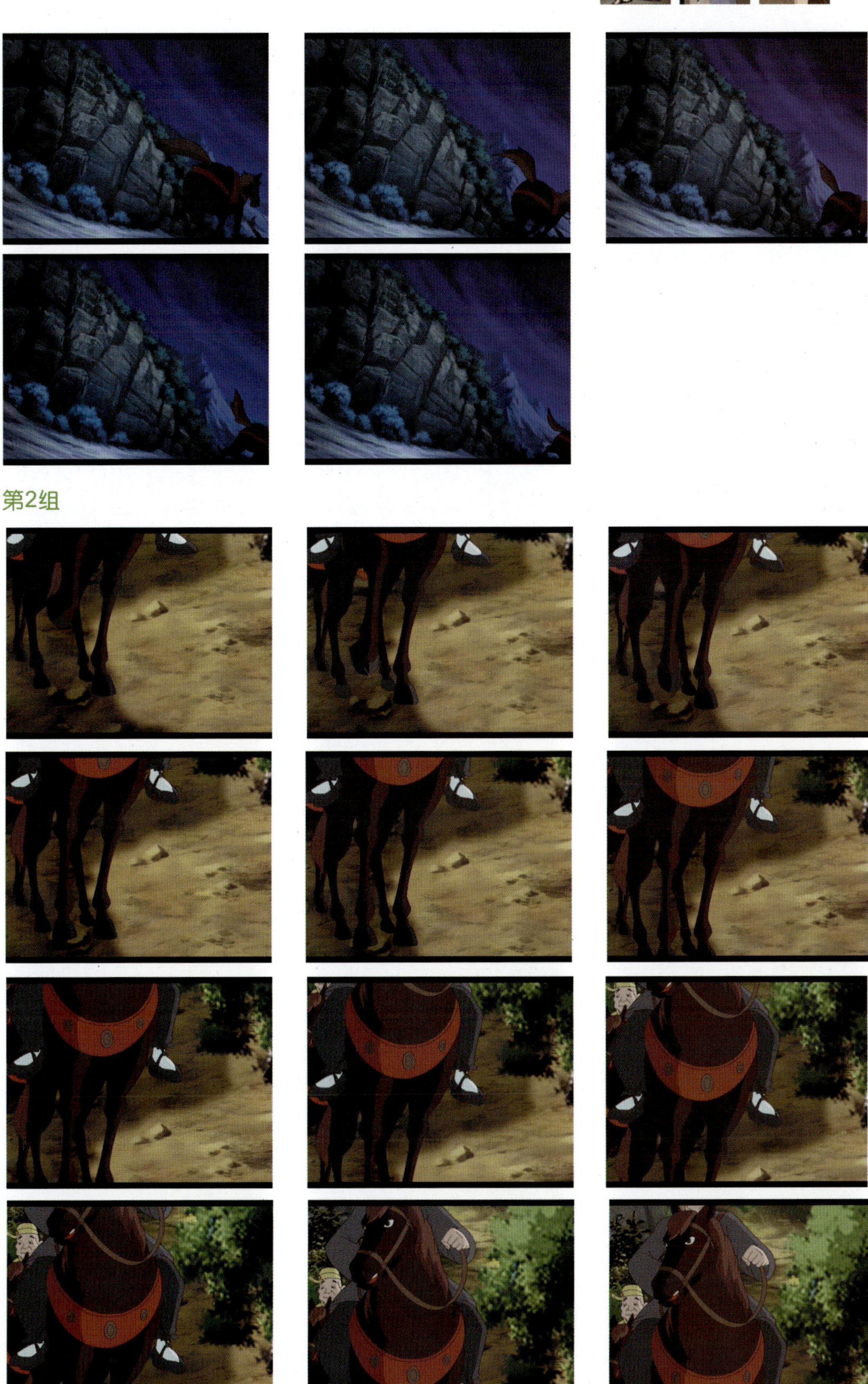

第2组

说 明

以上两组镜头是表现马的运动动画。第1组是表现马的透视奔跑动态，两匹马一前一后跑入画面跑出画面，这一角度清楚地看到马尾巴的摆动变化，明显看出尾巴摆动时的曲线运动的运用。第2组表现马透视冲镜前走，前几幅画面可以看到马走路时的马蹄变化，后几幅画面可以看出马身体和坐在上面的人物的起伏变化。

6.12 烽火童年——“鸟”动画赏析

第1组

说明

这组镜头表现出典型的拟人化动作。小鸟拿着一片树叶充当扇子，吹着口哨、摇着树叶，悠闲地坐在树上，人物的动作和表情都设计得比较细腻，小鸟翘着二郎腿这一动态非常具有人物性格的代表性。

第2组

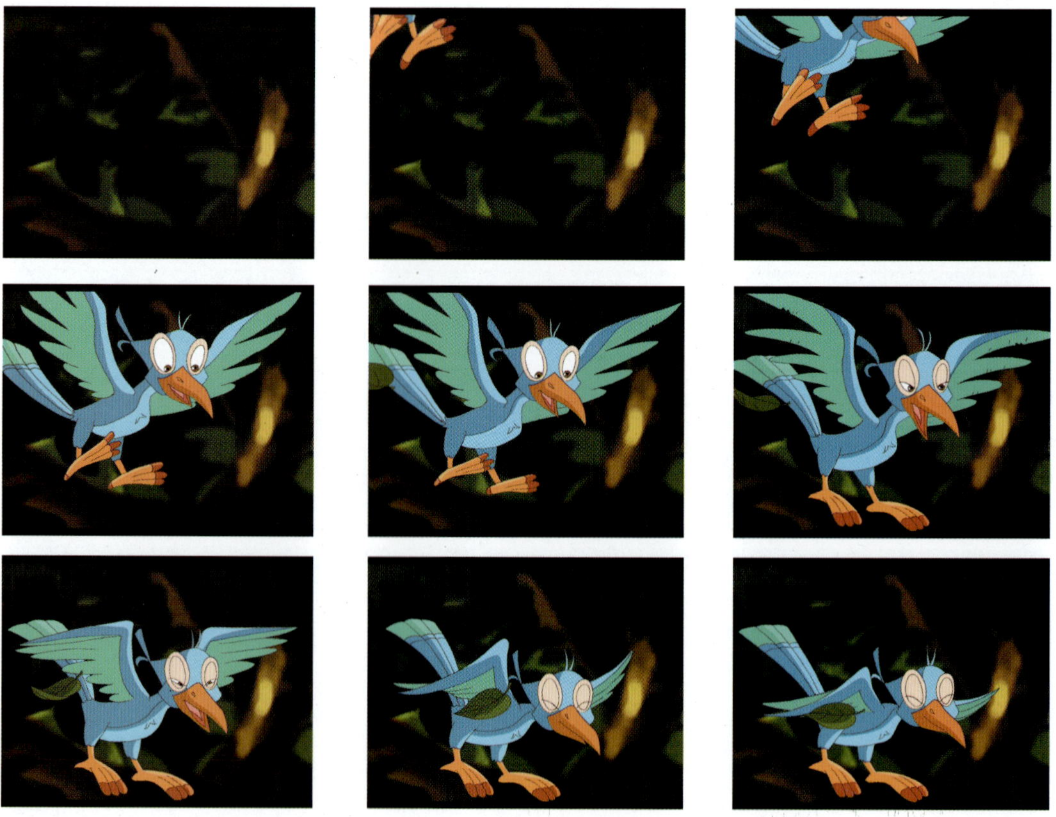

第3组

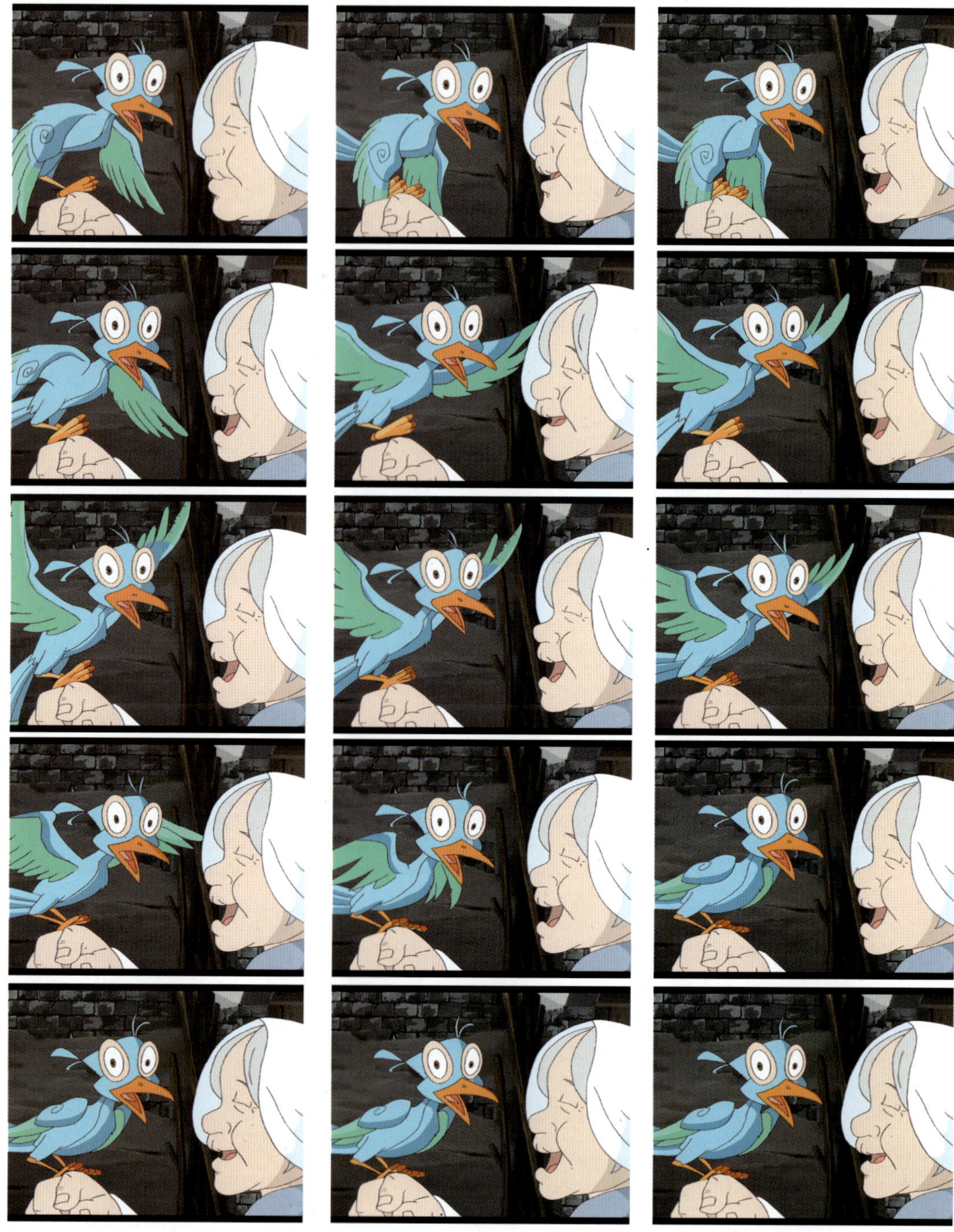

说明

第2组和第3组是两套鸟飞入画面的镜头。这两组是常见的鸟类动作，但进入画面后的表情动态却与常见鸟类有所不同，这一变化是因为剧情的改变所产生的结果。第2组鸟从画面外飞入落在树上，在进入画面后即将落下的瞬间增加了眨眼的动作，这看似简单的动作却使这只鸟变得更具人性，从而丰满鲜活起来。第3组鸟是边说话边飞入画面落在石蛋奶奶的手上。

第4组

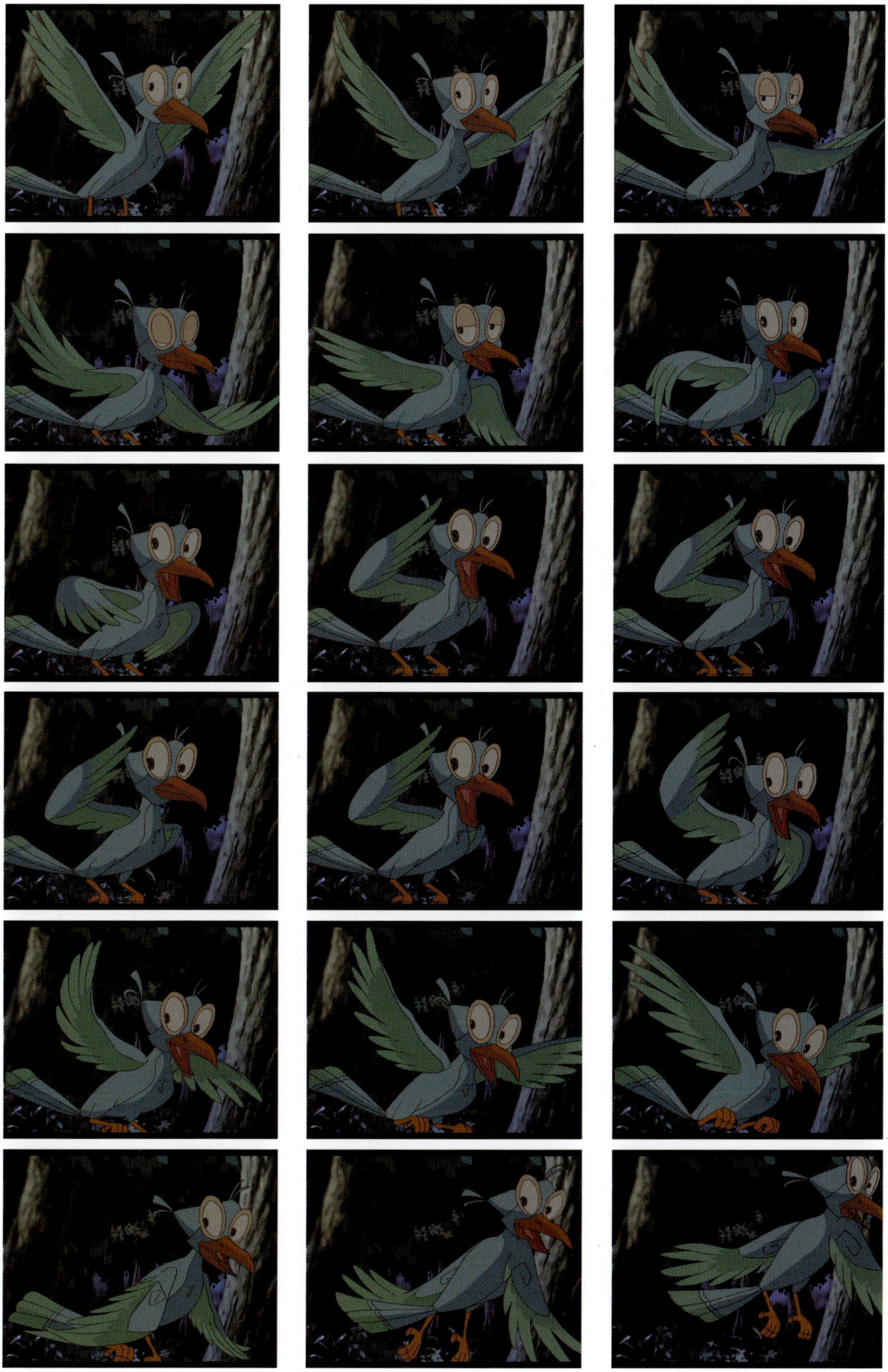

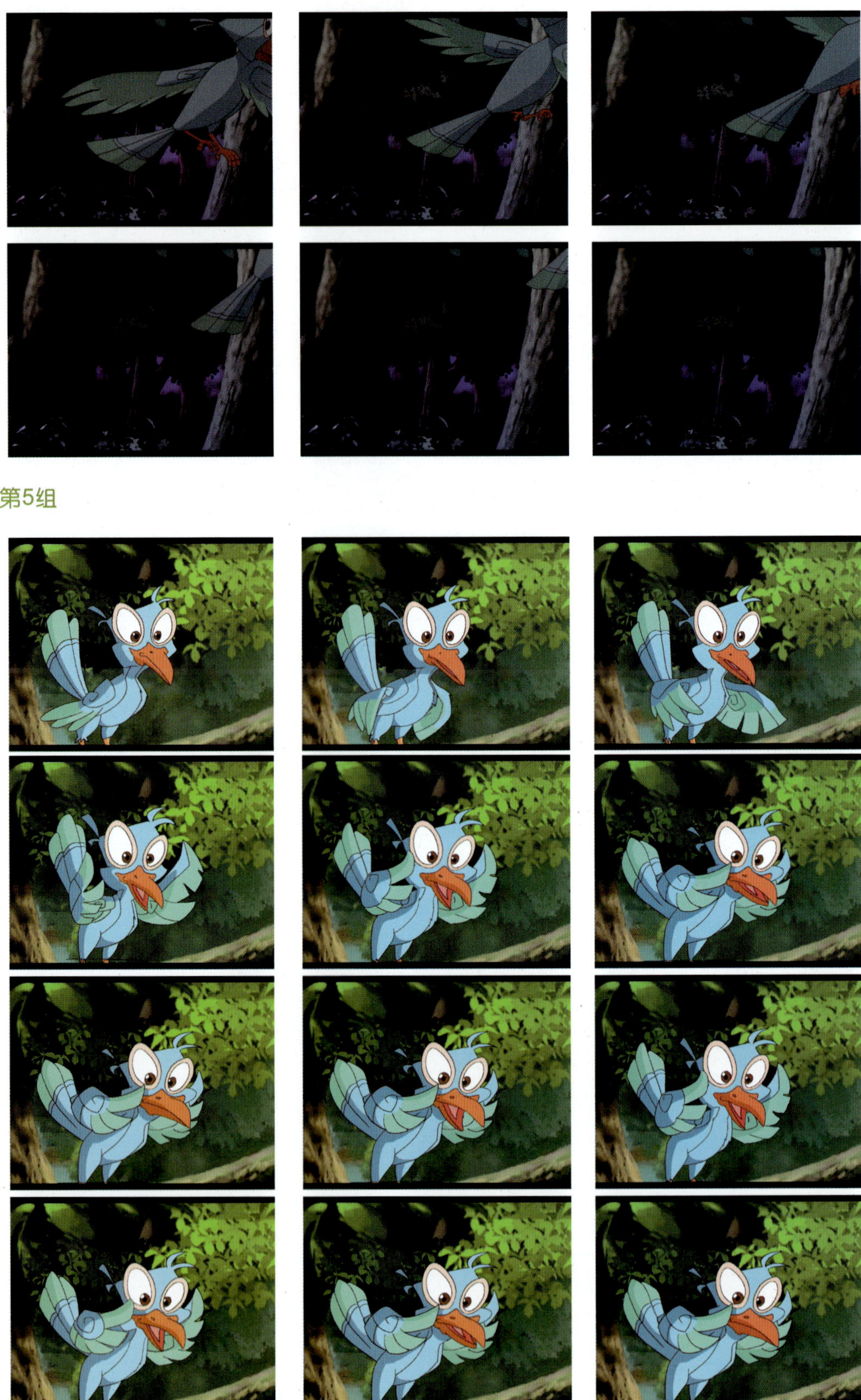

说 明

以上两组是表现鸟说话时的动态镜头。两组动作由于剧情和台词内容的不同，说话时的动态表情也有所不同。第4组是先听画面外对方说话，做了一个眨眼的动作，这一动作表示听到对方讲话后的反映，与画面外人物相互呼应。后面紧接的动作是一边说话一边敬军礼，然后飞出画面。通过这一系列动作可以看出画面外的人物是军人身份，同时也可以看出它是在去执行一项任务。第5组同样是说话的镜头，却显得非常轻松，同时两只翅膀代替双手，配合说话的表情动作舒展而丰富，通过一系列动作变化可以看出，它占有主导地位向画面外人物进行讲述。

6.13 烽火童年——“刺猬”动画赏析

第1组

第2组

第3组

以上三组是刺猬的动作。第一组表现刺猬跑入画面来到树下，晃动小果树，果子纷纷落下。第二组表现刺猬在树底下用身上的刺带走地上果子的一系列动态。第三组表现两只刺猬奔跑的动态。画刺猬跑动时，要注意四肢交替着地时的变化。

6.14 烽火童年——“飘落”动画赏析

第1组

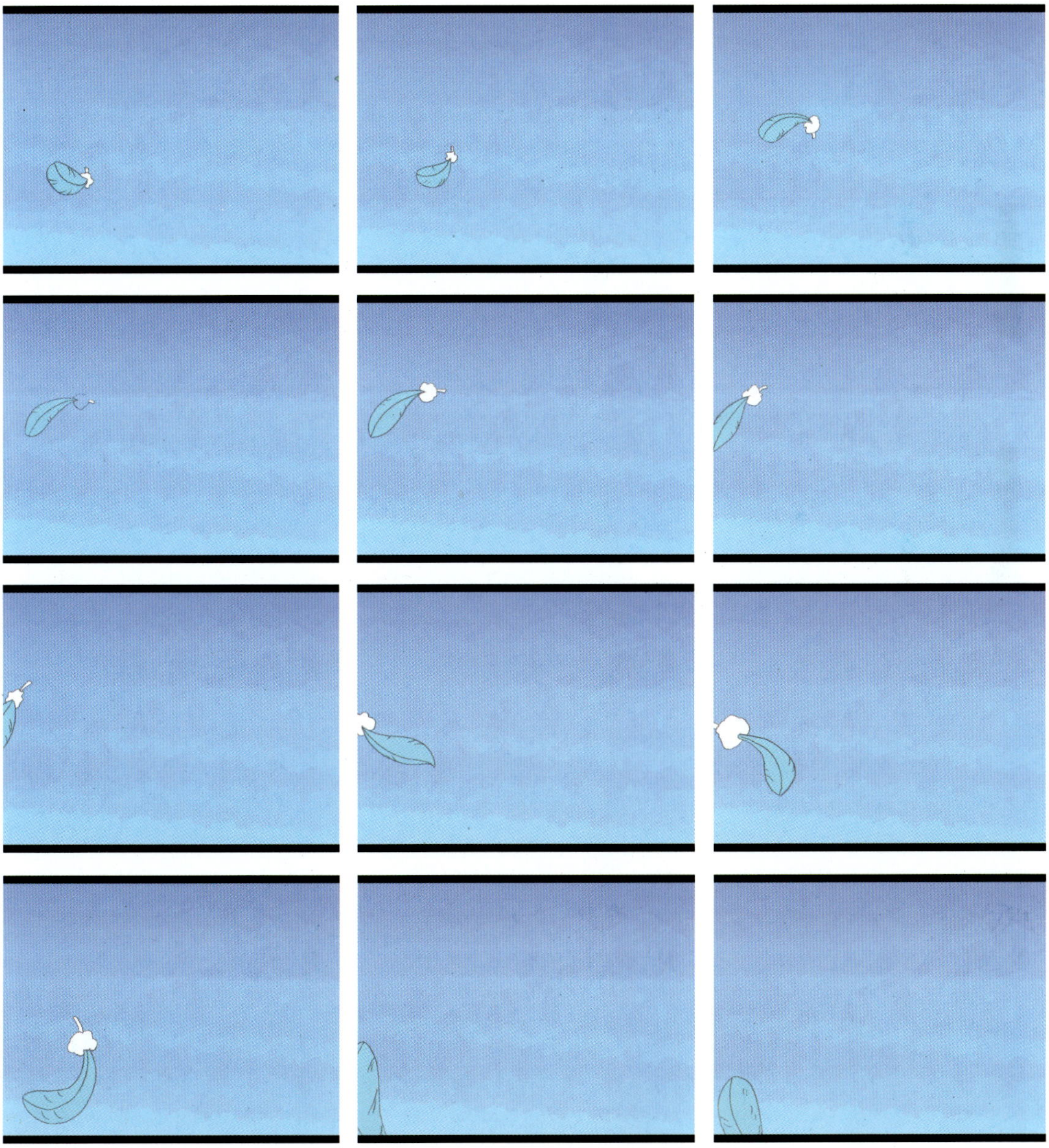

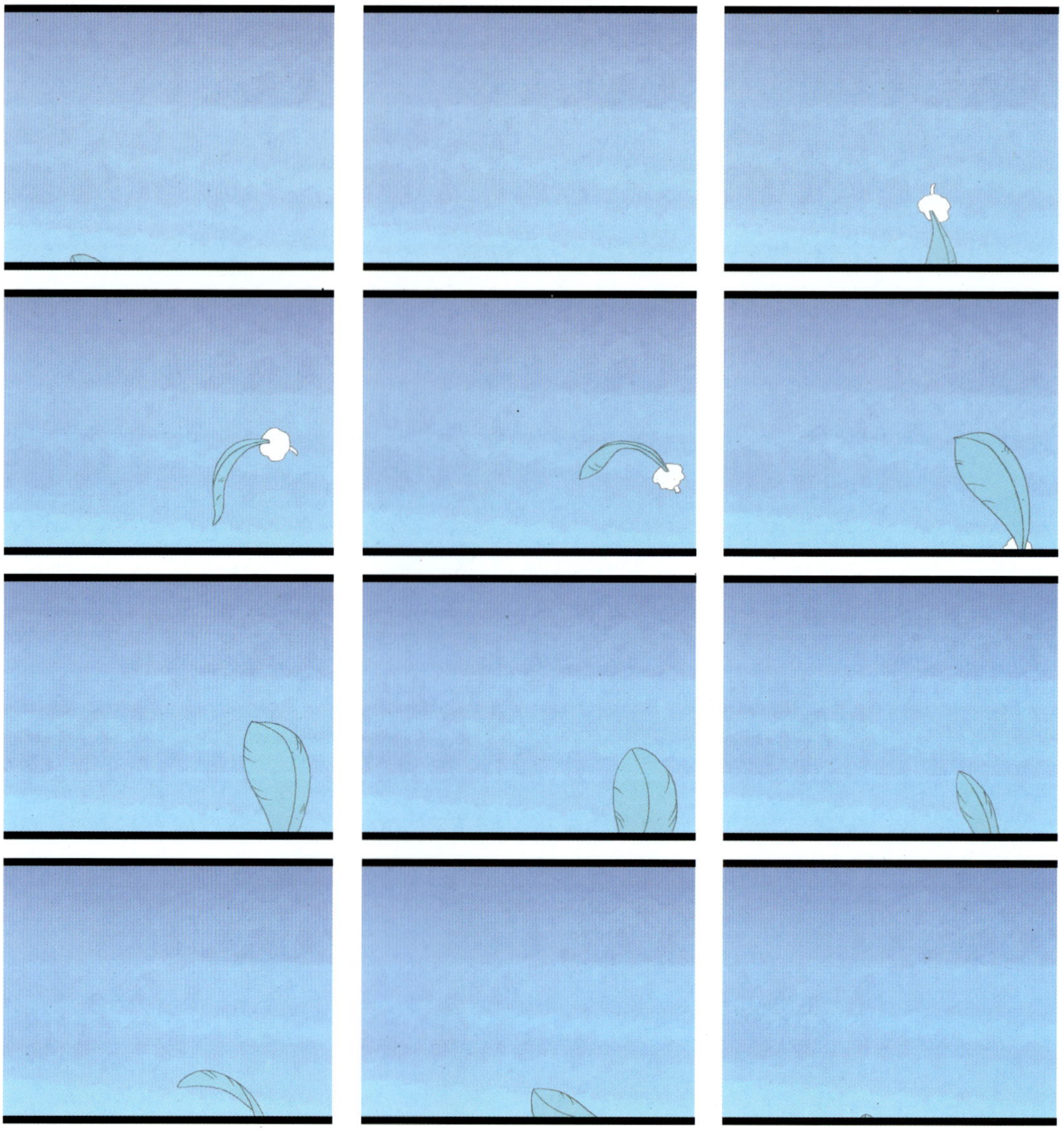

说 明

这组镜头表现一根羽毛在空中飘动的动作。羽毛在空中缓慢的随风飘动，羽毛翻转充分体现其轻柔的质感。

第2组

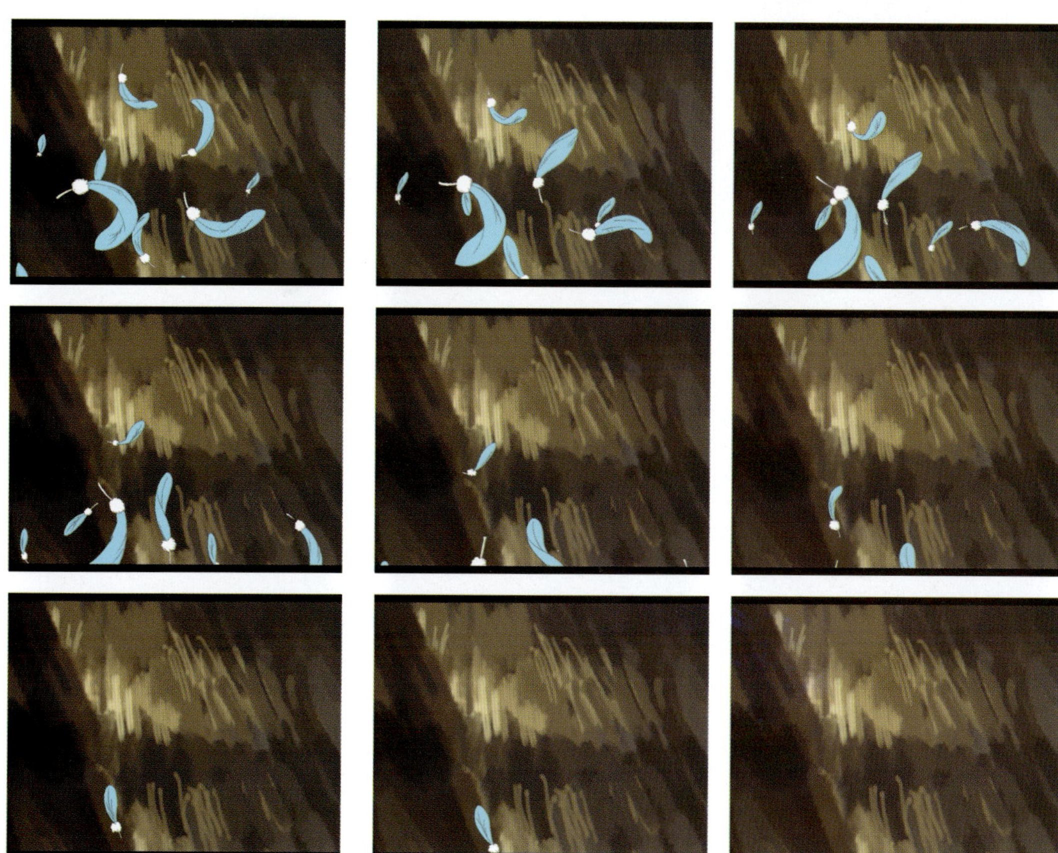

说明

这组镜头的羽毛飘落表现鸟在受到惊吓急速飞行时散落的羽毛动作。由于剧情的紧张，羽毛在散落时的速度也比上一组镜头中羽毛飘落的速度相对要快。

第3组

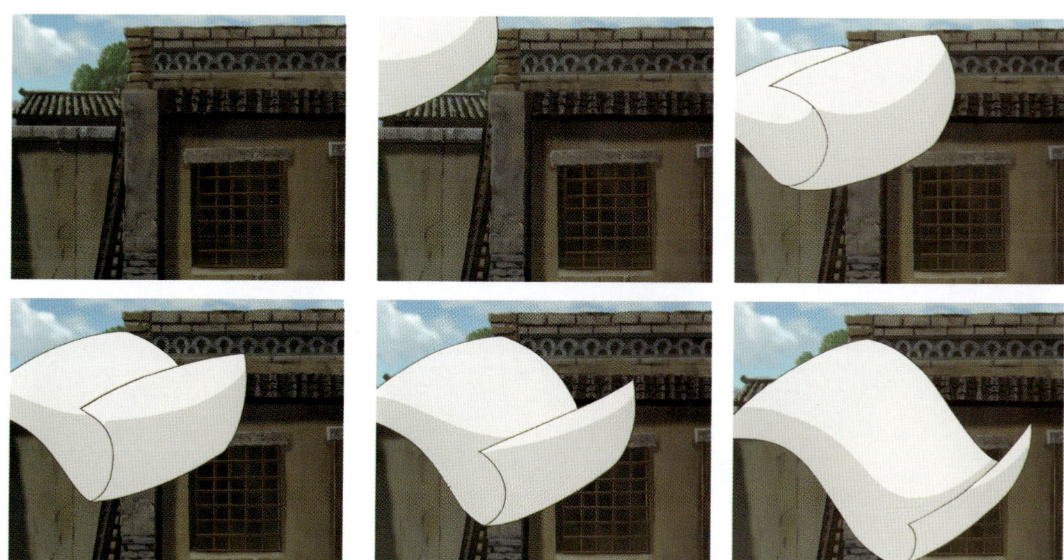

说 明

这组镜头表现纸张的飘落动作。画这类动作时，首先要设计好纸张飘落的运动轨迹，然后根据纸张的薄厚不同，再处理纸张转折时的角度大小，这是体现纸张质感的重要方式。在节奏方面也要注意速度的变化。

6.15 烽火童年——“人流泪(动态水的画法)”动画赏析

说明

这组镜头表现人物流泪的动作，眼泪在人物的脸上流淌，眼睛中的泪水闪动做循环动作，眼泪在面肤上流淌的动态是水运动的画法。

6.16 烽火童年——“水”动画赏析

第1组

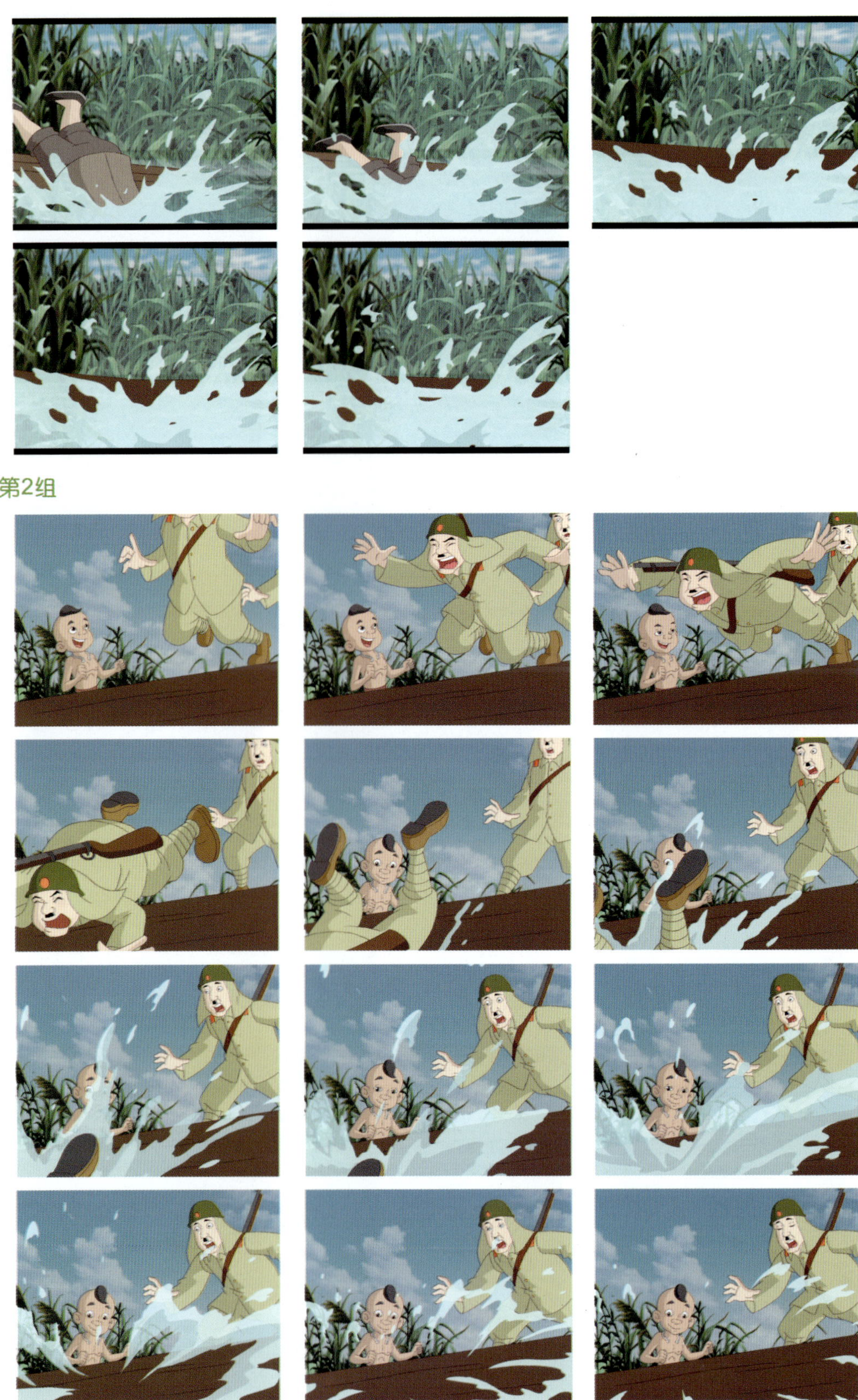

第3组

说 明

以上三组镜头是表现人物落水，水花溅起的动作。由于三个人物落水的高度、落水时的动态不同，所溅起的水花形状也有所不同。第1组和第2组的人物体积比较大，落水时的动态是扑下去，溅起水花的面积比较低。第3组人物落水是位置比较高，体积比较小，落水后所产生的水花面积小，但是比前两组的要高。

第4组

第5组

第6组

说 明

以上三组镜头是表现不同体积的船在水面行使时，水花溅起及水波的动画，由于船的体积和行驶速度不同，溅起的高度和水波纹的面积也有所不同。

第7组

第8组

第9组

说明

以上三组镜头表现不同人物在水面游动时，水花溅起及水波的动画。由于人物的游泳姿态不同，溅起水波纹的面积也有所不同。第7组和第8组是同一个人物，但是两组镜头的景别不同，因此在水纹的表现上也有所区别。第9组是人物靠岸后的上岸动作，这时河面上的水纹变少，人物身体带到岸上的水比较多，因此主要表现岸上的积水。

第10组

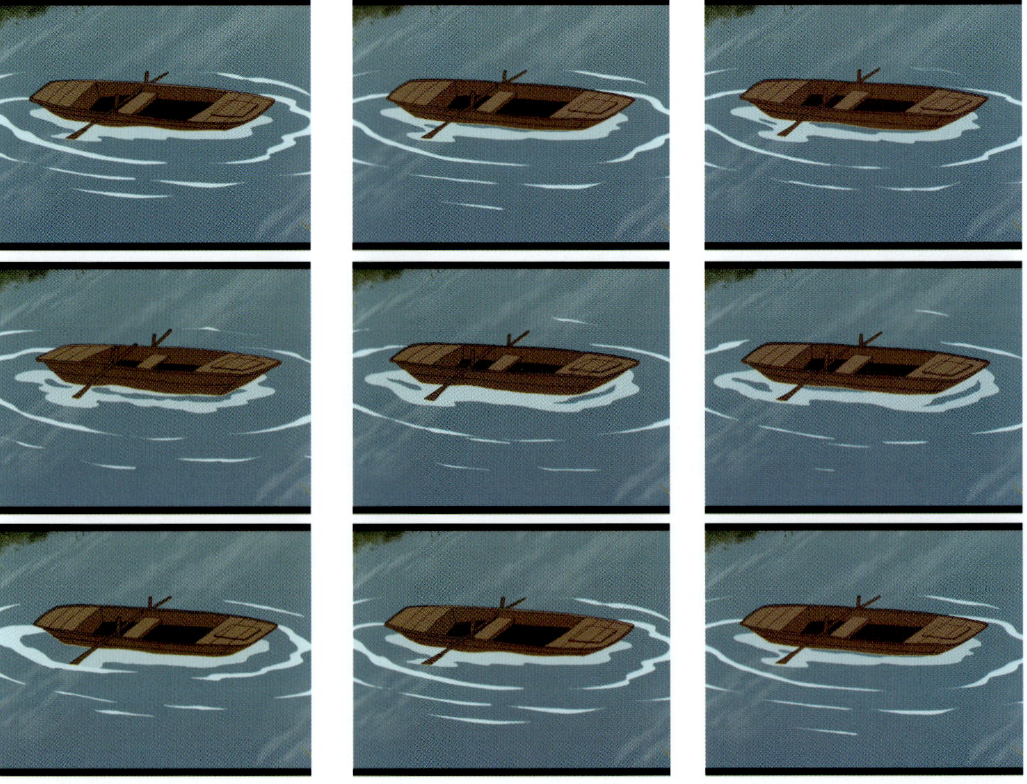

第11组

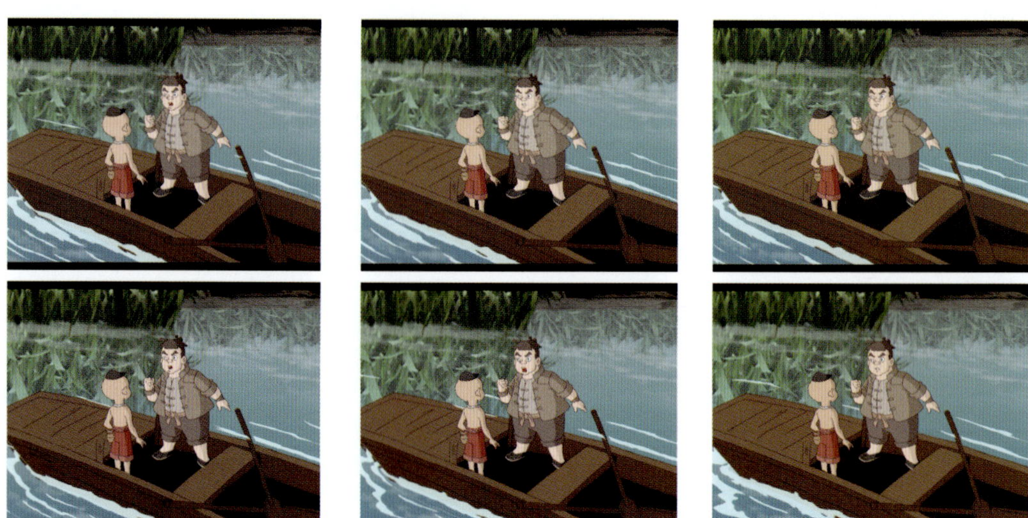

说明

以上两组镜头表现小船在水面晃动时所产生的水纹变化的动画。第10组是全景镜头，水纹是以小船为中心，向四周扩散，并做水纹循环动作。第11组是近景镜头，水纹从小船向外推进。由于第10组是空船，而第11组船上站立两个人，因此两个船的重量不同，晃动时所产生的水纹大小也不同。

第12组

第13组

说明

以上两组镜头表现人物溺水时，在水中的动态表现及在水面晃动时所产生的水纹变化的动画。第12组是一个俯拍镜头，画面水纹晃动冒着气泡，溺水的日本兵从水底窜起，挥动双手拍打水面，造成水面上的波纹变化也比较丰富。第13组是汉奸从水底冒出，这组镜头主要是表现汉奸冒出后从口中喷出一大口水，水从喷出到消失这一变化是应特别注意的。

第14组

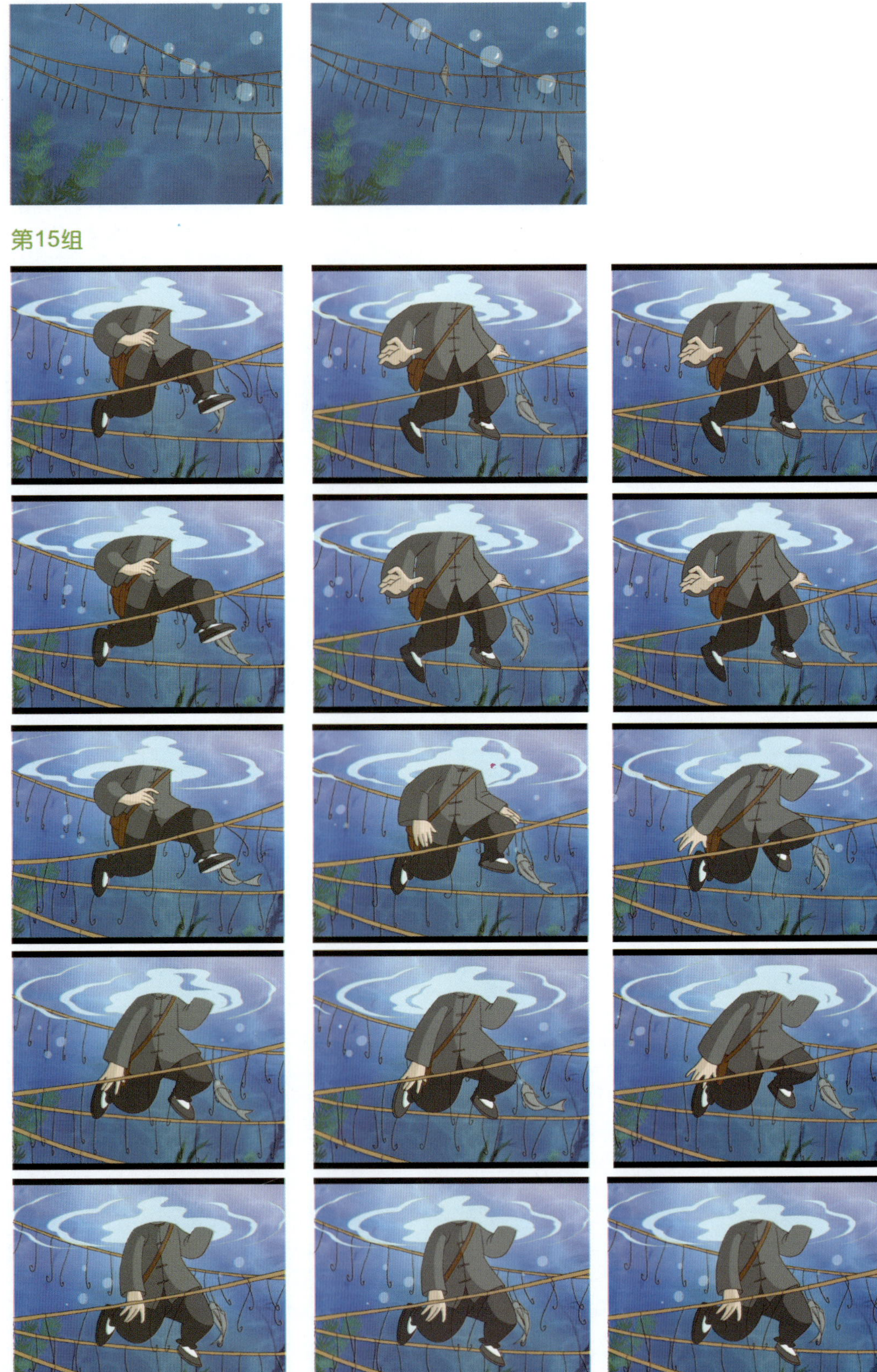

说 明

以上两组表现人物水底游动时，在水中的动态表现及在水面晃动时所产生的水纹和气泡变化的动画。第14组是小泥鳅在水中游动的动态。由于小泥鳅是因为游泳的本领比较高才得此名，因此在设计他的动作时尽量使动作舒展柔和，同时画面增加了很多的气泡，使画面变得丰富漂亮。第15组是汉奸在水里游动，相比小泥鳅明显动作笨拙僵硬。

第16组

第17组

说明

以上两组镜头是两个衔接镜头，表现水从水桶里泼洒出来和在人身体上的流淌变化。第16组是表现水桶被打翻，水从桶里泼出后的变化。第17组是表现水泼到身上后的流淌过程，水在流淌时基本按照身体的结构起伏变化，水越是流淌到后面就越少而且越慢。

第18组

第19组

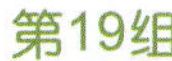

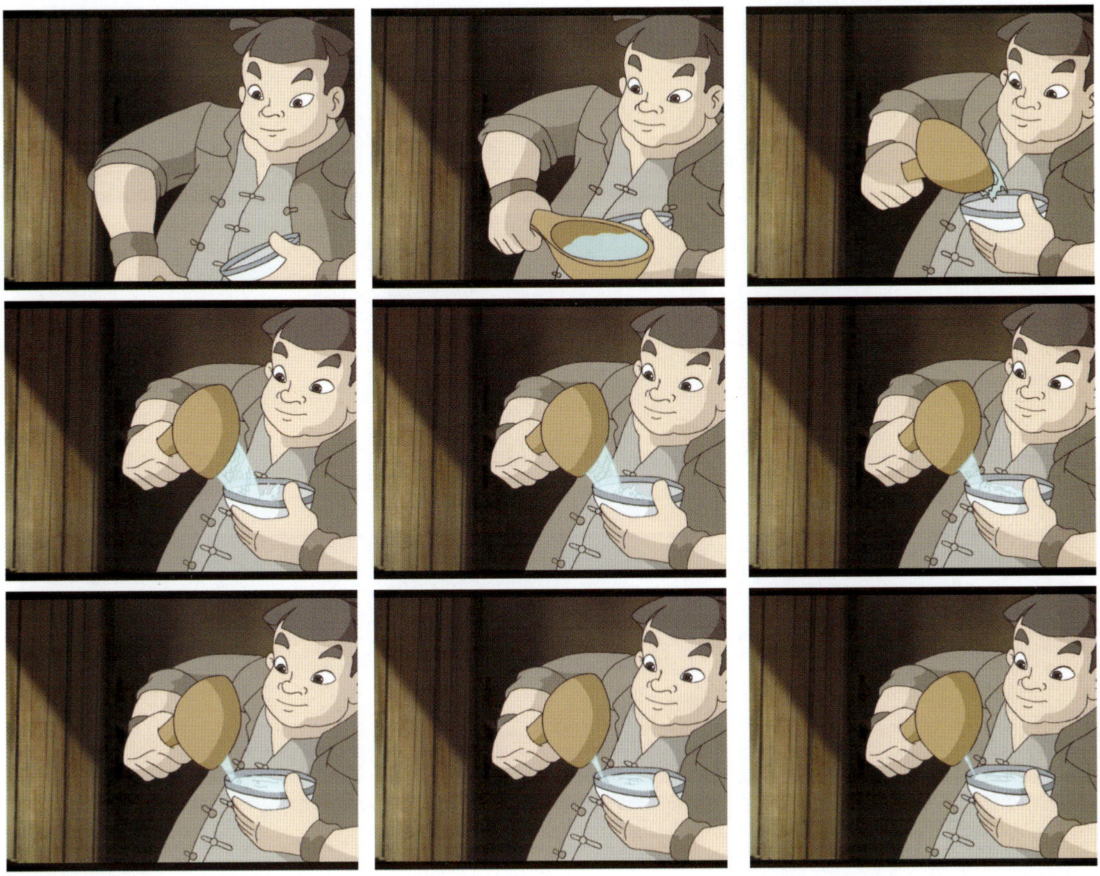

说 明

以上两组镜头表现石蛋倒水的动画。第18组是倒水的特写，主要表现倒水的过程，因此对水的动作变化表现的比较细致，水瓢和水碗中的水纹变化比较细腻丰富。第19组是人物倒水动作的近景镜头。

6.17 烽火童年——“特效”动画赏析

第1组

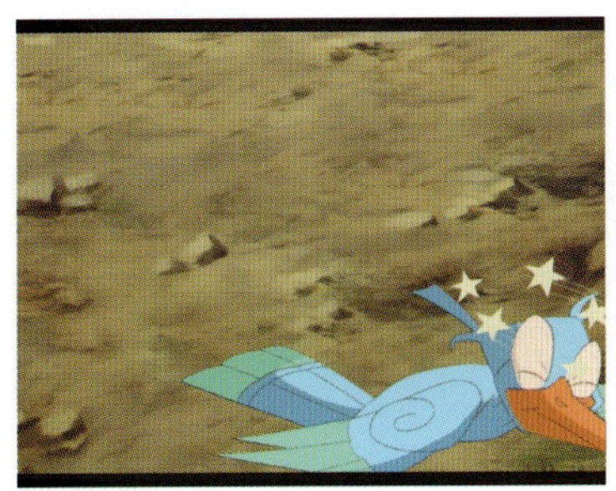

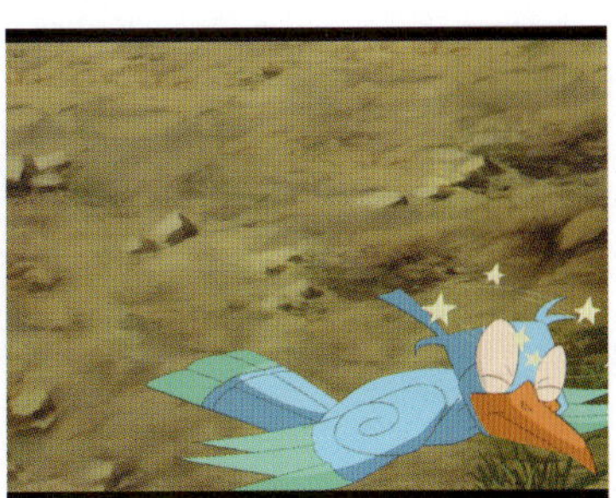

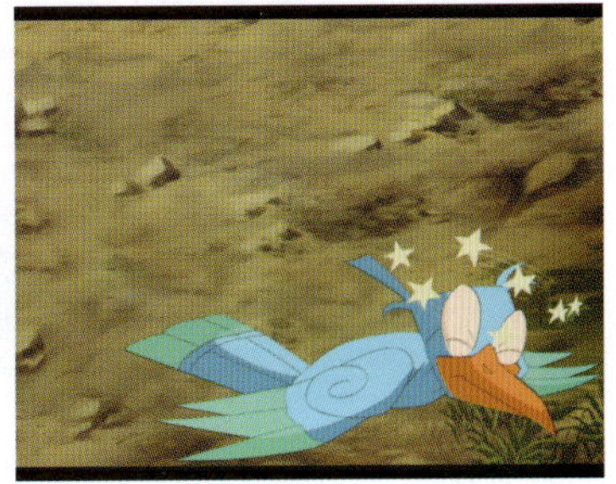

说 明

以上两组镜头是鸟撞到物体后的两种效果。第1组是金星旋转，第2组是效果性流线。两组镜头表现的是受到不同程度撞击后的效果，前者效果表现撞击相对较轻，后者是受到猛烈撞击所产生的效果。

6.18 烽火童年——“火”动画赏析

第1组

第2组

第3组

第4组

说明

以上四组是火的动画。前三组表现火把的燃烧，其中第1组火把的火光晃动，火苗乱窜，第2组比第1组的火苗窜动幅度稍小，第3组只是火光晃动。这三组火把的火光动作都以火的基本规律为主，动态稍加变化，增添了一些火苗的窜动，从而使火光动作更加丰富。第4组是石蛋奶奶拨挑灯苗时的灯苗变化，灯苗伸缩跳动，与前三组火把的火明显不同。

6.19 烽火童年——“烟”动画赏析

第1组

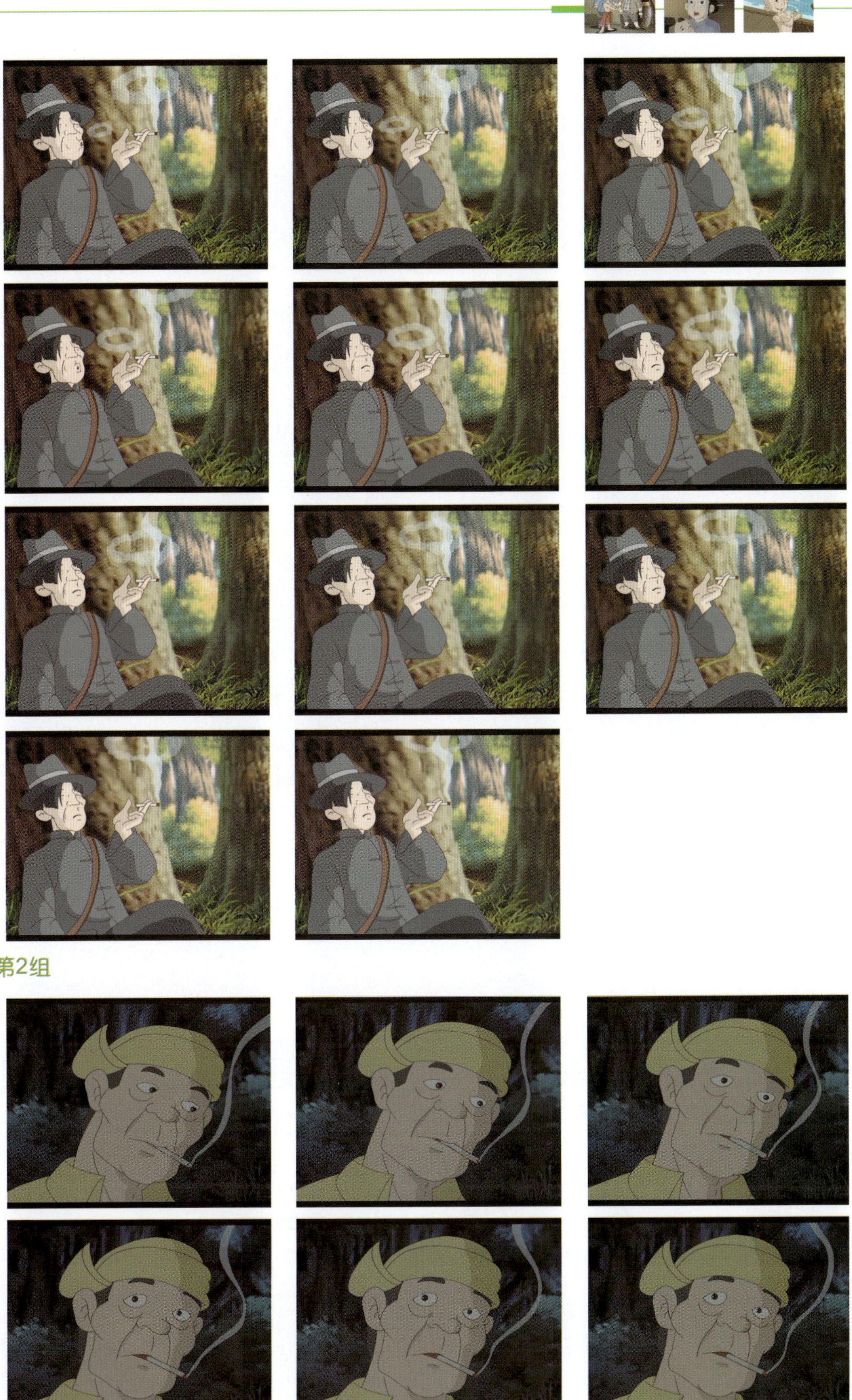

第2组

说明

以上两组表现人物吸烟时烟飘动的动画。两组镜头中人物吸烟时所冒出的轻烟虽然一宽一窄，但都是呈曲线飘动。只是前者比后者增加了烟圈，烟圈由小到大呈分散状向外飘动。通过烟的不同变化也体现出了人物不同的性格与心态。前者明显表现出傲慢的性格。

6.20 烽火童年——“烟尘”动画赏析

第1组

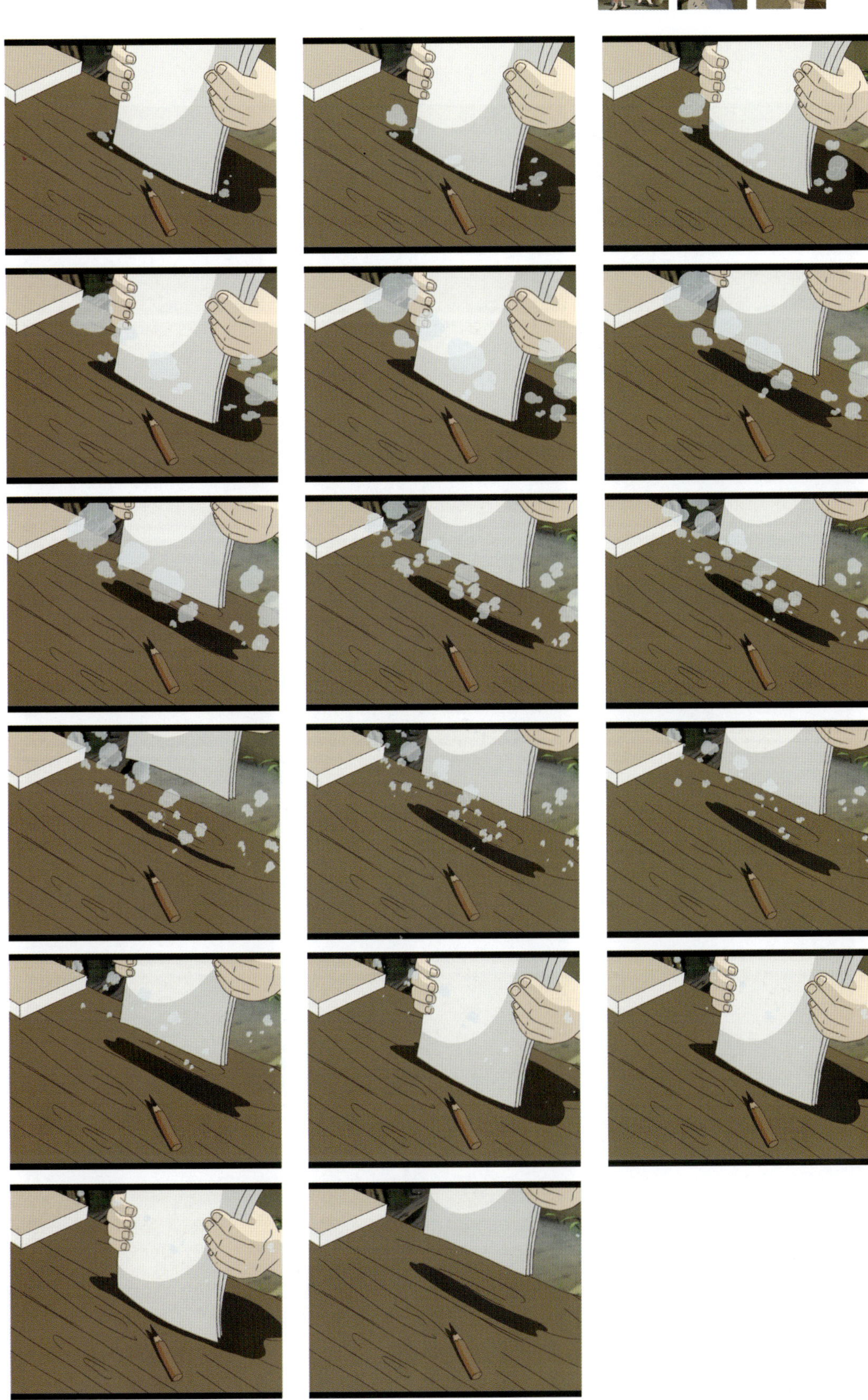

第2组

说 明

以上两组镜头表现烟尘的变化。由于物体的体积、重量不同，所产生的烟尘大小和动画的张数也不同。体积重的物体所产生的烟尘浓度和烟团相对较大，扩散时间较长，动画张数较多。第1组和第2组之间的差别最为明显。第1组动画是在桌子上弄齐纸张的动作，由于动作幅度小，桌面相对干净，所产生的烟尘较少且轻，烟尘形成小团状，消失的也较快。第2组是人物摔倒在地所激起的烟尘，由于人物身体重、地面尘土又多，所激起的烟尘浓度大且形成大团状，消失慢。

Learn more about it!

笔 记 栏

Learn more about it!

笔记栏

Learn more about it!

笔记栏